as
100
maiores
invenções
DA HISTÓRIA

Coleção 100

OS 100 LIVROS QUE MAIS INFLUENCIARAM A HUMANIDADE:
A História do Pensamento dos Tempos Antigos à Atualidade

OS 100 MAIORES CIENTISTAS DA HISTÓRIA:
Uma Classificação dos Cientistas Mais Influentes do Passado e do Presente

AS 100 MAIORES PERSONALIDADES DA HISTÓRIA:
Uma Classificação das Pessoas que Mais Influenciaram a História

AS 100 MAIORES CATÁSTROFES DA HISTÓRIA

Tom Philbin

as
100
maiores
invenções
DA HISTÓRIA

Uma Classificação Cronológica

Tradução
Flávio Marcos e Sá Gomes

3ª Edição

Rio de Janeiro | 2025

Copyright © 2003 by Tom Philbin

Título original: *The 100 greatest inventions of all time*

Capa: Luciana Mello e Monika Meyer

Editoração eletrônica: Imagem Virtual Editoração Ltda.

2025
Impresso no Brasil
Printed in Brazil

CIP-Brasil. Catalogação na fonte
Sindicato Nacional dos Editores de Livros, RJ

P633c
3ª ed.

Philbin, Tom, 1934-
    As 100 maiores invenções da história: uma classificação cronológica / Tom Philbin; tradução Flávio Marcos e Sá Gomes — Rio de Janeiro: DIFEL, 2025.
    414p.:.- (Coleção 100 ...)

    Tradução de: The 100 greatest inventions of all time
    ISBN 978-85-7432-066-3

    1. Invenções — História. 2. Inventores — História. I. Título.

CDD — 609
CDU — 62 (09)

06-0217

Todos os direitos reservados pela:
DIFEL — selo editorial da
EDITORA BERTRAND BRASIL LTPA.
Rua Argentina, 171 — 3º andar — São Cristóvão
20921-380 — Rio de Janeiro — RJ

Não é permitida a reprodução total ou parcial desta obra, por quaisquer meios, sem a prévia autorização por escrito da Editora.

Atendimento e venda direta ao leitor:
sac@record.com.br

SUMÁRIO

INTRODUÇÃO 9

1. A Roda 11
2. A Lâmpada Elétrica 15
3. A Impressão com Tipos Móveis 21
4. O Telefone 25
5. A Televisão 29
6. O Rádio 34
7. A Pólvora 37
8. O Computador de Mesa 41
9. O Telégrafo 45
10. O Motor de Combustão Interna 49
11. A Caneta/O Lápis 55
12. O Papel 58
13. O Automóvel 63
14. O Avião 67
15. O Arado 73
16. Os Óculos 77
17. O Reator Atômico 81
18. A Bomba Atômica 85
19. O Computador Colossus 89
20. O Vaso Sanitário 93
21. O Rifle 96
22. A Pistola 101
23. O Sistema de Encanamento 106
24. O Processo de Transformação de Ferro em Aço . . 111
25. O Fio 114
26. O Transistor 117
27. O Motor a Vapor 121

28. A Navegação a Vela *125*
29. O Arco e a Flecha. *129*
30. A Máquina de Solda. *133*
31. A Ceifadeira. *136*
32. O Motor a Jato *141*
33. A Locomotiva. *144*
34. A Anestesia. *147*
35. A Bateria *152*
36. O Prego *156*
37. O Parafuso *160*
38. O Aparelho de Raios X *163*
39. A Bússola *168*
40. As Embarcações de Madeira. *171*
41. O Estetoscópio. *175*
42. Os Arranha-Céus *179*
43. O Elevador. *185*
44. O Relógio. *188*
45. O Cronômetro. *192*
46. O Microscópio. *197*
47. O Braille. *200*
48. O Radar *203*
49. O Ar-Condicionado *207*
50. A Ponte Pênsil *210*
51. O Termômetro. *215*
52. A Incubadora *219*
53. A Tomografia Computadorizada *223*
54. O Aparelho de Ressonância Magnética *226*
55. O Drywall (Divisórias de Gesso Acartonado) *229*
56. O Motor Elétrico. *233*
57. O Arame Farpado. *237*
58. O Preservativo *241*
59. O Telescópio *245*
60. O Eletrocardiógrafo. *249*
61. O Marca-Passo. *253*
62. A Máquina de Diálise Renal. *257*

SUMÁRIO

63. A Câmera Fotográfica 261
64. O Sistema de Posicionamento Global 265
65. A Máquina de Costura 269
66. O Filme Fotográfico 273
67. A Máquina de Fiar 276
68. O Tijolo 281
69. A Câmera Filmadora 285
70. A Dinamite 289
71. O Canhão 292
72. O Balloon Framing 296
73. A Máquina de Escrever 301
74. O Motor a Diesel 305
75. A Válvula de Triodo a Vácuo 309
76. O Motor de Indução de Corrente Alternada 313
77. O Helicóptero 317
78. A Máquina de Calcular 321
79. A Lanterna Elétrica 324
80. O Laser 327
81. O Barco a Vapor 333
82. O Aparelho de Fax 336
83. O Tanque Militar 339
84. O Foguete 343
85. O Descaroçador de Algodão 348
86. O Moinho de Vento 351
87. O Submarino 355
88. A Tinta 359
89. O Interruptor de Circuito 362
90. A Máquina de Lavar 365
91. A Debulhadora 369
92. O Extintor de Incêndio 372
93. O Refrigerador 377
94. O Forno 381
95. A Bicicleta 385
96. O Gravador 389
97. O Derrick 395

98. O Fonógrafo *399*
99. O Sprinkler *403*
100. O Gravador de Vídeo *407*

　　　AGRADECIMENTOS *413*

INTRODUÇÃO

Este livro agrupa e organiza em ordem de importância o que considero as 100 maiores invenções da história, "maiores" no sentido de que essas invenções tiveram o impacto mais significativo sobre a humanidade no decorrer da História. Mas o que necessariamente significa "impacto"? Significa o fato de se preservar ou prolongar a vida, torná-la mais fácil ou melhor, ou alterar o modo como vivemos? A resposta é tudo isso e até mesmo mais — ou menos —, já que se acredita que não é possível aplicar um critério estrito para a importância de uma invenção, mas é preciso que se tenha uma visão abrangente dela.

Ao coligir esta lista, senti a necessidade de definir, na medida do possível, qual seria o significado de invenção em contraposição ao de descoberta. A princípio, por exemplo, acreditei que a penicilina mereceria um lugar nesta lista. Afinal, foi o primeiro antibiótico, salvou um número incalculável de vidas (de fato, as infecções teriam dizimado os feridos na Segunda Guerra Mundial se a penicilina não estivesse disponível) e levou ao desenvolvimento de muitos outros antibióticos. Mas, ao refletir sobre isso, não pude caracterizar a penicilina como uma invenção, já que ela não surgiu do nada, como produto de uma reflexão criativa. Na realidade, ela foi descoberta em 1928, graças a uma meticulosa observação: ao examinar placas de Petri contendo estafilococos (bactérias que causam doenças em humanos e animais), Sir Alexander Fleming percebeu que a amostra havia sido acidentalmente contaminada por bolor e que toda bactéria que entrava em contato com ele desaparecia. Investigações posteriores revelaram que o bolor podia matar uma vasta variedade de bactérias, e assim surgiu a penicilina (pouco antes da Segunda Guerra Mundial, dois cientistas conseguiram sintetizá-la, tornando-a utilizável).

Por outro lado, o telefone surgiu como conseqüência de o seu inventor, Alexander Graham Bell, ter sonhado em produzir um aparelho que permitisse que as pessoas falassem umas com as outras a longa distância. Ele trabalhou muito para desenvolver essa máquina, até que um dia ele pronunciou em seu aparelho: "Sr. Watson, venha aqui, eu gostaria de vê-lo."

Portanto, a diferença essencial entre uma invenção e uma descoberta é que a primeira é um ato de pura criação, enquanto a segunda não é. Em alguns casos, verdade seja dita, não será tão simples diferenciar se algo deveria pertencer a esta lista ou em qual posição deveria ser classificado. Por exemplo, como deveríamos classificar a insulina? E o plástico? A linguagem faria parte das invenções? Tudo isso teve um enorme impacto sobre a humanidade. Mas a insulina, assim como a penicilina, foi descoberta. O mesmo pode ser dito do plástico. A linguagem, por outro lado, é uma faculdade humana originária da química cerebral e que evoluiu no decorrer do tempo. Em outras palavras, a linguagem é produto da evolução, não uma invenção.

Uma pergunta que não podemos deixar de fazer: como seria a vida sem as invenções? Por exemplo, se o liquidificador não fosse inventado, que impacto isso poderia ter? Não muito (a não ser para um barman). Por outro lado, pense como seria a vida sem o telefone, a televisão, o rádio, o avião ou o motor de combustão interna. A diferença é gritante.

Acredito que os capítulos deste livro fornecerão mais do que simples informação. Há uma série de narrativas interessantes e repletas de detalhes, e meu objetivo é fornecer ao leitor não somente informações, mas também uma experiência de leitura que seja agradável.

Divirta-se.

Biga romana. *Photofest*

1
A RODA

Olhe ao seu redor e tente encontrar em sua casa alguma coisa que não tenha absolutamente qualquer relação com a roda. Quase toda máquina, todo equipamento, todo objeto confeccionado pelo homem possui de certo modo uma ligação com a roda.

Apesar de não sabermos o momento e o local exatos da sua invenção, muitos acreditam que a roda surgiu a partir de um tronco de árvore rolante. Suspeita-se que posteriormente evoluiu para uma tora cortada transversalmente, uma roda um tanto pesada e quebradiça, mas que pelo menos podia rolar. Alguns métodos rudimentares de transporte de objetos já eram bastante comuns, como o simples trenó ou o *travois*, construídos a partir de duas estacas entrelaçadas a uma armação, atadas a um animal ou ao viajante que a arrastava, mas este método era evidentemente inferior à roda.

O que se sabe com certeza é que as rodas mais remotas eram confeccionadas com três tábuas de madeira fixadas a um suporte e entalhadas em forma de círculo. Este era um modo de se construírem rodas mais robustas do que as confeccionadas em uma única tábua, principalmente se levarmos em conta que a invenção da roda precedeu a invenção das ruas. A representação pictográfica mais antiga de uma dessas rodas é originária dos sumérios, por volta de 3500 a.C., na qual se vê a roda sob um trenó.

A mudança que tornou a roda mais leve e prática foi o raio, que surgiu por volta de 2000 a.C. em carroças da Ásia Menor. Nessa época, a roda era utilizada como meio de transporte, em charretes ou carroças produzidas para todo tipo de trabalho. A agricultura, o comércio a longa distância e a guerra precisavam de rodas.

A biga, por exemplo, se constituía originalmente de um modelo de quatro rodas, puxado por dois ou quatro asnos selvagens, chamados de "onagros", e evoluiu para o arrojado veículo de duas rodas puxado por garanhões e que tanto nos acostumamos a ver no cinema e na televisão. Ao aliar a leveza e o tamanho do modelo da carroça, os eixos leves e as rodas montadas sobre raios e boas couraças para os cavalos, a biga revolucionou a arte da guerra. Os grandes exércitos do segundo milênio antes de Cristo, como o dos egípcios, dos hititas da Anatólia, dos arianos da Índia e dos micênicos da Grécia, fizeram uso desse veículo extremamente rápido e ágil em manobras. A biga deixou um rastro de devastação da China à Creta Minóica, chegando a atingir a Grã-Bretanha, durante todo o período que antecedeu Alexandre, o Grande, quando foi substituída pela cavalaria.

Uma contribuição crucial dos romanos ao desenvolvimento da roda foi o amplo esforço na abertura de estradas. A construção e manutenção de um império exigiam que a comunicação e a mobilização de recursos, do comércio e do exército fossem boas. As estradas permitiram isso. As estradas romanas conservaram-se por séculos. Na realidade, um número considerável de estradas romanas ainda está em uso na Grã-Bretanha.

Com o decorrer do tempo, a própria roda continuou a evoluir. Foram desenvolvidos cubos de ferro, que deram às rodas uma força extraordinária no centro, onde elas eram fixadas a eixos lubrificados. Até mesmo as rodas que quebravam podiam ser reconstruídas ao redor do mancal, tornando-o uma parte indispensável de sua estrutura. Do mesmo modo, o conceito de uma "rodeta" surgiu na forma de um aro ou anel que era esticado pelo calor e colocado ao redor da roda para posteriormente se contrair depois do resfriamento, fazendo com que a roda não somente ficasse mais resistente no contato com o solo, mas também tornasse a própria roda uma unidade mais sólida e compacta.

Mas a roda, como já fizemos alusão, não deve de maneira alguma ser considerada apenas quanto ao auxílio no transporte terrestre. Ela está presente da biga ao tanque, da diligência ao trem e da carruagem ao carro. Mas certamente nenhum desses objetos teria evoluído se não fossem os outros usos nos quais a roda foi empregada.

Muito antes que o primeiro avestruz fosse atado a uma biga de corrida, apesar de não sabermos exatamente quando, o "torno de oleiro" — uma roda onde o artesão podia confeccionar potes — tornou-se um passo importante na confecção de cerâmica. Ninguém pode assegurar quando ele foi desenvolvido, mas a primeira evidência de um torno de oleiro vem da Mesopotâmia, por volta de 3500 a.C. Um pedaço de argila, que até então tomava forma apenas pelo uso das mãos, podia agora ser "jogado" sobre uma roda em rotação e, com o auxílio das mãos e de ferramentas, combinadas à força centrífuga, permitia que uma forma simétrica fosse moldada. Essas formas incluíam tigelas, potes e os mais variados tipos de receptáculo. Muito mais do que exclusivamente decorativos, esses vasilhames eram os únicos locais seguros para a armazenagem de produtos secos, bebidas, óleos, alimentos e grãos, entre outros usos. A cerâmica não foi apenas útil para o armazenamento de bens comerciáveis, mas ela própria se constituiu num produto, já que era comercializada dentro de determinada cultura e entre culturas distintas por intermédio de barcos e carroças.

Entretanto, tão importante quanto qualquer outro aspecto da roda é o simples fato de o movimento circular ou rotatório ter sido aproveitado e utilizado em todo equipamento sobre o qual a imaginação humana pôde se debruçar. Imagine, por exemplo, a "roda-d'água" mais primitiva, que se constituía numa série de potes cerâmicos atados a uma grande roda suspensa sobre água corrente. A força centrífuga impulsionava os potes cheios à parte mais alta da roda, onde o conteúdo era despejado sobre uma vala rasa, permitindo que a água pudesse ser desviada para uma localidade diferente, como, por exemplo, uma plantação.

Ou então a força da roda impulsionada pela água, vento ou algum animal poderia ser um fim em si mesmo se a roda estivesse em um eixo que permitisse movimentar outra roda. Pense na absoluta força e dinâmica quando o vento e a água giraram uma grande roda atada a eixos com uma enorme pedra de moinho na outra extremidade, moendo inimagináveis quantidades de grãos frescos, em vez de ter pessoas ou animais realizando essa tarefa.

Na realidade, a roda, com os eixos e os raios, tornou-se a invenção que conduziu a muitas outras. Das descomunais rodas-gigantes às quase invisíveis engrenagens do relógio, a roda foi a propulsora da Revolução Industrial.

2
A LÂMPADA ELÉTRICA

Há uma série de mitos a respeito de Thomas Alva Edison, aquele que de modo geral, e talvez acertadamente, é considerado o maior inventor de todos os tempos. Muitos vêem nele uma espécie de personagem de ficção extraído do livro *Huckelberry Finn*, de Mark Twain, com o terno escuro e amarrotado, cabelo despenteado, aquele típico sujeito com um inofensivo ar professoral. Na realidade, Edison tinha uma obsessão, às vezes cruel, pelo trabalho; era um tipo de homem egoísta que podia ser obsceno e um tanto quanto grosseiro. Uma vez, por exemplo, quando lhe foi oferecida uma escarradeira, ele a recusou, dizendo que preferia usar o chão, porque "no chão sempre consigo acertar".

Um outro mito foi o de que ele foi o inventor da lâmpada elétrica. Um número considerável de pessoas já havia desenvolvido lâmpadas incandescentes antes de Edison, em alguns casos até 30 anos antes dele. Mas nenhuma delas funcionou adequadamente. Sua grande conquista foi inventar uma lâmpada que realmente funcionava, e no mundo real.

Edison começou a se envolver com a iluminação incandescente em 1878, quando, aos 31 anos, tirou férias com George Barker, um professor universitário. Durante a viagem, Barker sugeriu a Edison, que já era reconhecido mundialmente pela invenção do fonógrafo, entre outros inventos, que seu próximo objetivo fosse introduzir a iluminação elétrica nos lares americanos.

Edison ficou seduzido pela idéia. Quando retornou à "fábrica de invenções" que havia construído em Menlo Park, Nova Jersey, ele reuniu um grupo de especialistas e anunciou ao mundo que iria

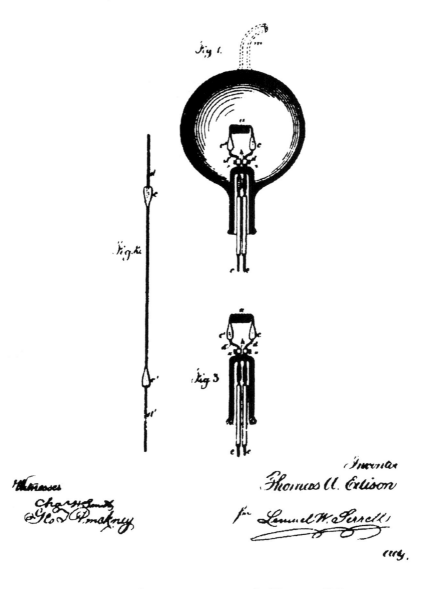

Desenho do projeto de patente, 1880, de Thomas Edison.
Escritório de Registro de Patentes dos Estados Unidos

levar a iluminação aos lares americanos em seis semanas, o que se mostrou ser uma previsão exageradamente otimista.

Desde o início, Edison tinha idéia de criar uma lâmpada que pudesse trabalhar num sistema elétrico no qual a lâmpada exigiria uma pequena quantidade de corrente para funcionar, tivesse uma longa duração e no qual a força elétrica fosse "subdividida". Se uma das lâmpadas queimasse, o mesmo não ocorreria com as demais; além disso, cada lâmpada poderia ser controlada individualmente com um simples toque no interruptor. Portanto, ele e sua equipe trabalharam simultaneamente nas criações da lâmpada e do sistema, já que um não funcionaria sem o outro.

A lâmpada incandescente é um dispositivo simples, e a base científica por trás dela é o fenômeno da resistência elétrica. Um material submetido a uma corrente elétrica apresenta graus variados de resistência a essa corrente, o que faz com que o material se aqueça e incandesça, fornecendo luz.

As lâmpadas incandescentes produzidas antes de Edison apresentaram uma série de problemas, sendo dois os principais. Os filamentos que eram submetidos à corrente elétrica não suportavam o calor e queimavam ou derretiam (no caso dos filamentos metálicos). Ao ar livre, isso ocorria em questão de segundos ou minutos; então, muitos inventores decidiram encapsular ou selar os filamentos em um globo de vidro e retiravam o oxigênio, criando um vácuo no qual o filamento poderia suportar melhor o aquecimento.

Edison sabia que precisava criar um superfilamento, já que, para ser eficaz e usar pouca corrente elétrica, o filamento deveria ser fino. De acordo com a lei de resistência elétrica de Ohm, isto significaria que esse filamento estaria submetido a um grau elevadíssimo de temperatura. Estas características, por sua vez, permitiram que os condutores de cobre que forneceriam energia às lâmpadas fossem significativamente menores. Como disse o autor Matthew Josephson em sua biografia *Edison*: "Apenas um milionésimo do peso de um condutor de cobre seria necessário para esse sistema, se comparado ao sistema de baixa resistência."

Em sua busca pelo filamento perfeito, Edison e sua equipe testaram um grande número deles e finalmente se decidiram pela platina, que possuía uma elevada temperatura de fusão, 1.755°C. Simultaneamente, outros membros da equipe de Edison trabalhavam no desenvolvimento de métodos mais eficientes para retirar o oxigênio do globo de vidro, a fim de criar um vácuo melhor.

A lâmpada com filamento de platina funcionou, mas apenas por 10 minutos, antes de derreter. Outra desvantagem da platina é que se tratava de um metal raro e dispendioso, o que a tornava pouco prática. Edison e sua equipe testaram muitos outros materiais, aproximadamente 1.600 no total, e continuavam tentando criar um vácuo cada vez melhor dentro do globo. Mas eles não conseguiam encontrar nada que funcionasse bem.

Então, um dia, como um detetive que já tivesse estado com a chave de um mistério nas mãos, mas a tinha posto de lado e volta a pegá-la, Edison testou novamente o carbono como filamento, elemento que ele já havia testado e descartado no ano anterior. Nesse ínterim, ele já havia solucionado alguns dos problemas. Um vácuo melhor estava sendo obtido por intermédio de uma "bomba sprengal", que deixava a fração de um milionésimo de oxigênio no interior da lâmpada, e já havia sido descoberta uma maneira de eliminar os gases que o carbono estava propenso a absorver em seu estado poroso e que aceleravam seu fim.

Edison sabia que o carbono oferecia uma grande vantagem, já que apresenta uma temperatura de fusão elevada, cerca de 3.500°C. Ele calculou que, para trabalhar com a resistência apropriada, o filamento deveria ter 0,04 centímetro de diâmetro e aproximadamente 15 centímetros de comprimento. Para produzir o filamento, Edison raspou a fuligem de lâmpadas a gás e misturou o carbono com alcatrão, de modo que pudesse obter algo com o formato de um filamento. Testes realizados com esse filamento demonstraram que ele queimaria de uma a duas horas antes de sua autodestruição.

Mas Edison havia ficado convencido de que, tendo a "fuligem alcatranizada" funcionado tão bem, talvez houvesse outros materiais que, quando transformados em carbono, poderiam funcionar melhor. Tendo isso em mente, ele testou um pedaço comum de fibra de algodão que havia se transformado em carvão após ser cozido em um cadinho de cerâmica.

O filamento era delicado e alguns se partiram no momento em que eram instalados na lâmpada de teste, mas finalmente a equipe conseguiu introduzir a tênue amostra de material num globo de vidro, o oxigênio foi retirado e a corrente elétrica foi ligada. Era tarde da noite de 21 de outubro de 1879.

Os homens estavam acostumados a filamentos que se extinguiam rapidamente. Mas esse não. O filamento fornecia um brilho tênue e avermelhado — emitindo cerca de 1% da luz emitida por uma lâmpada de 100 watts moderna —, e, para comoção de todos, continuou queimando. Por fim, Edison começou a aumentar gradativamente a corrente — a lâmpada ficando cada vez mais iluminada — até o filamento quebrar. Ele havia queimado por 13 horas e meia, e todos sabiam que a frágil lâmpada havia sido a precursora da luz elétrica.

Edison, como era de esperar, não se deu por satisfeito. Ele examinou o filamento num microscópio e percebeu que o carbono de alta resistência de que ele necessitava precisava vir de materiais que fossem firmes, de estrutura fibrosa e, muito importante, que apresentassem celulose. Por fim, Edison usou um bambu importado do Japão, que queimou por 900 horas.

Edison levou apenas três anos — um tempo fenomenalmente curto — para criar e instalar um sistema elétrico que tornasse a luz elétrica eficaz. A companhia criada por ele, a Edison Electric Light Company, construiu uma usina de força na rua Pearl, na cidade de Nova York, passou fios pelos canos que antes levavam gás, até chegar aos primeiros a serem beneficiados pela sua invenção. A princípio, ele possuía apenas 86 assinantes. Havia sobressaltos e problemas no sistema, mas, à medida que iam sendo solucionados e as lâmpadas, melhoradas, um número cada vez maior de assinantes aderiu ao sistema. Na virada do século XX, havia um milhão de pessoas com luz elétrica em seus lares. Atualmente, o tungstênio (o filamento) e o nitrogênio (no lugar do vácuo) compõem a lâmpada elétrica.

Qual é, afinal de contas, o valor da lâmpada elétrica? Poderíamos falar interminavelmente sobre a sua importância, e, quando outras invenções colocadas entre as 10 de maior influência, como a pólvora (utilizada tanto para libertar quanto exterminar as pessoas) e o motor de combustão interna (que definitivamente colocou o mundo nas estradas e mudou completamente a face do comércio), são comparadas a ela, é impossível não considerá-la a mais importante. A lâmpada elétrica, de certo modo, transformou a noite em dia. As pessoas podiam ler, estudar, permanecer acordadas até altas horas, produzir mais, sair para um jantar tarde da noite e ir ao cinema. Robert Freidel, co-autor do livro *Edison's Electric Light*, salienta o impacto causado pela lâmpada elétrica de forma muito precisa:

"Ela alterou o mundo onde as pessoas trabalhavam, brincavam, viviam e morriam... foi o tipo de invenção que remodelou a face da Terra e o modo pelo qual as pessoas encaravam as possibilidades no mundo."

Máquina de impressão do século XIX. *Coleção de Imagens da Biblioteca Pública de Nova York*

3

A IMPRESSÃO COM TIPOS MÓVEIS

Os antropólogos creditam o advento da escrita como o ponto de passagem entre a Pré-história e a História. A escrita permitiu que os pensamentos pudessem ser registrados. Mais tarde, a impressão permitiu que fossem produzidas múltiplas cópias de páginas de livros. Pela primeira vez na História, os pensamentos e idéias das grandes mentes podiam ser comunicados às massas por intermédio de livros que, até então, eram escritos em latim e produzidos em quantidade limitada para os clérigos e a nobreza. Para resumirmos o impacto causado pela impressão, ela alfabetizou um mundo praticamente de analfabetos.

Tudo começou com blocos de madeira nos quais um dos lados possuía letras em alto-relevo. Os blocos eram posicionados em ordem dentro de uma moldura e cobertos de tinta; posteriormente, uma folha de papel era pressionada contra eles. Quando o papel era removido, uma cópia pintada das letras permanecia impressa no papel.

A impressão com tipos móveis permitia que uma pessoa fizesse o serviço de muitas. Em um único dia, uma pessoa conseguia produzir o que um escrivão levaria um ano para fazer.

Mas havia um problema com os blocos de madeira. Com o passar do tempo e o uso, eles começavam a se desintegrar e novos blocos precisavam ser produzidos. É justamente nesse momento que entra em cena Johannes Gutenberg, um impressor alemão. Gutenberg desenvolveu um molde em liga de metal para cada letra que resistia melhor ao passar do tempo e podia ser reutilizado infinitas vezes. De fato, seu método de reprodução mecânica de material impresso demonstrou-se tão eficaz que nenhuma mudança significativa foi feita no método de impressão em mais de 500 anos.

Para que possamos melhor nos ater a respeito da invenção de Gutenberg, basta mencionarmos que os livros naquele período eram produzidos pela e para a Igreja, utilizando o processo de entalhamento em madeira. Isso requeria que um artesão cortasse a madeira de modo a produzir um molde tanto para o texto quanto para as ilustrações, serviço que era extremamente demorado.

No método desenvolvido por Gutenberg, de maneira semelhante ao que ocorria com os blocos de madeira, quando uma página estava completa, o bloco recebia uma camada de tinta, e uma outra folha era então pressionada contra ele para que se produzisse uma imagem pintada. Utilizando este processo, apenas uma pequena quantidade de livros podia ser produzida a cada ano, o que talvez não representasse um problema tão grande naquela época, já que apenas os membros da Igreja e da nobreza sabiam ler.

Em 1455, o livro que ficou conhecido como a Bíblia de 42 linhas (também conhecida como a Bíblia de Gutenberg) foi publicado em Mainz. Ela é considerada a primeira publicação de vulto, e Gutenberg levou dois anos para finalizá-la. Sua invenção permitiu que o impressor não somente montasse palavras a partir dos moldes de letras individuais, mas também que se organizassem as palavras em linhas niveladas, colocando várias dessas linhas juntas em um único modelo.

Esse sistema permitiu que os impressores fizessem algo que eles nunca tiveram capacidade de fazer: produzir milhares de cópias de uma mesma página. Pela primeira vez, a velocidade da produção de livros teve um aumento significativo. Uma gráfica do século XV podia produzir cinco livros por ano, o que pode não significar muito hoje em dia, mas representava um grande avanço naquela época.

A invenção de Gutenberg também serviu para outro propósito: permitiu que as pessoas lessem, o que representou um aumento expressivo da alfabetização. Tratados filosóficos e descobertas científicas da época se tornaram acessíveis, permitindo que as pessoas se aventurassem para além dos dogmas religiosos de então e passassem a adotar uma abordagem mais racional e secular do aprendizado e do modo de se explorar o mundo natural.

Por volta do século XVI, a impressão já havia criado uma indústria. Normalmente, as instalações de gráficas consideradas de maior porte abrigavam cinco trabalhadores. Três trabalhavam na prensa e dois no serviço de composição.

Durante esse período, o trabalho ainda era entediante e lento. Muitas vezes, moldes eram confeccionados para uma coleção de tipos, mas, posteriormente, esse serviço passou a ser de responsabilidade dos criadores de tipos independentes.

À medida que a impressão gráfica se espalhava pela Europa, em pouco tempo chegou a Londres. A maioria dos novos artífices somente conseguia sobreviver se estabelecessem seus negócios nas cidades maiores. Mas, em 1563, a Lei dos Artesãos foi aprovada na Inglaterra, exigindo que os trabalhadores permanecessem morando na cidade onde haviam nascido. A lei acabou por sufocar o progresso do comércio gráfico, porque não permitia que os impressores encontrassem quem estivesse interessado em trabalhar nessa atividade.

Com o passar do tempo, um dos desenvolvimentos mais significativos na impressão foi a criação de diferentes coleções de tipos. O mais importante deles, é que se tornou o mais comum, foi o tipo romano, cuja utilização se acentuou na segunda metade do século XVI. Posteriormente, ele se tornaria o tipo que mais se adequava às qualidades do aço, razão pela qual substituiu os antigos tipos góticos em quase toda a Europa.

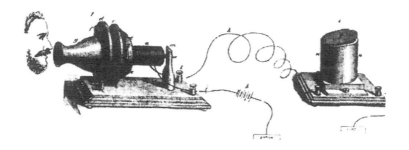

O telefone de Alexander Graham Bell. *Coleção de Imagens da Biblioteca Pública de Nova York*

4
O TELEFONE

O mais irônico a respeito da invenção do telefone foi o fato de ter sido marcada por problemas de comunicação ou pela falta dela. Na verdade, muitos inventores trabalhavam individualmente, não compreendendo bem as descobertas anteriores ou perdendo tempo em alcançar resultados que alguém já havia conseguido.

Alexander Graham Bell, por exemplo, é aclamado como o inventor do telefone. No dia 10 de março de 1876, utilizando seu aparelho recém-construído, proferiu as célebres palavras para seu assistente: "Sr. Watson, venha aqui, eu gostaria de vê-lo." Entretanto, Bell não foi a única pessoa a explorar esse dispositivo que posteriormente viríamos a chamar de telefone. Na realidade, somente obteve o crédito com sua invenção por uma questão de horas, já que outros haviam obtido o mesmo sucesso que ele. Elisha Gray também entrou com um pedido de registro de patente para um telefone apenas algumas horas após Bell, e, se sua patente tivesse sido registrada antes da de Bell, provavelmente estaríamos narrando a sua conquista.

Além disso, os inventores não faziam qualquer cerimônia em se apropriar da tecnologia alheia para proveito próprio. Bell, por exemplo, não havia ainda construído um telefone que funcionasse, mas acabaria por fazê-lo três semanas após entrar com seu pedido de registro de patente utilizando as "instruções de montagem de invento" elaboradas pelo químico inglês Stephen Gray.

Apesar de ambos os inventores serem obstinados, dedicados e inventivos, foi o conhecimento de Bell a respeito da acústica (o estudo do som) que fez com que levasse vantagem sobre Gray. Bell conhecia um pouco sobre eletricidade, um componente indispensável para a construção de um telefone que funcionasse, mas era um exímio conhecedor de acústica. De fato, assim como Gray, muitos outros inventores que trabalhavam em projetos similares tinham maiores conhecimentos de eletricidade do que de acústica, o que se traduzia numa completa inaptidão em lidar simultaneamente com duas disciplinas para a criação do telefone.

Alguns historiadores acreditam que a mais remota referência a um aparelho com essa finalidade foi de Francis Bacon, em seu livro *Nova Utopia*, de 1627, em que ele se referia a um tubo longo para se conversar e que na realidade era apenas conceitual; um telefone não pode funcionar sem eletricidade, e Bacon não faz nenhuma referência a isso. As idéias a respeito da eletricidade só passaram a ser conhecidas no início dos anos 1830, mas somente a partir de 1854 é que começou a especulação sobre a possibilidade de se transmitir a fala por meio da eletricidade.

O primeiro passo importante na evolução do telefone ocorreu em 1729, quando Stephen Gray fez com que a eletricidade fosse conduzida por um fio por mais de 90 metros. Posteriormente, em 1746, dois holandeses desenvolveram uma "garrafa de Leyden", a fim de armazenar eletricidade estática. Ela funcionava como uma bateria que armazena energia, mas sua grande deficiência era o fato de que ela armazenava uma quantidade tão pequena de eletricidade que se tornou ineficaz. Mas foi o começo para algo maior.

A eletricidade estática podia não só ser vista, mas também fazer os cabelos levantarem. Mais tarde, em 1753, um escritor anônimo sugeriu que a eletricidade pudesse vir a transmitir mensagens. Seus experimentos utilizavam uma infinidade de fios e um gerador eletrostático para eletrificar os fios que atrairiam papéis nos quais as mensagens teriam sido impressas por intermédio de uma carga estática transmitida da outra ponta do circuito. Ao se verificarem as letras que eram atraídas, o receptor da mensagem poderia lê-la. Apesar de esse sistema rústico funcionar, era extremamente limitado e exigia uma infinidade de fios.

Somente após a invenção da bateria é que os experimentos com telefone atingiram novo patamar. A bateria era capaz de fazer algo que um gerador eletrostático não conseguia — uma corrente contínua de eletricidade de baixa potência. A bateria era baseada em reações químicas e, apesar de não poder produzir eletricidade suficiente para tornar uma máquina operacional, poderia vir a fazê-lo depois de aperfeiçoamentos.

Embora a eletricidade já estivesse então disponível, só solucionava metade do problema para a produção do telefone. A transmissão da fala exigia uma compreensão do magnetismo.

Em 1820, entra em cena o físico dinamarquês Christian Oersted. Em seu famoso experimento em sala de aula na Universidade de Copenhague, ele aproximou uma bússola de um fio alimentado por uma corrente elétrica. Como conseqüência, a agulha da bússola começou a se mover como se estivesse sendo atraída por um grande ímã. Oersted havia feito uma descoberta surpreendente: a corrente elétrica cria um campo magnético.

Um ano mais tarde, o inventor Michael Faraday inverteu a experiência de Oersted e descobriu a indução elétrica. Ele conseguiu criar uma corrente elétrica fraca ao enrolar fios ao redor de um ímã. Em outras palavras, um campo magnético fez com que uma corrente elétrica percorresse um fio que estava próximo.

O resultado foi assombroso. Energia mecânica podia ser convertida em energia elétrica. A conseqüência dessa descoberta, anos mais tarde, foi a elaboração de turbinas que, impulsionadas pelo fluxo de água ou pela queima de carvão, produziam eletricidade.

Tanto o modelo primitivo do telefone — um aparelho rústico com um funil, um recipiente com ácido e alguns fios apoiados em uma base de madeira — quanto o aparelho de nossos dias apresentam um modo de funcionar muito semelhante.

Nos transmissores elétricos modernos, uma fina folha de plástico (muito similar ao tímpano humano, que funciona sob o mesmo princípio) é coberta por um revestimento metálico condutor. O plástico separa o revestimento de um outro eletrodo metálico e mantém um campo elétrico entre eles. As vibrações provenientes das ondas sonoras produzem flutuações no campo elétrico, que, por sua vez, produzem pequenas variações de voltagem. As voltagens são ampliadas para transmissão através da linha telefônica.

Trocando em miúdos, o telefone moderno é um instrumento elétrico que carrega e varia a corrente elétrica entre dois diafragmas mecânicos. Ele duplica o som original de um diafragma e o transfere para outro. Simples, mas ao mesmo tempo profundo em seu impacto.

5
A TELEVISÃO

A maioria das pessoas imagina que o surgimento da televisão foi uma conseqüência do aperfeiçoamento e da popularização do telefone, do cinema e do rádio, mas a realidade é que as primeiras pesquisas e experiências se iniciaram em meados do século XIX! Provas teóricas da relação entre luz e eletricidade — essenciais para a transmissão de TV — haviam sido detalhadas por Michael Faraday em uma série de experiências na década de 1830, e havia também outros *insights*.

Apesar de essas descobertas aparentemente terem aberto caminho para que o surgimento da televisão tenha ocorrido relativamente cedo, havia outros obstáculos técnicos no caminho, incluindo o fato de que a transmissão do som por ondas — essencial para a transmissão de TV — era desconhecida.

Os sinais de TV são transmitidos eletronicamente, o que significa que as ondas luminosas que serão transmitidas devem ser convertidas em sinais eletrônicos, e isso não é tão simples de realizar. As ondas luminosas são de fato infinitesimalmente menores e não podem ser convertidas diretamente em sinais eletrônicos pelo simples acoplamento mecânico. Além disso, as informações visuais são muito mais complexas e alcançam freqüências bem superiores às alcançadas pelas ondas de som. O primeiro avanço para a solução desse dilema veio em 1873, quando foi descoberto que o elemento químico selênio apresentava uma variação em sua resistência elétrica proporcional à quantidade de luz a que era submetido. Assim, tornava-se possível converter a luz em sinal eletrônico ou "pulso", que, teoricamente, poderia ser enviado por meio de um cabo ou transmitido pelo ar.

Em 1883, o engenheiro alemão Paul Nipkow apresentou um dispositivo utilizando um disco rotativo de varredura perfurado por minúsculos orifícios em forma de espiral. Esse disco dividia

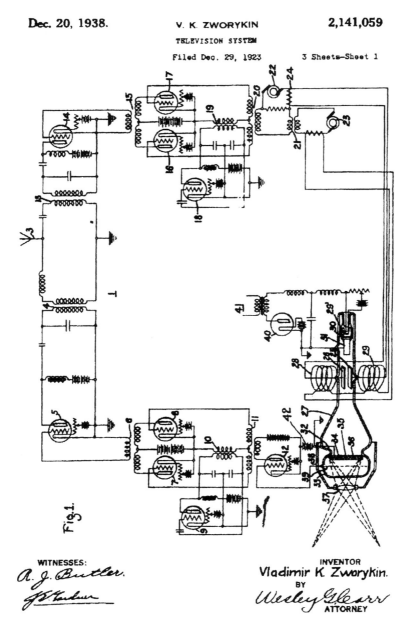

Desenho do projeto de patente, 1923, por Vladimir K. Zworykin.
Escritório de Registro de Patentes dos Estados Unidos

uma imagem numa série de pontos que, por sua vez, atingiam uma fotocélula. Esta enviava uma série de pulsos elétricos a um receptor, onde um outro disco de varredura estava posicionado em frente a uma luz e "organizava" os padrões de pontos numa imagem. Era uma imagem rudimentar e um tanto vaga, mas essa foi a primeira imagem televisiva. O sistema de varredura de Nipkow deu início a uma série de imitações e aperfeiçoamentos nos 25 anos seguintes. Por volta de 1925, Charles Francis Jenkins — utilizando um sistema de varredura mecânico — estava de fato enviando sinais pelo "ar" de seu laboratório em Washington, D.C. Na Europa, o inventor escocês John Logie Baird fez uma demonstração pública de seu sistema mecânico de TV em 1926.

Já no período entre o fim do século XIX e o início do XX constatou-se que a transmissão mecânica de TV jamais poderia ser efetuada satisfatoriamente. Mas com os rápidos avanços na radiodifusão, nos estudos com os raios X e na física os problemas seriam resolvidos em pouco tempo. O rádio, obviamente, já havia se tornado uma realidade na primeira década do século XX com a transmissão sem fios efetuada por Guglielmo Marconi e o desenvolvimento do tubo a vácuo por John Fleming e Lee De Forest. O tubo de raios catódicos — utilizado na produção de raios X para fins medicinais — foi outro elemento essencial para a tecnologia da TV.

Em 1906, Karl Braun descobriu que, quando um campo magnético era introduzido num tubo de raios catódicos, havia uma variação no curso do feixe de elétrons. Um ano mais tarde, Alan Campbell Swinton sustentou a idéia de que esse tipo de tubo de raios catódicos poderia ser utilizado como um dispositivo receptor de imagens. O cientista russo Boris Rosing logo desenvolveu e patenteou esse tubo de raios catódicos. Enquanto estudava sob orientação de Rosing, Vladimir K. Zworykin trabalhava na combinação da tecnologia de tubos a vácuo com o novo receptor de tubos catódicos no intuito de desenvolver um sistema prático de TV.

Pouco depois do término da Primeira Guerra Mundial, Zworykin imigrou para os Estados Unidos, uma mudança que redundou no aperfeiçoamento da TV moderna. Zworykin previu e construiu o que ele chamou de "iconoscópio", um tubo de transmissão que utilizava elétrons para varrer uma imagem e fragmentá-la em uma série de sinais eletrônicos. A imagem era então focada em uma placa — o "mosaico" — que estava revestida de glóbulos de um material sensível à luz. Quando um feixe de elétrons era direcionado à placa, podia se perceber uma corrente elétrica proporcional à quantidade de luz que incidia sobre ela.

Em seguida, o cientista russo trabalhou no desenvolvimento do aparelho receptor, batizado por ele de "cinescópio", adaptando a palavra grega *kinema* (movimento). Coincidentemente, a palavra "televisão" é uma combinação da palavra grega *tele* (a distância) com o termo em latim *video* (ver). O tubo de recepção de Zworykin — que essencialmente revertia o processo do iconoscópio — foi combinado ao cinescópio e levado à exibição pública em 1929.

Durante o mesmo período, um jovem cientista chamado Philo T. Farnsworth, de Idaho, nos Estados Unidos, criou um sistema de TV análogo ao de Zworykin. O "dissecador de imagens" era basicamente semelhante ao iconoscópio, mas o feixe de elétrons passava por uma pequena abertura antes de ser transmitido. Farnsworth recebeu posteriormente diversos registros de patente em tecnologia de TV e, com a Philco Corporation, tornou-se um dos pioneiros na produção de receptores de TV.

Enquanto isso, Zworykin começou a trabalhar para o magnata David Sarnoff na Radio Corporation of America. Sarnoff foi um dos primeiros homens de negócio a ver o potencial da TV.

Um marco no desenvolvimento da TV foi o ano de 1939. Uma programação regular de transmissões foi iniciada pela NBC naquele ano, captada por cerca de 1.000 receptores instalados em hotéis, bares e vitrines de lojas. Em 1940, a primeira transmissão "em rede" aconteceu quando um programa gerado pela NBC na cidade de Nova York foi retransmitido por uma estação em Schenectady, também no mesmo Estado.

Apesar de muita tecnologia associada à TV ter sido adaptada a partir dos esforços de guerra, como no desenvolvimento do radar e de outros equipamentos de detecção, a TV propriamente dita não teve papel de destaque na Segunda Guerra Mundial. Mas, no final da guerra, Sarnoff — então general-de-brigada — e outros empresários da TV estavam ansiosos por retomar o que eles tinham abandonado em 1941. Mas precisavam ser auxiliados por contribuições tecnológicas significativas por parte de Zworykin e sua equipe.

Apesar de o iconoscópio de Zworykin ter conferido praticidade à televisão, ele não a tornou perfeita. O "ike" — como era conhecida popularmente a TV por aqueles que trabalhavam nela — produzia imagens claras e distintas, mas não era sensível à luz. Sob a claridade solar, tudo corria bem, mas em estúdio era necessária uma quantidade gigantesca de luz — mais do que a utilizada pela indústria cinematográfica. Os níveis de aquecimento atingiam 38°C, e os atores e atrizes necessitavam de muita maquiagem, especialmente sombra de olhos e batom, para compensar a iluminação ofuscante proporcionada pelas antigas lâmpadas. Zworykin e sua equipe vieram socorrer!

Primeiramente, eles obtiveram um ganho por "emissão secundária" com o objetivo de aumentar a sensibilidade em cerca de 10%. Eles também aperfeiçoaram o circuito de varredura em "baixa velocidade" e outras inovações que resultaram num novo "órticon de imagem", um tubo sensível a imagens iluminadas pela luz de uma vela! Esse novo tubo ficou pronto em 1945 e se tornou o tubo de câmera padrão para preto-e-branco.

A NBC voltou ao ar no final de 1945 e exibia filmes sobre a rendição japonesa. Outras, como a CBS e a nova rede Dumont, também voltaram a ter transmissões regulares entre o final de 1945 e o início de 1946. Por volta de 1948, 36 estações estavam no ar nos Estados Unidos com cerca de um milhão de aparelhos instalados nos lares e lugares públicos.

A TV em cores se tornou uma realidade em 1953, com o primeiro aparelho colocado à venda em 1954. Cada aparelho com tela pequena custava 1.000 dólares, mas, na virada do século XXI, a TV em cores deixou de ter a mesma importância.

A tecnologia da TV continua a evoluir juntamente com conexões com novas tecnologias de mídia, como o DVD e a internet. Mas é impossível prever o quanto a TV aumentará sua importância em nossas vidas e nas das futuras gerações.

Guglielmo Marconi, inventor do rádio. *Coleção de Imagens da Biblioteca Pública de Nova York*

6
O RÁDIO

Do mesmo modo que uma grande quantidade de invenções, o rádio dependeu, para sua criação, de duas outras: o telégrafo e o telefone. E, do mesmo modo que outros inventos, envolveu um número razoável de pessoas.

No centro do surgimento do rádio está Guglielmo Marconi, um físico italiano que utilizou as idéias de outros e as reuniu em seu primeiro "radiotelégrafo". Antes de Marconi, James Maxwell, um físico escocês, foi quem primeiro postulou, nos anos 1860, que era possível enviar radiações eletromagnéticas através do que até então era conhecido como "éter". Heinrich Hertz, também físico, conseguiu demonstrar, cerca de 20 anos depois de Maxwell, que tais radiações realmente existiam e chamou-as de "ondas hertzianas". Foi então que, em 1894, Sir Oliver Lodge, um cientista inglês, enviou um sinal semelhante ao código Morse a uma distância de 800 metros. Infelizmente, tanto Hertz quanto Lodge consideraram as ondas de rádio apenas uma excentricidade científica, sem qualquer aplicação prática.

Obviamente, o julgamento deles não foi compartilhado por todos. Um cientista russo chamado Alexander Stepanovich Popov pressentiu algumas aplicações práticas, incluindo a emissão e recepção de sinais a quilômetros de distância, algo extremamente eficiente para a comunicação com barcos. Na Rússia, Popov é aclamado como o inventor do rádio.

Em 1895, Popov construiu um receptor que detectava ondas eletromagnéticas na atmosfera e afirmou que tal receptor seria um dia capaz de captar sinais. Em 1896, ele demonstrou que isso poderia ser feito em uma experiência realizada na então chamada Universidade de São Petersburgo.

Enquanto Popov trabalhava na Rússia, Marconi trabalhava na Itália. De fato, Marconi estava realizando uma série de experiências numa propriedade de sua família em Bolonha; uma delas consistia em impulsionar a energia de um sinal para enviá-lo para o lado oposto de uma colina. Ele obteve sucesso quando ligou uma extremidade de seu transmissor a um longo fio que, por sua vez, estava fixado ao topo de um poste.

Apesar do sucesso inicial, as autoridades italianas não estavam interessadas em seu trabalho e Marconi mudou-se para Londres. Lá, ele continuou as experiências, diminuindo e aperfeiçoando o feixe direcional de ondas de rádio que estava tentando enviar. Com o auxílio de um primo da Irlanda, Marconi solicitou e recebeu um registro de patente por seu aparelho. A empresa de Correios da Grã-Bretanha, reconhecendo as possibilidades do invento, incentivou-o a incrementá-lo.

A invenção evoluiu gradualmente, ficando cada vez mais potente, até o ponto em que Marconi pôde enviar o feixe de ondas de rádio a uma distância de mais de 14 quilômetros através do Canal da Mancha. Encorajado pelo sucesso, Marconi e seu primo fundaram a Wireless Telegraph and Signal Company. Em 1899, ele estabeleceu uma estação "radiotelegráfica" na Inglaterra para se comunicar com outra estação na França, que estava a 50 quilômetros de distância. Alguns cientistas, sem dar muita importância ao fato, afirmaram que qualquer tentativa de transmitir o sinal a uma distância maior seria impossível. Em 1901, a teoria científica vigente sustentava que era impossível o envio de um sinal de rádio a uma distância muito grande por causa da curvatura da Terra. Assim como a luz, as ondas eletromagnéticas se deslocavam em linha reta, o que tornava impossível que acompanhassem sua curvatura.

No dia 11 de dezembro daquele ano, Marconi preparou um teste no qual um sinal seria enviado por 3.200 quilômetros, partindo de Poldhu, cidade no condado inglês da Cornuália, em direção a St. John's, na província canadense de Newfoundland. Ele emitiu a letra *s*, o sinal foi receptado e o mundo inteiro logo tomou conhecimento.

Havia um certo mistério a respeito de como exatamente ele conseguiu essa proeza. Para o teste, Marconi havia substituído o fio receptor normalmente utilizado por um aparelho chamado de "coherer", um tubo repleto com limalha de ferro, capaz de conduzir ondas de rádio. Ninguém, na época, sabia explicar como o aparelho funcionava, mas muitos acreditavam que havia alguma relação com a "ionosfera", que refletia os raios eletromagnéticos. Entretanto, em 1924, o mistério foi elucidado: havia uma camada eletrificada na porção mais alta da atmosfera capaz de refletir tal radiação, que podia ricochetear nessa camada e atingir o seu destino.

Após seu sucesso científico, Marconi decidiu se dedicar à ampliação de seus negócios. Em 1909, ele recebeu o Prêmio Nobel de Física juntamente com o físico alemão Karl Braun, um pioneiro do rádio que obteve maior reconhecimento pelo desenvolvimento do osciloscópio de raios catódicos, componente essencial da televisão.

A declaração oficial que conferiu o Nobel a Marconi menciona que a sua invenção estava sendo usada em navios de guerra das marinhas britânica e indiana e em 298 navios da marinha mercante britânica. Uma série de acontecimentos continuou a espalhar os feitos do rádio pelo mundo; entre os mais reconhecidos está a captura do famoso assassino Hawley H. Crippen e de sua amante após o capitão de um barco onde eles se encontravam ter sido alertado da presença dos fugitivos pelo rádio. Outra demonstração de sua importância pôde ser verificada quando do naufrágio do *Titanic*, em 1912.

O rádio se tornou, obviamente, uma das mais importantes invenções da História e certamente merece estar incluído entre as 10 mais importantes em nossa lista das 100 maiores invenções.

Batalha da Ponte Concord, Guerra da Independência dos EUA. *Photofest*

7

A PÓLVORA

Por volta do ano 900 d.C., alquimistas chineses tiveram uma grande surpresa quando atearam fogo a uma mistura de nitrato de potássio, carvão vegetal e enxofre. O resultado foi um cheiro horrível, um estrondo enorme, uma nuvem de fumaça branca e uma rápida e poderosa expansão de gases quentes. Descobriu-se rapidamente que, se o pó tivesse contato com o fogo em um recipiente, esses gases poderiam impulsionar um objeto com uma força considerável para fora da abertura do recipiente e arremessá-lo a uma certa distância. Os chineses colocaram a descoberta em prática na forma de "fogos de artifício" e para a sinalização.

Mas somente os europeus conseguiram vislumbrar o potencial poder letal da pólvora, na forma de canhões de sítio e bombas disparadas por meios mecânicos, apesar de toda essa evolução não ter sido feita do dia para a noite, já que muitos séculos se passaram até que os mecanismos fossem aperfeiçoados. Na realidade, a pólvora não entrou em cena na Europa antes do século XIII.

Qualquer forma de manuseio da pólvora pode ser, obviamente, problemática. Enquanto o pó negro era relativamente seguro, a trituração manual e a manipulação dos elementos envolviam riscos. Essa mistura seca, chamada de "serpentina", possuía uma gama de reações imprevisíveis que variavam de uma leve crepitação até a detonação espontânea. Além disso, a mistura podia se dissociar durante o transporte, e ocorria um assentamento dos ingredientes de acordo com a densidade: o enxofre no fundo, seguido pelo nitrato de potássio, e, no topo, o mais leve dos elementos, o carvão vegetal. Isso exigia que os ingredientes fossem misturados novamente no campo de batalha, o que era bastante perigoso, porque produzia uma nuvem de fumaça tóxica e muitas vezes explosiva.

Por volta do século XV, os ingredientes básicos estavam determinados, mas não havia sido estabelecida a correta proporção dos componentes para que a pólvora fosse eficiente como explosivo e para armas. Misturas e materiais diferentes foram testados. Sem os recursos da ciência moderna, quase todo o aperfeiçoamento era baseado em observações relatadas por artilheiros no campo de batalha. Mas alguns desses artilheiros foram surpreendentemente precisos em sua sagacidade empírica, mesmo se pensarmos que suas teorias empíricas foram utilizadas durante séculos sem que houvesse base científica.

Havia uma teoria segundo a qual grânulos maiores queimavam mais lentamente e, conseqüentemente, permitiam uma reação de combustão mais longa. Isso era verdade, porque, quimicamente, a pólvora é um agente de combustão de superfície. Quanto maior a área de superfície, maior o tempo de queima. Isso era particularmente útil de se saber para o canhão, cujo objetivo era arremessar um projétil de grandes proporções sem que o próprio canhão explodisse. Portanto, quanto maiores fossem os grânulos da pólvora, mais lenta seria a liberação dos gases. Aumentar gradualmente a pressão atrás do projétil iria melhorar a capacidade de arremessá-los.

Uma vez que as proporções corretas haviam sido determinadas, muito pouco mudou na pólvora, exceto a maneira de confeccioná-la. O que inicialmente era triturado à mão com um pilão passou a ser moído por uma pedra de moinho impulsionada pela água. O fato de moer os ingredientes, transformando-os em uma massa úmida, não somente auxiliou a tornar o processo menos explosivo, como também deu à mistura uma maior estabilidade e uniformidade. A massa, ou "pasta", era posteriormente laminada e posta para secar, e em seguida quebrada em grânulos de diversos tamanhos com um "britador" semelhante a um martelo. Esses grânulos eram então remexidos e peneirados para separá-los de acordo com o tamanho, variando do pó a pedaços do tamanho de um grão de milho. Os pedaços menores, muito pequenos para serem usados, eram novamente jogados à pasta inicial para serem reutilizados.

Esse processo permitia ao usuário selecionar os tamanhos de grânulos que melhor funcionassem. Os pedaços maiores, como já mencionamos, eram ideais para expandir os gases de maneira intensa, de modo que pudessem impulsionar a bala de dentro do canhão. Os grânulos de tamanho médio eram ideais para os armamentos de tamanho médio, como mosquetes e canhões de mão, e a pólvora mais fina era utilizada em pistolas, que possuíam projéteis menores e mais leves e um alcance menor.

Tudo isso precisava ser executado com extremo cuidado. Com o tempo, a compreensão e a produção da pólvora foram se aprimorando, o que a tornou mais potente, e, se a força utilizada fosse demasiada, corria-se o risco de que a arma fosse pelos ares na explosão.

Os ingredientes continuavam sendo aprimorados. Progressos na obtenção de carvão vegetal mais puro foram cruciais, assim como a descoberta de que diferentes tipos de madeira usados na confecção do carvão produziam diferentes quantidades de gases e, conseqüentemente, eram utilizados para diferentes propósitos. O carvão extraído do salgueiro, por exemplo, produz uma quantidade menor do que o carvão obtido do pinheiro ou castanheiro e consideravelmente menor do que o obtido do corniso. Assim sendo, o carvão de salgueiro era utilizado na mistura de pólvora para os canhões, cuja expansão lenta dos gases era a mais apropriada, ao contrário da expansão rápida proporcionada pelo corniso, mais indicada para as armas menores.

Por fim, quando os aperfeiçoamentos atingiram seu ponto máximo e foram submetidos a uma completa avaliação científica, a pólvora estava sendo substituída por propulsores à base de nitrocelulose, mais conhecidos como "pólvora sem fumaça" ou "algodão-pólvora". Além da evidente vantagem de não revelarem a posição do atirador, já que a explosão da pólvora produzia uma longa nuvem de fumaça, os explosivos à base vegetal eram muito mais estáveis para o armazenamento e forneciam um melhor controle da taxa de combustão. De modo geral, apesar dos aprimoramentos modernos, a pólvora jamais poderia evoluir pelo fato de produzir 40% de gás propulsor e 60% de resíduos sólidos expelidos pelos canos das armas, dificultando sua limpeza e manutenção e as tornando propensas a explodir.

A pólvora evidentemente levou a humanidade a métodos mais modernos de destruição e também disparou — sem trocadilhos — o interesse pela química. Mas a ironia é que nos dias de hoje completou todo o seu ciclo e é usada quase que exclusivamente como os chineses a usavam: nos fogos de artifício e para sinalização.

Computador de mesa do final do século XX.
Foto do autor

8

O COMPUTADOR DE MESA

Os computadores de mesa de hoje estão geralmente associados a adjetivos usados no marketing referente a máquinas — "design arrojado", "moderno" e de "alta tecnologia" — e operados por infomaníacos ou gênios, como Bill Gates, da Microsoft, ou Steve Jobs, da Apple. Diferentemente do que se possa supor, o computador de mesa é simplesmente o último passo de uma longa evolução. A maioria das pessoas simplesmente associa os computadores mais antigos às máquinas de aparência industrial que atulhavam as salas e efetuavam cálculos lentamente nas décadas de 1940 e 1950. Com o passar do tempo, essas máquinas ficaram cada vez menores e mais rápidas em seus cálculos, até que o computador de mesa surgiu no início dos anos 1980.

Existem dois tipos básicos de computador. O primeiro é o computador analógico. Computadores analógicos efetuam cálculos baseados em quantidades que variam continuamente, como a temperatura, a velocidade e o peso. Em vez de efetuarem um cálculo aritmético, os computadores analógicos "computam" uma coisa através da mensuração de outra.

O desenvolvimento do primeiro computador moderno é creditado a Vannevar Bush, engenheiro elétrico do MIT (Instituto de Tecnologia de Massachusetts), na década de 1930. O computador atendia àquilo de que ele e sua equipe precisavam: uma maneira de reduzir o tempo gasto na tarefa de resolver equações matemáticas que, por sua vez, auxiliariam na solução de problemas de engenharia. O que eles procuravam era a automação do processo de solução de problemas. Finalmente, em 1936 eles criaram o "analisador diferencial".

O computador pesava 100 toneladas, possuía 150 motores e centenas de metros de fio. Isso significava trabalho e equipamento demais para o que havia sido idealizado. Estimava-se que a máquina trabalhava a uma velocidade 100 vezes superior à de alguém utilizando uma calculadora. Apesar de terem obtido um sucesso considerável para a época, em meados da década de 1950 muitas das tarefas mais complexas executadas pelos computadores analógicos estavam sendo realizadas com maior rapidez e precisão por computadores digitais. Mesmo assim, computadores analógicos ainda são utilizados para cálculos científicos e navegação de espaçonaves, entre outras coisas.

O segundo tipo de computador é o já mencionado computador digital. Ele é programável e processa números e palavras de maneira precisa e em altíssima velocidade. É importante assinalar que o computador digital foi desenvolvido por motivos idênticos aos do analógico: a interminável busca por aparelhos que amenizassem os esforços na execução de tarefas. Apesar de existirem registros de dispositivos de cálculo tão antigos quanto o ábaco, do século V a.C., e as pedras utilizadas para cálculos pelos mercadores em Roma, nenhum desses equipamentos primitivos era automático.

Somente com o advento da Revolução Industrial, no início do século XIX, surgiu a necessidade de uma máquina que executasse cálculos sem cometer erros. Isso se deveu ao fato de que a revolução na tecnologia começara a automatizar tarefas que nos séculos anteriores eram executadas por pessoas. Estas são geralmente muito lentas e passíveis de erro.

Uma pessoa que não aceitava erros era Charles Babbage, um jovem e brilhante matemático inglês. Em 1822, Babbage produziu um pequeno modelo de sua "máquina diferencial". Esta adicionava e imprimia tabelas matemáticas à medida que um usuário acionava uma alavanca na parte superior dela.

O aparelho nunca chegou a ter grande produção, mas pouco depois Babbage já havia desenvolvido sua "máquina analítica", uma máquina automatizada e programável que realizava uma série de funções matemáticas. Vinte anos mais tarde, essa tecnologia auxiliou o governo dos Estados Unidos a completar os dados do senso populacional. A evolução do computador digital está intimamente associada à Segunda Guerra Mundial e foi o advento do computador, aliado à habilidade de seus usuários, que mudou o destino da guerra. O Colossus foi um computador desenvolvido pelos britânicos com a finalidade específica de decifrar os códigos alemães.

A primeira calculadora "programável" a ser amplamente conhecida surgiu em janeiro de 1943, media um metro e meio, pesava cinco toneladas e possuía 750 mil partes. A máquina, conhecida como Harvard Mark I, havia sido desenvolvida por Howard H. Aiken e sua equipe na Universidade de Harvard com apoio financeiro da IBM. Ela podia efetuar adições e multiplicações, mas numa velocidade considerada relativamente lenta para os padrões atuais.

A característica mais importante daquilo que as pessoas poderiam chamar verdadeiramente de computador era a capacidade de armazenar um programa. O primeiro computador a armazenar um programa operacional completo foi exibido na Universidade de Cambridge em maio de 1949.

O primeiro computador comercial dos Estados Unidos surgiu em março de 1951, possuía 1.000 palavras de 12 dígitos em sua memória e podia efetuar 8.333 adições e 555 multiplicações por segundo. A máquina possuía cinco mil tubos e ocupava mais de 60 metros quadrados, espaço consideravelmente menor ao ocupado por modelos anteriores. O escritório de Censo Demográfico do governo americano foi quem primeiro comprou o computador.

Os primeiros computadores da IBM foram produzidos em Poughkeepsie, Estado de Nova York. A primeira encomenda foi entregue em março de 1953. Um total de 19 computadores foi vendido, cada um deles com capacidade de efetuar 2.200 multiplicações por segundo.

O resto, como se costuma dizer, é história. Os computadores de mesa hoje são mais rápidos, menores, possuem maior memória e têm a capacidade de efetuar muito mais funções que seus predecessores — tudo isso graças à invenção do microchip.

Os computadores desempenham um papel crucial em todas as áreas da vida moderna e irão assumir uma importância cada vez maior na maneira como vivemos e interagimos. Esse potencial de interação evoluiu com o crescimento da internet, onde muitas pessoas estão conectadas a outras ao redor do mundo.

Samuel F. B. Morse, inventor do telégrafo. *Coleção de Imagens da Biblioteca Pública de Nova York*

9
O TELÉGRAFO

Um dos fatos mais interessantes na história da invenção do telégrafo foi que seu inventor, Samuel F. B. Morse, começou a vida como artista, mais especificamente como retratista. Normalmente, as pessoas que são criativas nas ciências humanas não se envolvem em atividades que tenham a ver com mecânica, mas sempre existiram exceções a essa "regra". Na verdade, o primeiro exemplo seria Leonardo da Vinci.

Após se formar na Universidade de Yale, em 1810, Morse embarcou para a Inglaterra com o intuito de estudar arte. E foi o que realmente fez, retornando aos Estados Unidos em 1813 e se aprimorando gradualmente até se tornar um dos melhores retratistas da América. Ele retratou diversas personalidades da época, incluindo outro inventor, Eli Whitney, que inventou a máquina descaroçadora de algodão.

Morse sempre teve interesse pela ciência. Um dia, em 1832, ao retornar de uma de suas viagens à Europa, ele escutou por acaso algo que estimulou sua imaginação. A conversa era sobre a invenção do eletromagneto, por Joseph Henry, um aparelho que, conforme Morse saberia mais tarde, era capaz de emitir um impulso através de um fio. Na verdade, Morse soube que, em 1831, Henry havia enviado um impulso através de um fio com mais de 1.600 metros de extensão. Um impulso elétrico, gerado por uma bateria, percorreu um fio e, ao chegar à outra ponta, fez com que um sino, acoplado a um ponto magnético, tocasse.

A idéia de Morse era criar um sistema de comunicação utilizando uma linguagem baseada em impulsos elétricos. Apegando-se a tal idéia, ele começou a criar uma série de transmissores e receptores magnéticos e, três anos após ter escutado a conversa no navio, Morse já estava preparado para testar os protótipos. Prendendo-se cada vez mais às suas criações mecânicas, em 1837 ele abandonou completamente a arte e um ano mais tarde desenvolveu uma série de pontos e traços que viriam a ser conhecidos como "código Morse".

O problema para Morse, então, passou a ser testar sua invenção em grande escala. Para tanto, ele trabalhou duro no intuito de persuadir o Congresso dos Estados Unidos a patrocinar seu projeto. A princípio ele não foi bem-sucedido em seus esforços para convencer o Congresso, mas posteriormente Morse persuadiu os congressistas e foi estendida uma linha percorrendo os quase 60 quilômetros que separam Baltimore de Washington. Os expectadores, com a respiração suspensa, assistiram a um operador telegrafar a mensagem que seria recebida na outra ponta da linha: "O que Deus fez?".

Apesar de o teste ter sido bem-sucedido, fazer com que as pessoas aceitassem o telégrafo não foi uma tarefa simples. Muitas delas — assustadas com a idéia de que uma corrente elétrica estaria percorrendo a Terra e preocupadas com a sua própria segurança — se opuseram à invenção.

Até mesmo Morse enfrentava problemas com relação ao registro da patente — como muitos outros inventores tiveram — e foi processado diversas vezes por muitas pessoas que aspiravam a ter direitos pelas patentes dele. Finalmente, o litígio definitivo chegou à Suprema Corte americana. Em 1854, a Corte decidiu a favor de Morse.

Ironicamente, o único homem que não processou Morse foi justamente aquele que poderia reivindicar algo: Joseph Henry. Foi Henry quem inventou o sistema de relés que permitiu que o sinal telegráfico fosse ampliado e pudesse ser receptado em seu destino, mas Morse nunca reconheceu isso. Na realidade, assim como alguns outros inventores, ele nunca reconheceu o auxílio de alguém.

O problema acabou finalmente sendo resolvido. As pessoas, enfim, aceitaram o telégrafo, que viria a desempenhar um papel fundamental no desenvolvimento do Oeste americano, juntamente com outras invenções que dependiam da eletricidade.

Mas, a princípio, o telégrafo também apresentou problemas. Originalmente, os pontos e traços eram transmitidos por um operador, variando o tempo em que ele (ou ela) pressionava a tecla de envio. Acontece que muitos operadores achavam que estabelecer com precisão o tempo de envio do sinal era muito difícil. Para resolver esse problema, Morse inventou um dispositivo que consistia essencialmente em faixas de metal fixadas em uma lâmina não condutora, que, por sua vez, era conectada a uma lâmina de metal posicionada sob a primeira. Tudo que o operador tinha que fazer era mover a haste contra a lâmina de metal, e o movimento ocorria automaticamente no tempo necessário para produzir o ponto ou traço conforme desejado.

Com o passar dos anos, o aparelho de recepção também foi redesenhado. Primeiro, havia um rolo de papel contínuo e um instrumento pontiagudo que perfurava o código, e então um dispositivo usando tinta tomou seu lugar. Por volta de meados da década de 1850, descobriu-se que os operadores eram capazes de escrever o código se algum tipo de "sonorizador" fosse utilizado. O sonorizador passou a ser adotado e seu som característico se tornou famoso em muitas cenas de filme em que a vida estava por um fio.

Morse morreu aos 81 anos, em 1872. Sua invenção o tornou rico e ele se tornou um filantropo, contribuindo para organizações missionárias e de assistência a dependentes do álcool, assim como para escolas.

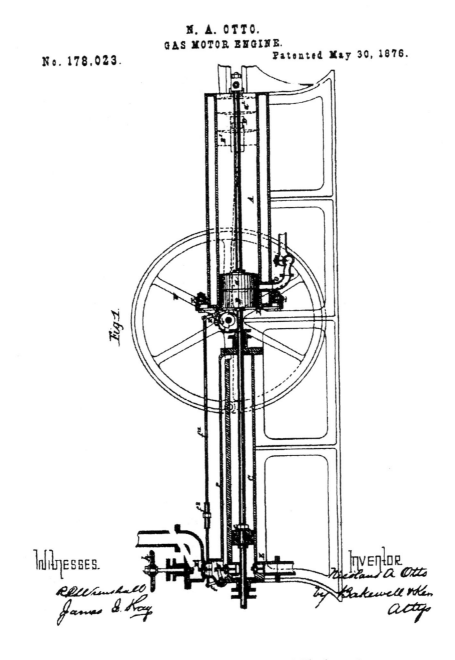

Desenho do projeto de patente, 1876, por Nikolaus Otto.
Escritório de Registro de Patentes dos Estados Unidos

10
O MOTOR DE COMBUSTÃO INTERNA

Muitas invenções e progressos são facas de dois gumes, tanto beneficiando quanto ameaçando a humanidade. O motor de combustão interna pode ser colocado nessa categoria. Ele aumentou a poluição e acelerou o aquecimento global. Mas, sem ele, as pessoas não teriam chances de apreciar o ar livre e as auto-estradas. Fazendeiros e trabalhadores não teriam acesso a dias de trabalho menores e mais fáceis, e a vasta disponibilidade de energia elétrica para iluminação e utilização doméstica levaria algumas décadas a mais para ser implementada. O motor de combustão interna foi a força motriz do progresso no século XX e ainda está a nosso serviço.

Os motores a vapor, que utilizavam água aquecida, inicialmente por lenha e posteriormente por carvão, evoluíram lentamente no decorrer do milênio. Entretanto, eles possuíam uma série de desvantagens que limitavam a sua aplicação. Os motores a vapor eram grandes e pesados. Eles não podiam ser iniciados e parados rápida e facilmente. E — e este é o ponto principal — eram perigosos, com explosões de caldeiras e queimaduras causadas pelo vapor ocorrendo com muita freqüência.

O motor de combustão interna solucionou essas limitações. No processo da combustão interna, um pistão se move em um cilindro no qual uma mistura de ar e combustível é comprimida e submetida a uma centelha. A explosão força o pistão a se mover, conseqüentemente gerando força mecânica. Caldeiras externas, válvulas de segurança, longas correias e acoplamentos estavam descartados.

A expansão dos gases está em grande medida contida, resultando numa eficiência maior do que na energia gerada pelo vapor. Assim, motores de potência consideravelmente elevada, como os de 10 a 100 cavalos de potência, poderiam ser construídos pesando menos de um quarto de tonelada. Essa característica se tornou essencial quando motores mais leves foram necessários para prover energia para automóveis e aviões.

As experiências com os princípios de combustão interna foram iniciadas muito antes da "era do vapor". Jean de Hauteville utilizou os gases expelidos pela ignição da pólvora para operar um pequeno mas pouco prático motor. O célebre engenheiro holandês Christiaan Huygens e Denis Papin, francês, também conduziram experiências com motores a pólvora na última década do século XVII.

Um século se passou antes que o motor voltasse a ser levado em consideração para um eventual desenvolvimento e aplicação prática. Por volta de 1790, outros combustíveis possíveis — gases explosivos, álcool e, posteriormente, destilados de petróleo — estavam disponíveis no lugar da pólvora. Em 1794, Robert Street teve a patente britânica reconhecida para aquele que pode ser chamado de o primeiro motor de combustão interna. Ele consistia num cilindro com um pistão conectado a um braço de articulação que operava uma bomba-d'água simples. O cilindro — envolvido em um tubo de resfriamento com água — estendia-se até um forno que o aquecia até atingir a temperatura na qual uma mistura de ar e combustível líquido entrava em ignição. O combustível entrava no cilindro pela força da gravidade e o ar tinha que ser bombeado à mão enquanto o motor estava girando, mas o que importa é que funcionava. Pouco depois, inventores e engenheiros decidiram aperfeiçoar o projeto de Street.

Rapidamente, começaram a surgir propostas de se comprimir o espaço do cilindro acima do pistão antes da ignição do combustível, aumentando dessa forma a potência na "descida", assim como se passou a utilizar uma mistura de hidrogênio e ar como combustível. Em 1823, Samuel Brown começou a construir e comercializar motores a gás na Inglaterra. Em 1824, o engenheiro francês Nicolas Carnot publicou o tratado "Reflexões sobre a Força Motriz do Calor", que reunia grande parte daquilo que se tornaria a teoria básica do projeto do motor de combustão interna moderno.

Carnot, no entanto, era um teórico e na realidade não construiu motores.

Um progresso significativo foi obtido por William Barnett, no final da década de 1830. Ele colocou em prática o princípio de compressão, proposto na primeira década do século XIX, e patenteou o motor em 1838. Barnett também construiu o primeiro motor de dois tempos usando uma bomba externa de ar e combustível. O motor de dois tempos combinava os ciclos de influxo/ignição e de potência/exaustão do motor de "quatro tempos" e encontrou vasta aplicação no desenvolvimento posterior do motor a diesel e de gasolina "de uso geral". Além disso, Barnett — um pioneiro pouco mencionado — deixou um sistema de ignição "chama piloto", que se tornou um método popular para a ignição de combustível até que a vela de ignição fosse inventada.

Os inventores trabalharam e refinaram os projetos baseados nos motores acima descritos ao longo das décadas de 1840 e 1850. Em 1860, o francês Etienne Lenoir construiu e comercializou com sucesso um motor que combinava alguns elementos da tecnologia de motores a vapor — utilizando válvulas tubulares deslizantes para influxo e exaustão — com gás para iluminação como combustível. Apesar de o motor desperdiçar muito do combustível e de não ser muito potente, várias centenas dele foram vendidas.

Uma teoria importante foi também disseminada na década de 1860 pelo trabalho de Alphonse Beau de Rochas, que delineou diversas modificações para o aprimoramento dos motores de combustão interna em um ensaio publicado em 1862. Ele verificou que o aumento da potência e a eficiência do motor dependeriam da obtenção do máximo volume do cilindro com o mínimo de superfície de resfriamento, a máxima rapidez e relação dos gases carburantes e a pressão máxima (compressão) do combustível. Ele também detalhou qual seria a seqüência padrão da operação do motor de quatro tempos: indução, compressão, ignição e exaustão. Beau de Rochas, do mesmo modo que o mencionado Carnot, era estritamente teórico, não um construtor. Nikolaus Otto, no entanto, era um construtor e colocou os princípios de Beau de Rochas em produção e vendeu o primeiro motor de combustão interna moderno.

Otto começou a produzir motores em 1867 com a firma Otto und Langen na Alemanha. Seus primeiros produtos eram variações de um projeto de "pistão livre" copiado do motor a vapor. Esse motor utilizava ignição elétrica e um sistema de transmissão de engrenagem de cremalheira: era barulhento e tinha pouca potência, mas era um avanço em relação ao motor do tipo Lenoir.

Em 1876, Otto aperfeiçoou o projeto de seus primeiros motores e produziu um motor de quatro tempos, que em sua essência ainda é amplamente utilizado até hoje. Otto obteve a patente americana em 1877 e começou a comercializar seus motores nos Estados Unidos no ano seguinte. A Otto und Langen chegou à marca de 50 mil motores com 200 mil cavalos de potência total por volta do início da década de 1890.

Outros desenvolvimentos paralelos estavam ocorrendo no mesmo período, mas sua aplicação só foi alcançada no decorrer do século XX. Em 1873, George Brayton inventou um motor de dois tempos que aplicava a pressão constante de combustível, um precursor do motor turbo. Em 1895, Rudolph Diesel começou a trabalhar num motor de "ignição por compressão" no qual o calor gerado pelo ar comprimido no cilindro queimava o combustível sem o uso de velas.

Os anos imediatamente anteriores e posteriores à virada do século XX levaram o motor de combustão interna a uma aplicação cada vez maior, fazendo com que se equivalesse e posteriormente ultrapassasse o motor a vapor. Charles Duryea adotou o motor a gasolina em sua "carruagem sem cavalos", enquanto os irmãos Wright foram os primeiros a voar utilizando um motor leve, especialmente projetado, movido a gasolina. Fazendeiros rapidamente aposentaram suas mulas e cavalos e montaram em seus John Deere e outras marcas de tratores que surgiram. Henry Ford colocou a América sobre rodas impulsionadas por um motor de combustão interna.

Foram adicionados cilindros — dois, quatro, seis, oito e mais — e vimos o surgimento de aparelhos para limitar a poluição e diminuir o consumo de combustível, mas o motor de combustão interna continua muito similar ao padrão desenvolvido por Otto na década de 1870.

Colocamos a energia nuclear em uso em um sem-número de aplicações, como a geração de energia elétrica, mas o motor de combustão interna ainda não pôde ser substituído pela eletricidade ou outra fonte de energia até agora desconhecida. Para o bem ou para o mal, ele veio para ficar. Pelo menos por enquanto.

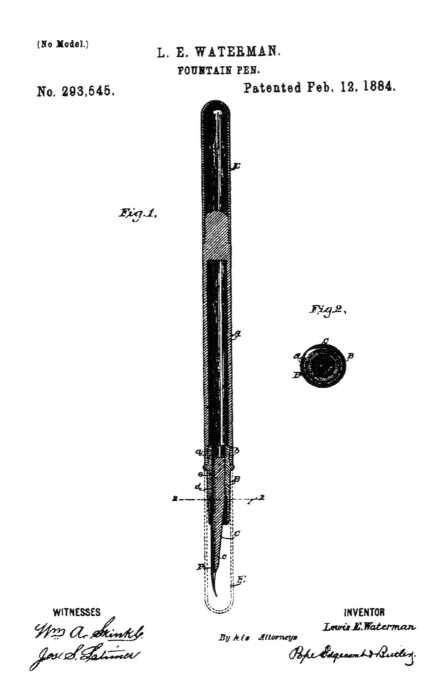

Desenho do projeto de patente, 1884, por Lewis E. Waterman.
Escritório de Registro de Patentes dos Estados Unidos

11
A CANETA/O LÁPIS

Ninguém sabe precisar quando o primeiro instrumento de escrita foi inventado, mas podemos afirmar que ele nos tem acompanhado já faz muito tempo. Por este motivo, uma descoberta em Borrowdale, na Inglaterra, em 1564, fez com que a cidade se tornasse o local de nascimento do lápis moderno. Segundo consta, um transeunte desconhecido encontrou pedaços de uma substância negra e brilhante grudados às raízes de uma árvore caída — e o material podia ser usado para escrever e desenhar. A descoberta causou certa excitação, e a substância, uma forma de carbono, ficou conhecida como "grafita".

Fazer com que a grafita pudesse ser útil se mostrou um grande problema, dada a sua natureza macia e frágil. Era necessário algo para envolvê-la. A princípio, varetas de grafita eram envolvidas por um barbante. Posteriormente, a grafita era inserida entre duas varetas côncavas de madeira. Apesar de laborioso, o método se mostrou produtivo e surgiu o lápis com um invólucro de madeira.

O primeiro processo de patente para a fabricação de lápis foi apresentado em 1795 pelo químico francês Nicolas Conté. Sua patente mencionava o uso de uma mistura de grafita e argila que era queimada antes de ser inserida num invólucro de madeira. Os mais antigos lápis produzidos por esse método eram cilíndricos e com uma ranhura. Depois que a mistura de grafita e argila era inserida na ranhura, uma tira fina de madeira era colocada justaposta a ela.

Importante no processo criado por Conté era a sua capacidade de criar uma variedade de grafitas macias ou duras, dependendo de como ele calcinava a grafita em pó. Isso era essencial para artistas, principalmente desenhistas, e escritores.

Apesar de a primeira produção em alta escala de lápis ter sido feita na Europa e comercializada nos Estados Unidos, a guerra no continente europeu suspendeu as exportações, e a América teve que projetar seus próprios lápis. Desse modo, William Monroe, um marceneiro de Concord, no Estado de Massachusetts, produziu o primeiro lápis de madeira americano em 1812. Aparentemente, seu produto estava correto. Ele aprendeu com os pioneiros que haviam comercializado o lápis com sucesso, mesmo quando a maioria dos instrumentos era importada. Por exemplo, Benjamin Franklin fez anúncios de venda de lápis em sua *Pennsylvania Gazette*, em 1729, e George Washington fez um levantamento topográfico do território de Ohio com um lápis em 1762.

Quando os lápis passaram a ser produzidos em larga escala, não eram pintados, a fim de que se pudesse constatar a qualidade da madeira utilizada. Os primeiros lápis eram confeccionados com cedro vermelho do Leste, uma árvore robusta e resistente encontrada no Sudeste dos Estados Unidos, especialmente no Leste do Tennessee.

Atualmente milhões de lápis são produzidos anualmente. Eles são confeccionados em quase todas as cores e graus de dureza ou maciez possíveis e são projetados de tal modo que possam escrever em praticamente qualquer superfície e ter as mais variadas utilizações. Certamente é uma ferramenta indispensável para comerciantes, artistas e escritores.

A caneta também possui uma história interessante. O primeiro sistema de papel e caneta remonta ao Egito antigo. Os escribas dos faraós e sumos sacerdotes utilizavam junco com as extremidades mascadas, formando filamentos que podiam absorver tinta.

Com o passar do tempo, à medida que os pigmentos melhoravam, as canetas evoluíram e passaram a apresentar ranhuras em sua extremidade. No século XVI, penas de aves foram introduzidas e representaram um grande salto qualitativo nos instrumentos de escrita. Elas podiam ser afiadas, eram maleáveis e quebravam menos sob o peso da mão do usuário.

Trezentos anos mais tarde, em meados do século XIX, o metal começou a ser utilizado (a caneta-tinteiro começara a ser desenvolvida), mas os usuários ainda tinham que mergulhar a ponta no tinteiro quando secava. Em sua essência, as canetas de meados do século XIX eram utilizadas da mesma maneira que o junco dos tempos dos faraós, milhares de anos antes.

Assim como em outras invenções, alguém se sentiu incomodado com o *status quo* e resolveu solucionar o problema. Foi exatamente o que aconteceu, em 1884, com o corretor de seguros Lewis Waterman. Ele queria encontrar um meio de acabar com a necessidade de ter que mergulhar a ponta da caneta no tinteiro. Antes de sua intervenção, os compartimentos de tinta não haviam sido incorporados às canetas porque era difícil controlar o fluxo da tinta.

Waterman achou a solução. Para que a pressão se mantivesse durante o fluxo da tinta, era necessário que o ar substituísse a tinta à medida que ela fosse sendo usada. A fim de que isso ocorresse, ele criou dois ou três canais que permitiam que o ar e a tinta se movessem simultaneamente.

Posteriormente, foram desenvolvidas canetas esferográficas. A diferença entre as canetas-tinteiro e as esferográficas é enorme. Em uma esferográfica, a tinta é expelida pela força da gravidade, ou seja, quando apoiada sobre o papel ao ser mantida com a ponta para baixo (no momento de escrever). A tinta seca imediatamente e a ação é semelhante a pintar uma parede com um rolo. As canetas do tipo *roller ball* também são diferentes. Antes de mais nada, há a necessidade de uma tampa para que a tinta não resseque. A segunda diferença é que a esfera não aplica a tinta. Em vez disso, ela funciona como um regulador do fluxo de tinta e redutor de atrito. Além disso, a tinta é mais viscosa do que na caneta-tinteiro.

Até o momento, ninguém parece ter conseguido resolver um problema inconveniente com as canetas esferográficas: o vazamento. Esperemos que esse seja seu próximo avanço tecnológico!

Fábrica de papel. *U. S. Gypsum*

12

O PAPEL

Pense em como seria o mundo sem o papel e você compreenderá quão importante ele é e o tipo de impacto que ocasionou na humanidade.

O desejo de comunicar, é claro, veio muito antes dos meios de poder fazê-lo. As pessoas começaram a usar pequenas tábuas de argila, seda, bronze, superfícies recobertas com cera e outros materiais para compartilhar pensamentos e informações. Esses instrumentos obviamente funcionaram, mas o material era lento e geralmente dispendioso, duas características que a invenção do papel alterou.

O papiro, primeiro material semelhante ao papel, era utilizado pelos egípcios quatro mil anos antes de Cristo. O papiro era confeccionado prensando-se o junco de modo que se formasse uma folha fina e resistente, apropriada para a escrita.

O papel do modo como o conhecemos foi inventado pelos chineses no ano 105 d.C. por um eunuco da Corte Imperial chamado Cai Lin. Antes de sua invenção, os chineses escreviam em seda, que era muito cara, ou em tabuletas de bambu, que eram muito pesadas. Cai Lin encontrou uma alternativa mais leve e mais barata. Ele anunciou à corte que havia criado o papel, uma mistura de cascas de árvores, rede de pescar e bambu que era prensada de modo a produzir um material em que era fácil escrever.

A História indica que Cai Lin havia, na realidade, aprimorado um produto já existente e não inventado a partir do nada. Antes dele, já havia o papel feito de cânhamo, um planta fibrosa asiática, e essa forma de papel já existia pelo menos desde o ano 49 a.C.

Os chineses utilizavam o papel para uma variedade de coisas além da escrita: fazer embrulhos, nas artes decorativas e em vestimentas, entre outras. Num período de algumas centenas de anos, o novo papel e suas variações mais finas já haviam suplantado a seda, as tabuletas de madeira e o bambu para a escrita.

Por volta do ano 600 d.C., monges budistas já haviam propagado a arte da confecção do papel para o Japão, e esse passou a ser o material de escrita por excelência no país, assim como se tornou o material básico para bonecas, leques e até mesmo divisórias para separar os cômodos das casas (biombos). Por volta do ano 750, os chineses iniciaram uma guerra contra os árabes, e muitos chineses foram capturados. Para que obtivessem a liberdade, eles disseram aos árabes que poderiam revelar os segredos da produção do papel.

Levou tempo para que aquilo que os árabes haviam aprendido viesse a ser difundido pela Europa. Mas o papel chegou lá. Os árabes construíram a primeira fábrica de papel em Xativa, na Espanha, por volta do ano 1000, e o novo produto ainda continuou a ser produzido pelos mouros mesmo quando eles foram expulsos da Península Ibérica. Mas esse evento tem um caráter mais positivo do que negativo, já que o conhecimento sobre a produção do papel se alastrou pela Europa cristã.

Até por volta do ano de 1250, a Itália era o principal centro produtor e exportador de papel, mas então, em meados do século

XIV, monges franceses iniciaram a produção de papel para uso no registro de textos sagrados. Tudo isso era ótimo, mas o que era escrito no papel estava sendo feito com a pena, o que significava que toda a informação, apesar da disponibilidade de papel, não podia ser amplamente disseminada.

Foi então que os alemães começaram a fazer o papel (com auxílio técnico dos italianos) e aprimoraram sobremaneira a qualidade e o modo de produzi-lo. Em 1453, Johan Gutenberg inventou a prensa com tipos móveis. Os livros, que anteriormente pertenciam a uma seleta minoria, como a realeza e o clero, passaram a ser acessíveis a todos, inclusive ao cidadão comum. E, à medida que as pessoas aprendiam a ler, a demanda por material de leitura aumentou, e com ela a necessidade de produção de mais papel cresceu em ritmo acelerado.

Ao longo dos dois séculos seguintes, a fabricação de papel se alastrou pelo mundo todo, inclusive no Novo Mundo. A primeira fábrica de papel foi fundada no México, por volta de 1680, e mais tarde um americano chamado William Rittenhouse fundaria a primeira fábrica de papel dos Estados Unidos, mais precisamente na Filadélfia.

Por muito tempo, o papel continuou a ser produzido de roupas velhas, farrapos e outros tecidos, mas aos poucos o que parece é que começou a haver escassez desses materiais. Foi então que um francês de nome René-Antoine Ferchault de Réaumur, após observar como os marimbondos construíam suas casas, sugeriu que a madeira poderia ser usada. Foi uma excelente sugestão, mas, para que fosse possível transformar uma árvore em algo em que se pudesse escrever, um longo caminho ainda teria de ser percorrido.

E o caminho foi percorrido gradualmente. Em 1852, um inglês chamado Hugh Burgess ajudou a obter uma melhor polpa de madeira, o material bruto básico para a manufatura do papel. Dois anos antes, um alemão chamado Friedrich Keller desenvolveu uma máquina de papel a manivela que o produzia em grandes folhas.

A qualidade de polpa foi sendo aprimorada gradualmente, primeiro em 1867, por um americano chamado C. B. Tilghman, que adicionou sulfito ao processo de obtenção da polpa, e depois, 10 anos mais tarde, por um sueco, C. F. Dahl, que acrescentou outras substâncias químicas, aprimorando ainda mais a qualidade do produto obtido. O assim chamado método sulfato chegou aos Estados Unidos em 1907.

Em 1883, Charles Stilwell inventou uma máquina para fazer sacos de papel marrons, e de 1889 a 1900 a produção de papel teve uma enorme expansão, alcançando 2,5 milhões de toneladas por ano. Sabe-se que na Antigüidade os alunos faziam suas anotações em pequenas lousas, mas o advento do papel acabou por aposentá-las para sempre.

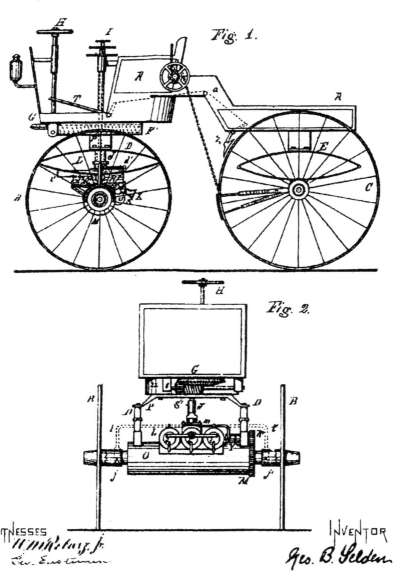

Desenho do projeto de patente, 1895, por G. B. Selden.
Escritório de Registro de Patentes dos Estados Unidos

13

O AUTOMÓVEL

Conta a lenda que o barão da indústria automotiva, Henry Ford, tinha um modo bastante peculiar de despedir uma pessoa: o empregado deixava o posto na sexta-feira e, ao retornar na segunda, encontrava sua mesa vazia e um aviso informando que ele não pertencia mais ao quadro da empresa.

Lendas à parte, três coisas são inquestionáveis a respeito de Ford: ele revolucionou o automóvel no mundo todo, criando um carro que era prático e acessível; criou algo que inexistia e que se chama linha de produção, que revolucionou a indústria, e mudou o modo de vida nos Estados Unidos. Antes de Ford, havia os cavalos e as charretes. Depois de Ford, havia o automóvel.

Os membros da família de Ford começaram a imigrar do condado de Cork, na Irlanda, para Dearborn, Michigan, nos Estados Unidos, em 1832. William, pai de Henry, hospedava tios e tias que chegavam à região na década de 1840 fugindo da "fome da batata".

Michigan era um excelente lugar para imigrantes. Na época, qualquer um podia comprar um acre (4.047m^2) de terra pela quantia de 120 dólares. Os imigrantes compraram cada centímetro de solo disponível e se prepararam para cultivá-lo. Na época da colheita, a produção era vendida em Detroit, que não era muito distante e podia ser abastecida com carroças.

Henry, nascido em 1863 — dois anos antes do fim da Guerra de Secessão —, trabalhava nas terras da família. Mas, aos 16 anos, começou a trabalhar meio período em uma oficina mecânica onde podia descobrir como as coisas funcionavam e se atendo a invenções. Depois foi trabalhar na Detroit Edison Company e, quando completou 30 anos, já havia galgado todos os postos e se tornara responsável pelo setor elétrico da cidade.

A função dava a ele muito tempo livre. Apesar de estar de sobreaviso 24 horas por dia, as circunstâncias raramente requeriam sua presença. Isso permitia que ele se isolasse em sua oficina, onde, em 1893, construiu um motor movido a gasolina que era um aperfeiçoamento em relação aos predecessores. Três anos mais tarde, inventou um objeto desajeitado, semelhante a uma aranha com quatro rodas, que era parte bicicleta, parte automóvel. Ele batizou o veículo de "quadriciclo" ou de "carruagem sem cavalos".

Nos anos que se seguiram, aperfeiçoou sua carruagem sem cavalos e, em 1903, achou que já havia desenvolvido um veículo comercializável. Com apenas 28 mil dólares, Ford fundou a Henry Ford Company.

A empresa foi um sucesso — ele fazia propaganda dela correndo com seu carro; ele mesmo conduziu um modelo "999" na quebra de um recorde mundial, percorrendo uma milha (1.600 metros) em 39,4 segundos, e começou quase que imediatamente a sofrer represálias da Associação de Produtores de Automóveis, que alegaram que ele não poderia usar um motor a gasolina, que, de acordo com a associação, havia sido patenteado em 1895. Ford tinha uma opinião diferente e afirmava que seu motor era diferente do original. A contenda chegou aos tribunais e, em 1903, Ford perdeu. Mas em 1911 ele teve seu recurso deferido.

Em 1908, Ford comunicou ao mundo que produziria um carro popular, e assim o fez. O Modelo T vendeu mais de 15 milhões de unidades e Ford conquistou metade do mercado mundial de automóveis.

A essência de seu sucesso não estava somente no carro, que era bem produzido, mas no valor daquilo que seus consumidores recebiam. Em 1908, o Modelo T custava 950 dólares, mas, por causa das inovações na linha de produção e da sua vontade de pagar a seus empregados o dobro do que pagavam outros produtores, o que os encorajava a apresentar uma maior produtividade, ele produziu em 1927 o Modelo T por 300 dólares. Para obter as partes componentes de seus veículos, Ford comprou as empresas dos fornecedores de matéria-prima de que necessitava — as minas, florestas, fábricas de vidro e seringais —, assim como os barcos e trens que transportavam o material. Os lucros eram tão grandes que ele podia financiar essas aquisições com recursos próprios.

Apesar de o carro de Ford e as conquistas representadas pela linha de produção terem auxiliado a eliminar o modo tradicional de produção, assim como a maneira como as pessoas viviam, Ford nunca deixou de apreciar as coisas tradicionais. Com o intuito de preservar essas tradições, ele construiu a Greenfield Village, perto de Detroit, onde procurava reproduzir as coisas do jeito que eram quando criança. E sua admiração por Thomas Alva Edison (uma vez Ford escreveu em um de seus cadernos: "Deus precisava de Edison") se tornou explícita na réplica do Menlo Park — laboratórios onde Edison trabalhara em Nova Jersey —, construída em Greenfield Village. Ford trabalhara com Edison e o considerava seu mentor. No início de tudo, quando Ford ainda trabalhava em seu motor a gasolina, Edison o encorajara a continuar, em vez de se envolver com sistemas a vapor ou outro tipo de combustível.

Na década de 1930, a fortuna da Henry Ford Company entrou em declínio. O sucessor do Modelo T, o Modelo A, não apresentava bons números de vendas, e no decorrer da década a linha no gráfico das vendas da empresa continuou caindo. Mas, quando a Segunda Guerra Mundial eclodiu, a demanda por milhares de novos veículos impulsionou novamente a empresa de Ford.

Ford era um homem durão, mas a maior tristeza de sua vida, aquela da qual jamais pôde se recuperar, foi a morte de seu filho, Edsel, vítima de câncer, em 1943. Foi dito que o coração de Ford se foi com o filho, não só para os negócios, mas também para a própria vida. Dois anos após a morte de Edsel, Ford passou o comando (ou o volante) de sua companhia para seu neto, Henry Ford II. Ele morreu quatro anos depois da morte de Edsel, e, em seu testamento, sua parte nas ações da empresa foi destinada à Fundação Ford, tornando-a uma das principais organizações filantrópicas do mundo.

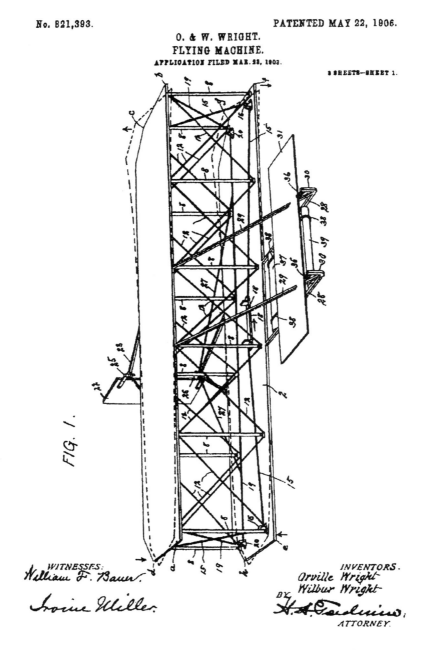

Desenho do projeto de patente, 1906, por Orville e Wilbur Wright. *Escritório de Registro de Patentes dos Estados Unidos*

14

O AVIÃO*

Tabuletas e desenhos antigos estão repletos de imagens que lembram pássaros — muitos incluindo figuras humanas emplumadas e com asas capazes de subir e descer dos céus místicos. Desde o mais remoto início da humanidade, nosso maior desejo tem sido o de nos elevarmos como os pássaros — um símbolo de liberdade, de graça e de mistério. As tentativas mais antigas de vôo baseavam-se na imitação dos pássaros. Muitos daqueles que se arriscavam em suas tentativas prendiam penas a seus braços e pernas e tentavam corajosamente transformar o sonho em realidade. Os esforços desses pioneiros, no entanto, geralmente se tornavam fracassos e muitos morreram ou ficaram feridos ao pular de penhascos ou outros lugares altos. Mas somente no início do século XIX aquilo que alimentou a imaginação de Aristóteles, Leonardo da Vinci e Galileu pôde ser trazido à realidade por dois mecânicos de bicicleta de Ohio. Os irmãos Wright foram os atores principais nessa história, mas havia um elenco de coadjuvantes e um *script* fascinante.

---

* A polêmica a respeito da verdadeira paternidade do avião foi recentemente alimentada quando da comemoração dos 100 anos do primeiro vôo dos irmãos Wright. Especialistas favoráveis a esse ou àquele pioneiro jamais chegaram a um acordo e, acredita-se, jamais chegarão. A polêmica em si é antiga, e o próprio Santos Dumont se pronunciou a respeito, como podemos verificar em um trecho de seu livro *O Que Eu Vi, O Que Nós Veremos*, publicado em 1918:

> *Eu não quero tirar em nada o mérito dos irmãos Wright, por quem tenho a maior admiração; mas é inegável que, só depois de nós, se apresentaram eles com um aparelho superior aos nossos, dizendo que era cópia de um que tinham construído antes dos nossos. Logo depois dos irmãos Wright, aparece Levavassor com o aeroplano "Antoinette", superior a tudo quanto, então, existia; Levavassor havia já 20 anos que trabalhava em resolver o problema do vôo; poderia, pois, dizer que o seu aparelho era cópia de outro construído muitos anos antes. Mas não o fez.*

No século XIX, todos os fundamentos teóricos para o vôo impulsionado por motor já haviam sido levantados. Sir George Cayley, um abastado filósofo, político e educador britânico, foi um pioneiro na pesquisa das estruturas das asas e da necessidade de um motor leve. Cayley propôs que o projeto das asas precisaria incorporar espaço para reboque e capacidade de decolar. Ele também postulou que o ângulo no qual o ar passava pelas asas afetava a capacidade de alçamento.

O que diriam Edison, Graham Bell ou Marconi se, depois que apresentaram em público a lâmpada elétrica, o telefone e o telégrafo sem fios, um outro inventor se apresentasse com uma melhor lâmpada elétrica, telefone ou aparelho de telefonia sem fios dizendo que os tinha construído antes deles?!
A quem a humanidade deve a navegação aérea pelo mais pesado que o ar? Às experiências dos irmãos Wright, feitas às escondidas (eles são os próprios a dizer que fizeram todo o possível para que não transpirasse nada dos resultados de suas experiências) e que estavam tão ignoradas no mundo, que vemos todos qualificarem os meus 250 metros de "minuto memorável na história da aviação", ou é aos Farman, Bleriot e a mim que fizemos todas as nossas demonstrações diante de comissões científicas e em plena luz do sol? (...)
O "Demoiselle" media 10 metros quadrados de superfície de azas (sic)*; era 8 vezes menor que o 14-bis! Com ele, durante um ano, fiz vôos todas as tardes e fui, mesmo, em certa ocasião, visitar um amigo em seu Castelo. Como era um aeroplano pequenino e transparente, deram-lhe o nome de "Libelule" ou "Demoiselle". Este foi, de todos os meus aparelhos, o mais fácil de conduzir, e o que conseguiu maior popularidade. (...)*
Com ele obtive a "Carta de piloto" de monoplanos. Fiquei, pois, possuidor de todas as cartas da Federação Aeronáutica Internacional: — Piloto de balão livre, piloto de dirigível, piloto de biplano e piloto de monoplano.
Durante muitos anos, somente eu possuía todas estas cartas, e não sei mesmo se há já alguém que as possua. Fui pois o único homem a ter verdadeiramente direito ao título de Aeronauta, pois conduzia todos os aparelhos aéreos.
Para conseguir este resultado me foi necessário não só inventar, mas também experimentar, e nestas experiências tinha, durante dez anos, recebido os choques mais terríveis; sentia-me com os nervos cansados. Anunciei a meus amigos a intenção de pôr fim à minha carreira de aeronauta — tive a aprovação de todos. Tenho acompanhado, com o mais vivo interesse e admiração, o progresso fantástico da Aeronáutica. Bleriot atravessa a Mancha e obtém um sucesso digno de sua audácia. Os circuitos europeus se multiplicam; primeiro, de cidade a cidade; depois, percursos que abrangem várias províncias; depois, o "raid" de França à Inglaterra; depois, o "tour" da Europa. (...)
O estado atual da aeronáutica todos nós o conhecemos, basta abrir os olhos e ler o que ela faz na Europa; e é com enternecido contentamento que eu acompanho o domínio dos ares pelo homem: É meu sonho que se realiza. (N.T.)

"O problema todo", ele escreveu, "resume-se nesses limites — fazer com que uma superfície suporte determinado peso pela aplicação de potência à resistência do ar." Ele também fez uma previsão que se mostrou impressionantemente correta, de que o mecanismo de propulsão deveria ser alimentado pela — em suas palavras — "combustão repentina de pós ou fluidos inflamáveis".

Cayley construiu em 1804 um pequeno planador baseado em suas descobertas. Em 1809, ele lançou um modelo maior, apesar de não tripulado. Ele continuou seus estudos e pouco depois construiu outro planador, incorporando uma fuselagem "aerodinâmica" a uma estrutura de cauda móvel. Ele convenceu um garoto de uma escola local a conduzir o aparelho num "vôo" por alguns minutos e em um declive, o que foi bem-sucedido.

Apesar de suas grandes inovações, Cayley estava impedido de obter maiores sucessos pelas limitações tecnológicas de seu tempo. A única fonte de propulsão disponível até então — o motor a vapor — mostrou-se inapropriada para fins aeronáuticos. Tendo se disseminado ao longo do século XIX, os motores a vapor estavam revolucionando o projeto de embarcações e tornando possível o desenvolvimento de ferrovias. Mas tanto barcos como locomotivas não precisavam se distanciar da superfície da Terra e voar. Os motores a vapor eram grandes e pesados — pesados demais se pensarmos na potência que ofereciam — e necessitavam de uma grande quantidade de madeira ou carvão como combustível, além da água para a obtenção do vapor.

Os projetos de planadores desenvolvidos por Cayley, no entanto, não passaram despercebidos. Muitos estudaram e copiaram seus esforços. De fato, os planadores ainda são muito utilizados hoje e vêm realizando vôos com considerável distância e tempo. Mas eles são, assim como os balões de ar quente, dependentes das condições meteorológicas. E a atenção então se voltou para a criação de um propulsor para o planador. William Henson apresentou uma "carruagem aérea a vapor" com asas de 45,72 metros de envergadura e motores de rotação. Em 1848, ele tentou alçar vôo com uma versão reduzida de 6,10 metros de envergadura e um motor a vapor leve. Esse protótipo de vanguarda se elevou do chão, mas o ainda pesado motor a vapor o impediu de decolar, isso sem mencionar que planou mais do que voou.

No final do século XIX, dois importantes pioneiros da aviação fizeram progressos que os colocaram na vanguarda do vôo. Otto Lilienthal publicou um livro, amplamente difundido, e chamado *O Vôo dos Pássaros como Base para a Aviação*, que se baseava em anos de pesquisa e observações que fizera a respeito dos pássaros em vôo. Lilienthal conduziu uma série de experimentos com planadores que construiu e incorporou um pequeno motor a gasolina em seu projeto. Ele morreu tragicamente, enquanto testava um avião em 1896. Sir Hiram Maxim construiu um biplano impulsionado a vapor em 1894. O projeto original ostentava um motor e hélices duplas e chegou a se elevar, mas estava preso ao solo por cordas de segurança. Apesar do início promissor, Maxim parou inexplicavelmente de trabalhar nesse projeto.

No alvorecer do século XX, a corrida para ser o "Primeiro a Voar" ganhou novo impulso, e o novo século colocou os irmãos Wright no topo da lista dos então chamados "aviadores". Orville e Wilbur Wright eram filhos de um clérigo do Estado de Ohio. Os rapazes tornaram-se apaixonados pela mecânica ainda jovens e inventaram um instrumento de impressão quando ainda adolescentes. Trabalharam numa gráfica até 1892, quando abriram uma loja de bicicletas em Dayton, Ohio. Os rapazes haviam recebido de presente um dos brinquedos de elástico de Alphonse Penaud quando pequenos e mais tarde leram os relatórios de pesquisa elaborados por Lilienthal. Eles acreditavam poder aprimorar o projeto de Lilienthal e corrigir outros erros na teoria aeronáutica ainda em voga.

A principal inovação no projeto dos irmãos foi o "controle de leme", o arqueamento da superfície das asas feitas por cabos que permitiriam que a aeronave permanecesse em equilíbrio enquanto fazia curvas. Os Wright haviam observado como os pássaros restabeleciam o equilíbrio no vôo angulando uma asa para baixo e outra para cima. Realizando experimentos em caixas de papelão, conseguiram duplicar essa ação arqueando um lado e depois o outro — mudando a estrutura aerodinâmica sem sacrificar a rigidez.

Muitos até hoje consideram os irmãos Wright experimentadores "casuais" que tiveram sorte no lugar e na hora certos. É a mais pura verdade. Eles construíram o primeiro túnel de vento em sua oficina em Dayton e testaram meticulosamente padrões de fuselagem e de configuração de asas. Monoplanos, biplanos e até mesmo triplanos foram cuidadosamente testados. Além disso, quando não conseguiram obter um motor a gasolina que obedecesse a suas especificações, construíram seu próprio motor.

Em 1900, os Wright estavam preparados para colocar suas pesquisas em prática. Eles construíram um planador não motorizado incorporando o projeto de "arqueamento de asa". Então se dirigiram para Kitty Hawk, na Carolina do Norte, local escolhido por causa de suas brisas constantes e praia deserta.

Após uma série de vôos promissores, eles retornaram para Dayton, onde continuaram projetando planadores em 1901 e 1902. Em 1903, estavam preparados para instalar o motor e se tornarem os "primeiros a voar".

Os irmãos Wright retornaram a Kitty Hawk e escolheram o dia 14 de dezembro para a primeira tentativa. Seu primeiro avião — *The Flyer* — era um biplano completo, com suportes e corpo cobertos com lona; possuía uma envergadura de asa de 12,19 metros e pesava 365,14 quilos. Eles haviam projetado sob medida um motor de quatro cilindros em linha, similar ao dos automóveis, com 13 cavalos de potência e pesando 81,65 quilos. O *The Flyer* também possuía hélices duplas movidas por engrenagens e correntes semelhantes às de uma bicicleta.

Após vencer no cara ou coroa, Wilbur teve o privilégio na tentativa da primeira decolagem. O avião, no entanto, rapidamente cambaleou após alçar vôo e fez uma aterrissagem forçada na praia. Apesar de Wilbur não ter se ferido, a aeronave ficou avariada e a nova tentativa de vôo foi programada para o dia 17 de dezembro.

O dia 17 de dezembro de 1903 foi uma das grandes datas na história do século XX. Com Orville no comando, o *The Flyer* decolou elegantemente e voou impulsionado por seu motor por 12 segundos, cobrindo a distância de 36,58 metros. "Uma máquina carregando um homem se elevou do chão com seus próprios recursos e ficou em pleno vôo", Orville anunciou ao mundo, "e se manteve voando sem redução de velocidade e aterrissou em um ponto mais alto do que de onde partira."

Na presença de fotógrafos e da imprensa, eles realizaram mais três vôos naquele dia, e o último deles durou quase um minuto e percorreu 260 metros. Em 1905, Wilbur voou por mais de meia hora, percorrendo 38 quilômetros em uma rota circular.

O mundo homenageou os irmãos, que foram condecorados com um grande número de medalhas e prêmios, mas Wilbur contraiu febre tifóide e morreu em 1912. Orville viveu até 1948, tempo suficiente para ver o *The Flyer* mudar o século XX e renovar o nosso conceito de mundo.

15
O ARADO

O arado é um instrumento muito simples, mas certamente merece um lugar de destaque neste livro. Ele se destaca pela velocidade e eficiência em abrir sulcos na terra de modo que a semente possa ser lançada e a lavoura cultivada. Se o arado fosse desconhecido nos dias de hoje, alimentar os bilhões de habitantes do mundo seria uma tarefa muito mais difícil. Na verdade, em alguns países seria uma tarefa impossível.

O início da sua utilização foi bastante tímido, provavelmente apenas um homem arrastando uma vara pelo chão de modo a abrir um sulco ou ranhura no solo para a semente. Foi então que a "relha" ou "arado de ranhura" foi inventada, aparecendo primeiro — conforme escavações arqueológicas indicam — ao sul da Mesopotâmia e remontando ao ano 4500 a.C. Era apenas um instrumento feito de uma única vara com uma extremidade pontiaguda chamada "relha" que podia ser arrastada pelo solo e produzia um sulco. Os primeiros aparelhos eram, a princípio, arrastados por homens, mas, posteriormente, um ou dois bois — que, descobriu-se, eram capazes de trabalhar o dia inteiro sem se cansar — passaram a ser utilizados.

Os arados de madeira podiam trabalhar em solo arenoso, como o encontrado na Mesopotâmia e no Egito, com um clima ameno e seco, mas deixavam de ser eficientes em países onde o solo era pesado e úmido. Por isso, o uso de animais como bois e vacas tornou-se essencial.

O grande desenvolvimento do arado ocorreu na China, um país distante dos outros e de grande inventividade. Os chineses também eram bastante discretos em relação ao seu mundo e às suas invenções; portanto, o mundo ocidental não tinha conhecimento de coisas que os chineses já sabiam por volta de 3000 a.C., tais como o fato de que rochas pontiagudas podiam ser utilizadas como "relhas de arado" e eram mais eficientes que as de madeira. Já que as

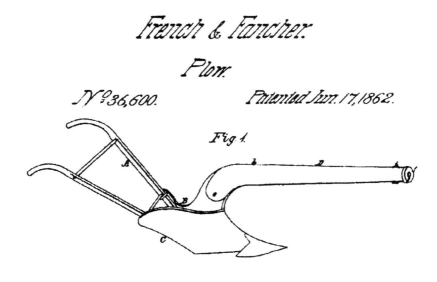

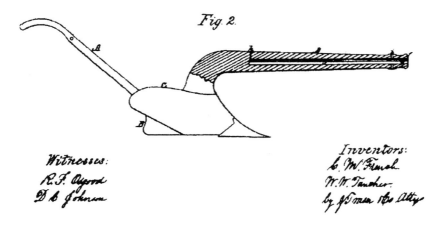

Desenho do projeto de patente do arado, 1862, por French e Foucher. *Escritório de Registro de Patentes dos Estados Unidos*

rochas eram mais pesadas que a madeira, os chineses também haviam descoberto que o arado podia abrir sulcos mais profundos mesmo num solo mais duro.

Posteriormente, os chineses desenvolveram uma relha de ferro por volta de 600 a.C., pelo menos 500 anos antes do Ocidente! A relha de ferro era evidentemente superior. Em primeiro lugar, ela poderia ser moldada em um formato mais eficiente e, em segundo, era mais rápida que as de madeira ou pedra.

Os chineses, na verdade, desenvolveram dois tipos de relha de arado. Uma totalmente confeccionada em ferro e outra somente com a parte de ferro presa à madeira. Devido a seu peso, o modelo totalmente de ferro não era tão fácil de usar quanto o outro, no qual a parte de ferro estava presa a uma estrutura de madeira.

Os chineses também desenvolveram a fabricação de um tipo de ferro mais forte, essencialmente através da mistura do ferro fundido com minerais que o tornavam mais resistente e menos quebradiço. Anteriormente, quando o ferro era apenas derretido e entornado em uma forma, o ferro fundido, resultante desse processo, poderia bater em uma pedra e se partir.

Um outro problema era que, à medida que o arado abria o sulco na terra, esta poderia cair novamente no sulco, exigindo que o fazendeiro posteriormente a removesse. Para solucionarem esse problema, os chineses desenvolveram a aiveca, que consistia numa placa de metal curvada que retirava a terra arada do sulco.

Outras inovações foram implementadas para fazer com que o arado pudesse ser ajustado a diferentes profundidades de sulco, uma bênção para quem necessitava arar diferentes tipos de solo.

Diversos países, principalmente europeus, tomaram conhecimento do aprimoramento que os chineses fizeram no arado somente no século XVII, quando a China abriu seus portos ao comércio. Comerciantes holandeses levaram as informações a respeito do arado para a Europa. A prova disso é que o arado padrão usado no Norte da Europa no século XVIII era chamado de "Rotherham", o nome do local onde era produzido, em Yorkshire, na Inglaterra, e sua origem era a Holanda. O arado todo em ferro foi introduzido na Europa no fim do século XVIII. Os desenvolvimentos que se seguiram incluíam arados com partes substituíveis e que podiam ser equipados com lâminas mais adequadas a determinados tipos de solo.

Até cerca de 1850, a terra era lavrada com o auxílio de bois e cavalos. Mas os arados movidos a vapor entraram em cena. Naquela época, eles eram tão caros que a maioria pertencia a empreiteiros itinerantes. As vantagens eram enormes. Enquanto os animais podiam puxar um arado com várias relhas num solo macio, a versão movida a vapor podia fazer o mesmo num solo duro e arar quase cinco hectares em um único dia.

Por volta do fim do século XIX, os arados individuais móveis, movidos a vapor, haviam evoluído e tudo o que os agricultores tinham que fazer era operar a máquina que levava um arado atrás de si. O século XX assistiu à introdução do motor de combustão interna, e os arados mecânicos foram equipados com ele em substituição ao obsoleto motor a vapor.

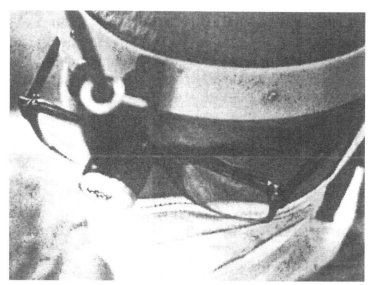

Neurocirurgião Charles Wilson. *Photofest*

16

OS ÓCULOS

Parece claro — sem nenhum trocadilho — que quase até o tempo de Cristo os óculos ainda não haviam sido inventados. Na realidade, se um proeminente romano tivesse baixa acuidade visual e precisasse ler, seria necessário que um de seus escravos lesse para ele.

Um utensílio muito semelhante a uma lente de aumento e feito de cristais de rocha polidos com 3,81 centímetros de diâmetro foi descoberto por arqueólogos próximo à cidade de Nínive, na Assíria. E o comediógrafo Aristófanes faz referência a uma lente semelhante que seria usada com os raios do sol para abrir buracos em pergaminhos e derreter a cera que revestia as tabuletas utilizadas para a escrita.

Aquilo que era conhecido como "pedra de leitura" e que chamaríamos de lente de aumento foi desenvolvido por volta do ano 1000 de nossa era. Ao que parece, os venezianos aprenderam como produzir tal lente, que era colocada diretamente sobre o texto a ser lido, ampliando o tamanho das letras. Em textos antigos, foram encontradas referências de monges com presbiopia que utilizavam tais lentes para ler. Em um dado momento, os venezianos tiraram as lentes de cima do papel, forma como eram utilizadas, e as colocaram em armações que podiam ficar em frente aos olhos.

Os primeiros óculos, ao que parece, foram inventados entre 1268 e 1289. A referência de 1268 aos óculos vem do cientista Roger Bacon. Ele escreveu em sua enciclopédica *Opus majus* que podia examinar "letras e objetos minúsculos através de um cristal, vidro ou outro objeto transparente" de tal modo que elas eram ampliadas. Então, em 1269, num ensaio intitulado "Tarite de con uite de la famile", um homem chamado Sandra di Popozo escreveu: "Estou tão debilitado pela idade que, sem esses vidros chamados óculos, eu não seria mais capaz de ler ou escrever. Este instrumento foi inventado recentemente para o bem das pobres pessoas cuja visão ficou fraca."

Infelizmente, o nome do homem que inventou os óculos não foi mencionado, mas há uma referência a ele em um sermão proferido por um monge em Pisa, em 1306: "Não faz vinte anos", ele diz, "que a arte de confeccionar óculos, uma das mais úteis artes da Terra, foi descoberta. Eu mesmo vi e conversei com o homem que primeiro os fez."

Os primeiros óculos utilizavam lentes de quartzo por uma razão muito simples: o vidro ainda não havia sido inventado.

Surpreendentemente, o problema mais comum que os óculos tiveram após sua invenção — na realidade, um problema que incomodou por cerca de 350 anos — foi como colocá-los no rosto. Os óculos apóiam-se sobre o nariz e em ganchos por trás das orelhas, mas as medidas do corpo humano variam de tamanho, formato e na habilidade de apoiá-los. Além disso, as lentes devem se posicionar perpendicularmente ao eixo visual, mas isso somente é possível quando os olhos estão posicionados em uma direção.

Uma variedade de armações foi criada para colocar as lentes, e, em 1730, um oculista londrino chamado Edward Scarlett aperfeiçoou peças laterais rígidas que se prendiam atrás das orelhas.

Houve outros aprimoramentos, incluindo o uso de lentes coloridas, porque alguns inventores tinham a impressão de que o vidro comum permitia que uma quantidade excessiva de luz passasse por ele. Portanto, muitas lentes eram amarelas, verdes, azuis ou turquesa.

Culturas diferentes apresentavam atitudes distintas quanto ao uso de óculos. Por exemplo, franceses e ingleses usavam óculos em segredo, enquanto na Espanha a atitude era completamente diversa: a sociedade espanhola entendia que o uso de óculos fazia com que a pessoa aparentasse ter maior importância e dignidade.

Na América, o custo era a principal preocupação de quem precisava usar óculos. Embora tivessem sido criados para todos, o preço colossal, para a época, de 200 dólares, o equivalente a milhares de dólares hoje, tornava-os inacessíveis para a maioria da população.

Apesar de Benjamin Franklin ser reconhecido por muitos de seus feitos, o papel que ele desempenhou no desenvolvimento dos óculos não é muito conhecido. Ele foi o inventor dos óculos bifocais, em que parte da lente é usada para perto e outra para longe. Franklin os teria inventado porque achava o uso de dois pares de óculos muito desconfortável. Como ele relata,

> *Eu... antigamente possuía dois pares de óculos, que substituía ocasionalmente, pois, quando viajo, costumo ler e com freqüência queria observar os mineradores. Como achava a troca dos óculos problemática e nem sempre rápida o suficiente, cortei as lentes dos óculos ao meio e coloquei uma metade em cada um dos aros da armação. Desse modo, como utilizo os dois óculos simultaneamente, só tenho que movimentar meus olhos para cima ou para baixo se o que quiser observar estiver longe ou perto, com as lentes apropriadas sempre prontas.*

Havia alguns problemas com os bifocais, como a falta de nitidez na região onde as duas lentes eram unidas, mas, posteriormente, se tornou possível fazer as lentes com uma única peça de vidro.

Surpreendentemente, a história da lente de contato é antiga; a primeira vez que a idéia surgiu foi em 1845, quando um homem chamado John Hershel as propôs. Assim como muitas outras invenções, a necessidade foi a causa do seu surgimento. Aconteceu que, no final do século XIX, um homem cujas pálpebras haviam sido destruídas por um câncer teve as lentes de contato inventadas por F. E. Muller — um alemão que fazia olhos de vidro — colocadas sobre seus olhos. As lentes resistiram até o dia em que o homem morreu, 20 anos mais tarde.

As primeiras lentes de contato eram grandes e relativamente desconfortáveis, mas, à medida que o tempo passava e os materiais eram aprimorados, ficavam mais finas, menores, mais confortáveis e, obviamente, mais populares. Por volta de 1964, mais de seis milhões de pessoas estavam utilizando lentes, 65% mulheres.

A capacidade da humanidade em enxergar melhor tem um valor inestimável. Apenas tente imaginar quais outras invenções e avanços da ciência não teriam surgido sem eles. Os óculos foram uma invenção simples. Na verdade, assim como a roda.

17
O REATOR ATÔMICO

A energia atômica é, sem sombra de dúvida, a maior de todas as energias que os seres humanos foram capazes de controlar, e Enrico Fermi e seu companheiro Leo Szilard foram responsáveis por esse feito ao inventar um reator atômico ou nuclear.

O feito deles foi controlar a energia liberada pelo urânio bombardeado por nêutrons numa reação em cadeia. Eles obtiveram o registro da patente em 1955, mas os direitos foram cedidos ao governo dos Estados Unidos, para o qual Fermi e Szilard haviam trabalhado durante a Segunda Guerra Mundial desenvolvendo a bomba atômica.

Fermi nasceu em Roma, Itália, em 29 de setembro de 1901. Ele sempre demonstrou interesse pela matemática e pela física, e, quando ficou mais velho, teve um engenheiro como mentor. Ele se tornou tão conhecedor dessas matérias que, em 1918, recebeu uma bolsa para estudar na Scuola Normale Superiore da Universidade de Pisa. Fermi se formou *magna cum laude* (com grande louvor) quatro anos mais tarde, com um doutorado em física. Ele se tornou professor universitário em Roma e especializou-se em física atômica, especificamente na criação de isótopos artificiais pelo bombardeamento de nêutrons. Seu trabalho nessa área foi tão significativo que, em 1938, ele foi laureado com o Prêmio Nobel de Física.

Foi durante esse período que Fermi começou a sofrer por causa de seu antifascismo e também pelo fato de sua esposa ser judia. Fermi aproveitou a ocasião. Indo a Estocolmo, acompanhado de sua esposa, para receber o Prêmio Nobel, ele nunca mais retornou, assumindo o posto que havia sido oferecido pela Universidade de Colúmbia, em Nova York, de professor de física.

Foi em Columbia que Fermi formou uma equipe juntamente com Szilard e um estudante de graduação e pesquisador chamado Walter Zinn com o intuito de realizar experiências em fissão nuclear.

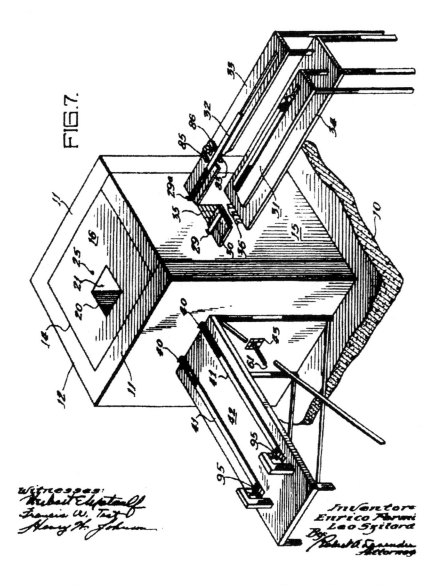

Desenho do projeto de patente, 1955, por Enrico Fermi e Leo Szilard. *Escritório de Registro de Patentes dos Estados Unidos*

O grupo concluiu que a quantidade de nêutrons liberados durante o processo era suficiente para causar uma reação em cadeia, ou seja, uma liberação de energia.

Verificou-se então que a descoberta poderia ter aplicação militar, e, em março de 1939, foi determinado que Fermi iria discutir o fenômeno com a marinha dos Estados Unidos. Apesar de a marinha ter ficado intrigada com o que Fermi tinha dito, nada ficou acertado depois.

Poucos meses mais tarde, Szilard explicou a Albert Einstein o tipo de trabalho investigativo que a equipe estava fazendo, e Einstein, que possuía uma enorme influência no meio político, relatou as descobertas ao presidente Franklin D. Roosevelt, que considerou o projeto de extrema importância e fez com que outros cientistas se envolvessem nos trabalhos. No final de 1940, a Universidade de Colúmbia recebeu uma verba de 40 mil dólares para explorar a idéia com maior profundidade e criar as condições necessárias para uma fissão nuclear controlada, e os trabalhos foram desenvolvidos por uma equipe coordenada por Fermi.

O trabalho da equipe de Fermi, por sua vez, era monitorado por uma outra de cientistas da Universidade de Princeton. Os trabalhos foram aprovados e, um ano após o início das hostilidades entre os Estados Unidos e as potências do Eixo, as equipes se uniram num tipo de equipe superinvestigativa em Chicago.

No dia 2 de dezembro de 1942, o grupo estava preparado para uma experiência significativa que foi conduzida numa quadra de squash, embaixo das arquibancadas, em Stagg Field, na Universidade de Chicago, e foi a primeira tentativa de se controlar uma reação em cadeia numa fissão nuclear.

A experiência foi um sucesso.

O trabalho continuou a passo acelerado pelos dois anos seguintes. Então, em agosto de 1944, a operação teve que ser transferida para Los Alamos, no Novo México, onde um novo laboratório, coordenado por J. Robert Oppenheimer, havia sido construído. Fermi se tornou chefe do departamento de física. Não havia nenhuma dúvida sobre qual o objetivo do laboratório: construir uma bomba atômica.

A equipe precisou de outro ano — além de dois bilhões de dólares —, com a guerra ainda em andamento, para tentar criar a bomba. Eles conseguiram no dia 16 de julho de 1945, às 5h30min, numa área isolada da Base Aérea de Alamogordo, 190 quilômetros a sudeste de Albuquerque, no Novo México; o evento foi testemunhado exclusivamente por cientistas e militares.

Foi um sucesso e a equipe não perdeu tempo na fabricação de bombas atômicas para serem utilizadas na guerra, o que ocorreu apenas três semanas mais tarde. No dia 6 de agosto de 1945, a primeira bomba destruiu Nagasaki, e, alguns dias depois, a segunda bomba foi lançada em Hiroxima.

Atol de Bikini, 24 de julho de 1946. *Photofest*

18

A BOMBA ATÔMICA

A invenção da bomba atômica foi um divisor de águas para a humanidade. Após lançar duas delas sobre as cidades japonesas de Nagasaki e Hiroxima, em agosto de 1945, os Estados Unidos encerraram abruptamente a Segunda Guerra Mundial e iniciaram um período inédito de prosperidade e paz.

Muitos acreditam que o preço que a humanidade está pagando por essa invenção é exorbitante. E inclui um cenário aterrorizante. Agora sabemos que a bomba atômica pode ser um instrumento de destruição da humanidade, e este conhecimento tem influenciado as políticas dos legisladores, governos e a psique dos indivíduos ao longo do período que se iniciou na Guerra Fria até hoje.

No princípio, a América parecia estar determinada a permanecer isolada da guerra que havia começado na Europa, enquanto a Alemanha avançava sobre vários países. Mas então houve o "ataque-surpresa" japonês em Pearl Harbor, no dia 7 de dezembro de 1941, e, antes que os Estados Unidos pudessem se mobilizar, grande parte do Sudeste da Ásia havia sucumbido ao Japão. Mas, como comentou um general japonês, "temo que tenhamos despertado um tigre adormecido". Lentamente, a América retomou o território ocupado pelos japoneses no Pacífico e impediu o avanço do Japão. Mas a América acreditava que a ameaça real e crescente era a Alemanha.

Mas essa era uma guerra total, uma luta até o fim, e os países, incluindo os Estados Unidos, usariam o que pudessem para vencer. Sob a orientação do presidente Franklin D. Roosevelt, num esforço conjunto ultra-secreto entre os Estados Unidos e o Reino Unido, começou-se a construir a bomba atômica. Coordenada pelo general Leslie R. Groves em áreas isoladas, como Los Alamos, no Novo México, o programa era conhecido apenas por um número restrito de cientistas e políticos. Na verdade, o presidente Harry Truman apenas ficou sabendo do projeto, batizado de "Projeto Manhattan", por intermédio do secretário de Guerra Henry Stimson, no dia 25 de abril de 1945, depois de se tornar presidente e não durante o período em que foi vice-presidente.

A América sabia que estava enfrentando inimigos fanáticos. De fato, quando de uma invasão americana, descobriu-se que o Japão havia treinado centenas de crianças, com dinamite atada ao corpo, para se atirarem debaixo dos tanques americanos. Homens-bomba haviam sido utilizados ao longo da guerra e continuariam sendo usados. Era uma situação real.

Não havia como garantir que o Projeto Manhattan seria bem-sucedido. Havia uma série de problemas gerenciais e dificuldades técnicas, e os especialistas sabiam que a criação da bomba se baseava numa teoria que não havia sido completamente comprovada.

Na realidade, por volta do início de 1945, dois bilhões de dólares haviam sido gastos no projeto, e até o último momento havia dúvidas sobre qual seria o melhor método de detonação. Além disso, enquanto a bomba estava sendo construída, havia uma pressão considerável não somente em manter a segurança, mas também em não deixar que o mundo soubesse da bomba.

O elemento-chave para que a bomba fosse feita foi a criação do plutônio, que não existe na natureza, mas como o urânio (que existe na natureza), quando submetido ao estímulo correto, pode produzir uma reação em cadeia. Essa reação descontrolada, que faz com que a bomba "funcione", é chamada fissão e havia sido investigada e tornada compreensível graças às pesquisas de um físico chamado Niels Bohr.

A fissão ocorre quando o núcleo (a parte central do átomo) é dividido em duas partes. A natureza dos átomos é previsível e confiável para esse processo, e, uma vez que um nêutron rompesse um átomo de urânio, os fragmentos liberariam outros nêutrons que romperiam outros átomos, e assim sucessivamente.

Essa reação em cadeia dura apenas milionésimos de segundo e a quantidade de energia liberada durante a reação é de várias centenas de milhões de volts. Durante a fissão, grande quantidade de calor e radiação é liberada — e a radiação produzida é chamada radiação gama, a forma mais letal conhecida pelo homem.

A primeira bomba atômica foi detonada no deserto do Novo México e se chamava *Trinity*. A bomba foi colocada num gigantesco receptáculo de aço chamado *Jumbo*, que possuía seis metros de comprimento e pesava 200 toneladas. A bomba que foi lançada em Nagasaki se chamava *Fat Man*, apesar de ser muito menor que a *Trinity*. Ela consistia numa esfera oca de plutônio envolvida por camadas de explosivos de ação lenta e rápida.

Os detonadores acionaram as cargas explosivas, que produziram uma onda de choque simétrica que fez com que a esfera entrasse em colapso, "detonando" o plutônio e resultando numa explosão nuclear. A chave para a detonação foram os explosivos, que queimavam em ritmos diferentes. Desse modo, as ondas de choque atingiriam a esfera de uma maneira semelhante à de uma lente focando raios de luz.

A bomba que foi lançada em Hiroxima continha duas massas subcríticas de urânio (uma reação nuclear ocorre quando o urânio atinge a "massa crítica"). Ao atingir o ponto zero, uma massa de urânio foi disparada em direção à outra para desencadear a explosão.

Anos mais tarde, muitos soldados americanos que participaram do bombardeio disseram ter repensado sobre a devastação que essas bombas haviam causado, mas, ao olharem para trás, outros disseram que fariam tudo de novo se fossem chamados, já que os japoneses não deram outra opção.

19

O COMPUTADOR COLOSSUS

Muitas pessoas não sabem quem foi Alan Mathison Turing e nem o quanto foi profunda a influência que ele teve em nossas vidas.

Turing foi um exímio matemático e cientista, um pioneiro na ciência da computação. Muitos historiadores militares dizem que seu trabalho em decifrar a máquina de códigos chamada Enigma (que era um tipo de computador), usada pelos alemães durante a Segunda Guerra Mundial, diminuiu o conflito em dois ou três anos, salvou vidas — talvez milhões — e evitou muitos outros massacres. O historiador Sir Harry Hinsley, que trabalhou durante a guerra interpretando mensagens navais que lhe eram enviadas por Turing, especula que, se a Enigma não tivesse sido decifrada, a invasão da Europa não ocorreria antes de 1946 ou 1947, em vez de 6 de junho de 1944. Além disso, depois de julho de 1945, as bombas atômicas americanas estavam sendo produzidas ao ritmo de uma por mês e estariam disponíveis para varrer do mapa cidades ou bases de submarino alemãs — e contaminando essas áreas. Uma guerra prolongada também poderia significar uma guerra de guerrilha pelo fato de encurralar as forças alemãs nas colinas. Especula-se até mesmo que a Alemanha já teria tipo tempo de aperfeiçoar as bombas V2, que eram um tipo de míssil cujo alvo era a Grã-Bretanha e poderiam posteriormente transportar cargas químicas ou biológicas. Se a invasão tivesse ocorrido em 1946 ou 1947, teria a União Soviética permitido que a Alemanha se rendesse à América? Se a rendição não tivesse ocorrido, quais teriam sido as implicações políticas?

Todas essas suposições não aconteceram, em grande parte, por causa de Turing. Ele poderia ter sido festejado, talvez adorado e reverenciado, até mesmo poderiam ter erguido uma estátua em sua homenagem no centro de Londres. Mas, em vez disso, no dia 9 de junho de 1954, aos 42 anos, amargurado e com a mente perturbada devido a uma legislação que restringia direitos aos homossexuais, borrifou cianureto de potássio em uma maçã e a comeu, acabando com sua vida. E com ele morreram, obviamente, todo o seu ideal e tudo que ele ainda poderia ter proporcionado à humanidade.

Turing nasceu em Londres, no dia 23 de junho de 1912, e seu gênio científico e interesse por tudo que fosse relacionado às ciências emergiu cedo, apesar de demonstrar pouco interesse por história, inglês, latim e matérias afins. Em 1931, entrou no King's College, da Universidade de Cambridge, onde se dedicou ao estudo da matemática e desenvolveu um interesse permanente em recriar o trabalho de outros cientistas.

Num determinado momento, começou a desenvolver uma espécie de computador digital, que recebeu o nome de "Máquina de Turing". A máquina lia uma série de uns e zeros de uma fita, que descrevia a tarefa que deveria ser executada. O ponto-chave era instruir o computador apropriadamente, e este executaria uma ou mais tarefas. Ele acreditava que um "algoritmo" poderia ser desenvolvido de modo a resolver qualquer problema. A única parte difícil era dividir o problema em estágios que o computador pudesse acompanhar.

Na década de 1950, havia computadores, mas a maioria deles tinha sido projetada para executar uma única tarefa. Na época, a concepção de algoritmo de Turing era considerada mais estranha do que revolucionária. Hoje, no entanto, o que ele descreveu é exatamente o que os programadores fazem.

Durante a década de 1920, os alemães criaram a máquina de códigos Enigma, fato que fez com que acreditassem que suas mensagens militares codificadas e outras operações secretas fossem impossíveis de decodificar. Era uma hipótese aceitável. A máquina, que lembrava muito a de escrever, era capaz de efetuar milhões de cálculos em milissegundos, e os códigos secretos que os controlavam eram alterados no início de cada dia.

No começo dos anos 1930, no entanto, matemáticos poloneses haviam criado uma máquina e começaram a tentar decodificar a Enigma, já que sentiam que um dia a Polônia seria invadida pela

Alemanha, e a decodificação da máquina alemã poderia ser de grande serventia. Turing partiu desse ponto.

Ele coordenava uma equipe de cientistas e especialistas em matemática que se reuniam em Bletchley Park, nos arredores de Londres, cujo objetivo principal era tentar decodificar a Enigma. Para atingir esse objetivo, a equipe desenvolveu um computador — talvez o primeiro da História — chamado Colossus. Ele operava com 1.500 válvulas e trabalhava 24 horas por dia. À medida que o tempo ia passando, novos modelos foram instalados, e, apesar de ser um segredo até hoje, especialistas acreditam que 10 Colossus chegaram a ser construídos. De qualquer maneira, o fato de o Colossus ter auxiliado a decodificar a Enigma foi a brecha nas linhas inimigas que imediatamente se tornou o segredo mais bem guardado da Segunda Guerra Mundial. Em termos práticos, isso significou que os Aliados sabiam exatamente o que os alemães planejavam fazer antes que eles o fizessem, uma vantagem militar incalculável. De que modo incalculável? O fato de os códigos terem sido desvendados auxiliou os Aliados a decidirem onde ocorreria a invasão do Dia D e a enganarem Adolf Hitler durante a manobra.

Nada era mais importante. Num determinado momento, o pessoal de Bletchley Park alertou o primeiro-ministro Winston Churchill sobre o iminente bombardeio à cidade de Coventry, mas ele preferiu deixar que o bombardeio ocorresse, apesar de toda a destruição e mortes, a ter que evacuar a cidade e permitir que os alemães deduzissem como os britânicos ficariam sabendo do ataque. (Ao longo da guerra, os britânicos fizeram uso de um intrincado sistema de contra-espionagem e vigilância para fazer com que os alemães não desconfiassem de nada.)

Entretanto, numa outra ocasião, surgiu uma crise de grandes proporções. Os alemães começaram a usar uma variação da Enigma para orientar seus submarinos, a qual utilizava um sistema de códigos completamente diferente. Tudo que Turing e seus colegas sabiam havia se tornado completamente inútil; daquele momento em diante, eles não poderiam informar mais nada nem prevenir ninguém.

O resultado foi aterrador. Um número incalculável de pessoas, assim como de navios, foi parar no fundo do mar e Turing e seus colegas nada podiam fazer, exceto tentar, freneticamente, decifrar o novo código.

E finalmente, no cenário mais dramático que se possa imaginar, a resposta foi dada pelo próprio Turing, desesperado, sozinho num dos bangalôs em Bletchley, e trabalhando até a exaustão. Sua mente brilhante finalmente decifrou o código e a frota pôde finalmente ser alertada do perigo.

Depois da guerra, Turing trabalhou numa série de máquinas que suplantariam a inteligência humana. Na verdade, acreditava que a máquina poderia ser desenvolvida de modo a imitar a inteligência humana, e muitos acreditavam que sua inspiração era a perda de um grande amor na juventude. Turing estava literalmente tentando trazer seu amor de volta à vida. Ele também escreveu um trabalho científico em 1950 contendo o que hoje é conhecido como "Teste de Turing", que avalia a inteligência de uma máquina, um teste considerado padrão para se avaliar a inteligência mecânica mesmo nos dias atuais.

Durante a guerra, a homossexualidade de Turing não era um problema, mas, após 1948, ela, de um modo geral, passou a ser vista com menosprezo à medida que o cenário político e emocional mudava com o advento da Guerra Fria e a aliança da Grã-Bretanha com os Estados Unidos. De qualquer maneira, a máquina que ele ajudou a construir permanece como uma das maiores invenções de todos os tempos.

Vaso sanitário americano moderno. *American Standard*

20
O VASO SANITÁRIO

O vaso sanitário é um elemento crucial na história do avanço da saúde humana. Apesar de a maioria das culturas considerar um tabu falar das funções corpóreas, ao longo da maior parte da História a falta de higiene no que diz respeito aos excrementos representou um risco enorme para a humanidade. Em outras palavras, as práticas sanitárias de remoção de dejetos sempre foram uma necessidade. O vaso sanitário foi uma resposta a elas.

Assim como ocorreu em muitas outras invenções, a história do vaso sanitário está repleta de retrocessos e atrasos. Culturas diferentes fizeram avanços durante certos períodos e recuaram em outros.

Sabe-se, por exemplo, que havia vasos sanitários conectados a escoadouros feitos de tijolos de argila na Índia numa época tão remota quanto 2500 a.C. Mesmo assim, durante a Idade Média, de 500 a 1500 d.C., as pessoas esvaziavam baldes e penicos cheios de excrementos pelas janelas. Fossas a céu aberto eram comuns, as doenças se alastravam rapidamente e as pessoas literalmente morriam nas ruas. A situação na Europa seguiu um padrão surpreendentemente comum na história da humanidade.

Antes de terem os banheiros dentro de casa, as pessoas tinham que se livrar dos dejetos de outra forma: enterrando-os nos bosques, atirando-os pelas janelas nos esgotos a céu aberto, jogando-os nas correntezas dos rios ou usando penicos que precisavam ser limpos diariamente.

As atitudes e hábitos públicos também foram importantes para dar forma ao atual vaso sanitário. Apesar de um número diminuto de pessoas ter tido ao longo do tempo a chance de utilizar vasos sanitários em pequena escala (geralmente os ricos), somente a partir do século XVI os governantes começaram a se preocupar com as condições sanitárias. Acreditava-se que sujeira era igual à desordem, que, por sua vez, era ruim para a sociedade. Mesmo assim, as pessoas continuaram a usar o lado de fora da casa para jogar os dejetos. Apesar de leis terem sido promulgadas do século XVI em diante, tornando obrigatória a instalação de um vaso sanitário em todas as casas e a construção de sanitários públicos, o progresso verdadeiro e permanente somente foi obtido a partir do século XVIII.

John Harrington inventou a privada com descarga em 1596 (um modelo muito semelhante aos vasos sanitários modernos, mas a água ficava num tanque semelhante a um gabinete localizado acima do vaso sanitário), mas somente mais de 180 anos depois é que o modelo foi adotado em alta escala. Na época, o banheiro estava sendo introduzido nas casas, mas de uma maneira ainda rudimentar se comparada aos padrões atuais.

O mundo viu o desenvolvimento de privadas de terra e outras com coletor. A privada de terra consistia num buraco no chão que era coberto depois que o usuário fazia suas necessidades. A privada com coletor possuía uma cavidade mais profunda e com uma tampa para fechar o buraco, evitando o contato com os excrementos.

Elas eram eficientes, mas, mesmo assim, necessitavam de limpeza manual.

Um momento decisivo foi o ano de 1738, quando J. F. Brandel apresentou uma privada adaptada com um tipo de válvula de descarga. Depois disso, Alexander Cummings aperfeiçoou essa criação e desenvolveu um vaso sanitário de melhor qualidade em 1775. O vaso desenvolvido por ele mantinha água no fundo quando não estava em uso, suprimindo assim os odores, e também podia retirar dejetos da casa.

Mesmo assim, o mecanismo da válvula e a quantidade de água a ser despejada pela descarga (a quantidade e a velocidade não deveriam variar a cada descarga) ainda precisavam de aperfeiçoamento. Em 1777, Joseph Preser conseguiu obter as melhorias necessárias, e mais tarde, em 1778, Joseph Bramah substituiu a válvula de registro por uma de manivela. A tecnologia da descarga de água (usando a água e a gravidade para "arrastar" os resíduos) havia atingido o seu apogeu. Finalmente, em 1870, S. S. Helior inventou o vaso sanitário com descarga, chamado "optims".

De 1890 até hoje, os únicos aperfeiçoamentos foram estéticos. O aspecto externo e a maneira como os vasos sanitários funcionam permanecem inalterados. Na França e na Inglaterra, foram colocados dentro das casas; banheiros privativos com boxes individuais ou cortinas para manter a privacidade entraram em voga. As outras mudanças tinham como objetivo alterar o formato e o design dos vasos sanitários (para se adequar ao gosto pessoal), assim como a quantidade de água a ser utilizada. A conservação dos recursos hídricos se tornou mais importante e novos modelos foram projetados para funcionar adequadamente com menos quantidade de água.

Concomitantemente à evolução do vaso sanitário, tivemos a invenção do papel higiênico. Antes dele, as pessoas usavam cânhamo, jornais e outras coisas. Finalmente, em 1857, Joseph Cayetty inventou o papel higiênico nos Estados Unidos. A invenção permitiu que as pessoas usassem uma folha de papel mais conveniente, absorvente, e que estivesse ao alcance quando necessário. Apesar de ser um invento aparentemente simples, o vaso sanitário levou certo tempo para ser inventado, mas, na ocasião, tornou-se rapidamente confiável.

Cena do filme *100 Rifles* (1969). *Photofest*

21

O RIFLE

O desenvolvimento e o aperfeiçoamento do rifle — uma arma de fogo portátil e de longo alcance — levaram séculos. Enquanto a maioria de nós pensa nele como uma arma longa, o termo "rifle"* se aplica especificamente ao cano da arma — de qualquer arma ou canhão, na verdade — que é perfurado ou sulcado em forma de espiral pelo lado de dentro. No início, a parte interna do cano de uma arma ou canhão era lisa para permitir que o projétil pudesse deslizar rapidamente, tornando a recarga mais rápida. Por meio do estudo da balística descobriu-se que um cano sulcado em espiral ou "raiado"

---

* O verbo *rifle*, em inglês, significa sulcar, raiar; daí o nome da arma. (N.T.)

faria com que o projétil girasse dentro do cano, aumentando o seu alcance e precisão.

O "canhão de mão", como era conhecido, apareceu nos campos de batalha em meados do século XV. Era uma engenhoca monstruosa que chegava a pesar mais de 11 quilos e precisava de um suporte com uma forquilha numa das extremidades para que pudesse ser disparada.

Um projétil, que tinha a forma grosseiramente esférica, era socado pela boca do cano sobre uma quantidade específica de pólvora. Na outra extremidade do cano ficava o "ouvido", um orifício que conduzia ao "fuzil",* um pequeno recipiente em forma de concha que recebia uma outra medida de pólvora. A pólvora era inflamada à mão para disparar a cápsula.

O primeiro mecanismo projetado para levar automaticamente as faíscas ao fuzil chamava-se "serpentina", uma invenção alemã que utilizava um pedaço de metal com um pino no meio. Quando um lado da serpentina, ou o "gatilho", era empurrado pelo operador, o outro lado, que era equipado com um conjunto de castanhas que apoiavam uma espoleta de detonação lenta chamada "estopim", era conduzido ao fuzil.

O avanço seguinte foi o alongamento da coronha, guarnecendo-a de uma empunhadura para a mão. A extremidade anterior da arma foi alargada, de modo que fosse diminuído o impacto do coice da arma contra o atirador.

O aprimoramento do "canhão de mão" ficou conhecido como "arcabuz", um precursor do "mosquete", utilizado por um longo período. Os soldados, a princípio, colocavam as armas sobre o osso esterno para atirar, mas, à medida que a pólvora ficava mais potente, o coice da arma fazia com que a região ficasse dolorida; então eles mudaram a posição de tiro para o ombro, que absorvia melhor o impacto.

As inovações na maneira como as armas eram construídas fizeram com que se alterasse lentamente a arte da guerra, já que os projéteis podiam penetrar na melhor das armaduras. Os dias do cavaleiro em sua reluzente armadura estavam contados.

---

* Peça de metal com que se atritava uma pederneira (por exemplo, sílex) para produzir centelhas. (N.T.)

A "caçoleta", mecanismo de disparo, foi outra evolução. Tratava-se de uma roda de metal que girava impulsionada por uma mola contra uma pirita-de-ferro também presa a uma mola. Quando o gatilho era acionado, a roda girava, fazendo com que a pirita produzisse faíscas próximo ao fuzil.

Em meados do século XVI, o rifle utilizava uma "fecharia de pederneira", que incorporava um modelo mais simples e mais barato. Ela possuía uma parte chamada "cão", um grampo de metal no qual um pedaço de sílex se encontrava preso e colidia com outro de aço quando o gatilho era puxado.

Foi a Revolução Industrial, quando ocorreram os aperfeiçoamentos que alteraram sobremaneira os métodos de produção, que fez com que o rifle se tornasse o flagelo dos campos de batalha. A simplicidade do projeto da fecharia de pederneira fez com que os modelos fossem padronizados, possibilitando não somente a produção em grande escala, mas também o conserto, graças às partes substituíveis. À medida que os exércitos europeus cresciam, a industrialização da guerra fez com que fosse possível fornecer um exemplar da nova arma para cada um dos soldados. E o encantamento causado pelo rifle era óbvio: era uma arma poderosa, precisa, possuindo um alcance que possibilitava abrir fogo contra o inimigo a longa distância.

Com o passar do tempo, novos aperfeiçoamentos foram surgindo. O primeiro foi o método de disparo por "percussão", que trouxe uma "agulha" que colidia contra uma coifa de fulminato de mercúrio e explodia ao impacto. Ela veio a substituir o sílex na fecharia de pederneira. Ironicamente, enquanto muitos ainda faziam experimentos com a coifa de percussão, Alexander John Forsyth, ministro escocês, foi o primeiro a torná-la uma realidade e a ter seu sistema patenteado em 1807. Convenientemente, as coifas eram adaptadas com facilidade às fecharias de pederneira preexistentes.

O passo seguinte foi fazer o projétil pequeno o suficiente para ser carregado facilmente pela boca do rifle e em seguida, uma vez na culatra, expandir-se para se encaixar nas estrias espiraladas a fim de que obtivesse um melhor trajeto em direção ao alvo. Diversos métodos foram tentados, e até mesmo se tentou carregar os rifles com projéteis de mosquete, que eram pressionados até a culatra e socados com uma vareta de espingarda para fazer com que se expandissem, a fim de se encaixarem no fundo do cano. Apesar de serem muito melhores, havia uma perda na acuidade, já que o processo de recarga causava deformidades no projétil.

Claude-Étienne Minié, capitão francês que havia se inspirado num projétil cilíndrico e alongado, aperfeiçoou essa idéia não apenas para solucionar o problema básico da recarga da arma, mas também para melhorar o desempenho do projétil. Sua idéia consistia num projétil de base oca com uma cavilha de ferro. Quando a arma fosse disparada, a cavilha de ferro se expandiria, prendendo-se firmemente ao estriamento. O cilindro do projétil, com um cone de metal na ponta, começaria a girar enquanto passasse pelo cano da arma, num efeito como o de um pião ou giroscópio, que iria guiar o projétil aerodinamicamente em direção ao alvo com força e precisão sem precedentes. Assim que o mundo tomou conhecimento da invenção de Minié, muitas pessoas começaram a tirar partido dela.

Em 1851, os britânicos enviaram um modelo da invenção para os ferreiros da Fábrica de Armas Real, em Enfield. Ela entrou em ação por volta de 1854, durante a Guerra da Criméia, quando um correspondente do *Times* de Londres descreveu a nova arma como o "Rei de Todas as Armas". O exército russo, equipado com os mosquetes de cano liso, não teve qualquer chance lutando contra os Minié, que rompiam suas hábeis fileiras e formações "como que pela mão de um Anjo Aniquilador".

O sistema Minié e o de "carregamento pela culatra" surgiram justamente quando se iniciou a Guerra de Secessão. No dia 17 de setembro de 1862, no riacho Antietam, em Sharpsburg, no Estado de Maryland, tropas da União repeliram uma invasão do exército confederado. Uma versão americana do Minié estava sendo usada pela União, que enfrentava uma versão própria criada pelos confederados complementada por rifles produzidos em Enfield, importados dos britânicos. Aquele único dia registrou mais de 26 mil baixas em ambos os exércitos e permanece como o mais sangrento da história americana pelas mãos de um "Anjo Aniquilador".

Justamente enquanto o rifle continuava a evoluir com o desenvolvimento de mecanismos de recarga automático que permitiam ao soldado disparar diversas séries de tiro numa sucessão rápida com precisão cada vez maior é que essas inovações levaram à concepção de uma arma que destronaria o "Rei de Todas as Armas". Enquanto os exércitos continuavam, já no século XX, a avançar em direção aos inimigos, agora entrincheirados e protegidos de seus projéteis, surgiu a metralhadora, tornando obsoleto o mais potente dos rifles.

22
A PISTOLA

Originalmente, a pistola surgiu como um armamento de cavalaria, uma arma de fogo que podia ser operada com uma única mão, permitindo que a outra ficasse livre para segurar as rédeas do cavalo. As pistolas do período em meio aos séculos XV e XVIII refletiam em geral a tecnologia disponível para os mosquetes — um único disparo e recarga pela boca — e eram inicialmente um complemento às armas mais potentes que eram apoiadas no ombro.

Inovações nos mecanismos de disparo, como o "fuzil", a "fecharia de pederneira" e, posteriormente, os sistemas de "disparo por percussão", tornaram-se essenciais para manter a pistola pronta para disparar numa batalha. Antes disso, a fim de inflamar a carga de pólvora, o atirador precisava carregar um cordão chamado "estopim" para disparar a arma. Os mecanismos de caçoleta e fecharia de pederneira criavam uma centelha no fuzil da arma de fogo, permitindo que ela permanecesse no coldre até o momento da utilização. A leveza e a eficiência causadas pela proximidade tornaram-se imediatamente evidentes no uso das pistolas, tornando-as uma arma indispensável para a defesa pessoal.

Obviamente, como ocorria com o rifle, o sonho de todo soldado num campo de batalha era ser capaz de disparar mais de um tiro num curto tempo. A sua vida poderia depender disso.

A idéia de disparos repetidos tanto para o rifle quanto para a pistola era oportuna e muitos armeiros se dedicaram à tarefa de torná-la uma realidade. Armas com diversos tipos de cano foram criadas, mas eram difíceis de portar. Muitas câmaras também foram criadas, mas as falhas na detonação dos explosivos — e o conseqüente perigo de estilhaços — tornaram-se um risco considerável.

Enquanto os mecanismos de disparo evoluíam, surgiu uma arma com um tambor giratório com diversas câmaras alinhadas ao

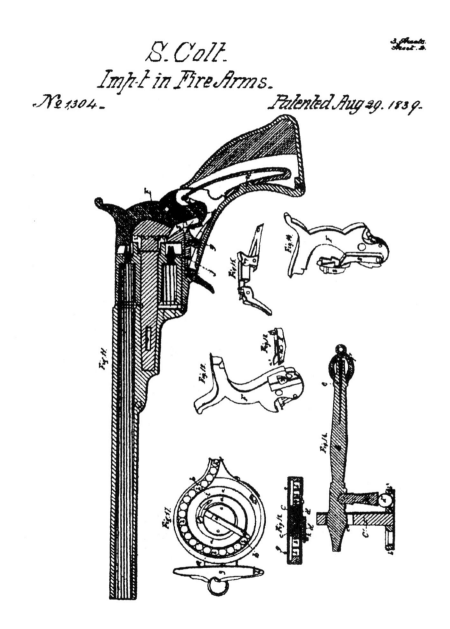

Desenho do projeto de patente, 1839, por Samuel Colt. *Escritório de Registro de Patentes dos Estados Unidos*

cano, uma de cada vez, e com relativa segurança. O "revólver" possuía geralmente cinco ou seis câmaras onde um projétil e a pólvora eram colocados pela frente do tambor. O soldado alinhava cada câmara individual com o cano e então posicionava a coifa de percussão sobre um bocal que direcionava a chama de ignição para dentro da câmara, inflamava a carga de pólvora e impulsionava o projétil para fora da boca da arma. A coifa de percussão era acionada pelo soldado no momento em que armava o cão da pistola. O cão atingia a coifa quando o gatilho era puxado.

Samuel Colt, o homem que aperfeiçoou esse sistema e cujo nome se tornou quase um sinônimo do objeto que inventou, concebeu seu projeto ainda jovem, quando servia na marinha. Em 1835, na Grã-Bretanha, na França e, posteriormente, nos Estados Unidos, ele patenteou seu "revólver de percussão", que chegou a ser chamado de "coifa e projétil" ou simplesmente "revólver Colt".

Havia dois fatores determinantes que tornavam o Colt diferente dos outros revólveres. Primeiro, o mecanismo desenvolvido por Colt permitia que o tambor giratório se movesse para a câmara seguinte assim que o cão fosse puxado para trás, o que não apenas criou um mecanismo confiável para alinhar as câmaras e o cano, mas também diminuiu o tempo que se levava para se disparar uma pistola. Antes, os atos de armar o cão e mover as câmaras aconteciam em dois momentos distintos.

A segunda idéia genial de Colt em seu projeto foi o modo de fabricação. Com o auxílio de ninguém menos do que Eli Whitney Jr., filho do inventor do "descaroçador de algodão" e um grande pioneiro da produção industrial na América, a fábrica de Colt em Hartford, no Estado de Connecticut, estava apta para produzir o revólver com partes engenhosas e completamente intercambiáveis, utilizando uma linha de montagem composta de operários em vez de artesãos.

Enquanto as vantagens militares do revólver eram óbvias, a sociedade americana da época criou um outro mercado para a arma de fogo manual que não se podia encontrar na Europa: o Oeste selvagem. Assim que se espalhou a notícia sobre o sucesso do revólver nos conflitos entre brancos e índios tanto na Flórida quanto no Texas, a demanda pelo revólver tomou proporções inimagináveis.

Mas, em 1857, terminou o prazo da patente de Colt, abrindo campo para a competição. Colt perdeu o seu posto de "Rei de Todas as Armas" para os americanos Horace Smith e Daniel B. Wesson, que produziam um modelo comprado de Rollin White.

O revólver de White utilizava cartuchos com bordas de cobre num único conjunto, o que tornou possível o municiamento pela parte de trás do tambor — e não mais pela parte da frente — e eliminou a coifa de percussão, diminuindo significativamente o tempo de recarga. Smith e Wesson aperfeiçoaram o desenho de White, fazendo com que o revólver liberasse as cápsulas depois dos disparos, assim como articularam a ação do gatilho com o cão e o tambor. Quando o gatilho era liberado, o cão era armado e o tambor girava.

A pistola automática nasceu na década de 1890, ao mesmo tempo que seu primo, o rifle, recebia adaptações para poder ser recarregado automaticamente. Poucos tipos de modelo foram desenvolvidos, incluindo o *toggle link* e o *slide*. Ambos os modelos, fabricados, respectivamente, pela empresa alemã Luger e pela americana Browning, aproveitaram com engenhosidade o coice da arma para ejetar as cápsulas disparadas e mover um novo projétil do pente, acionado por uma mola e que ficava alojado no cabo da arma. Essas pistolas viriam a tomar o lugar do revólver como arma favorita de uso no exército.

Enquanto a pistola continua insuperável na defesa pessoal, com permissão de porte garantida na Constituição dos Estados Unidos, desde o final da década de 1960 o porte de armas tem diminuído enormemente nos Estados Unidos, resultado de um incrível aumento no número de mortes causadas por armas de fogo. Um conjunto de leis e uma série de debates a respeito do papel desempenhado pelas armas na sociedade americana — e também em outros países — ainda irão perdurar. Por ora, a Lei Brady[*] realizou alguns avanços no controle da proliferação de armas de fogo.

---

[*] Lei que estipula o período de cinco dias úteis para a checagem de antecedentes criminais antes de se conceder a licença de porte de arma. Esse período foi extinto em novembro de 1998 com a inauguração do sistema instantâneo de checagem de antecedentes. (N.T.)

Mas, mesmo tendo sido promulgada em 1993, quase 40 mil mortes relacionadas a armas de fogo foram registradas naquele mesmo ano e quase seis mil dessas vítimas tinham menos de 19 anos.

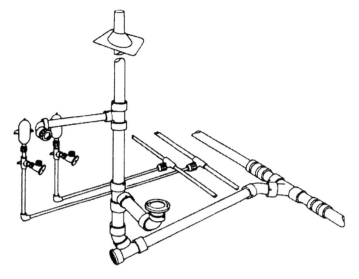

Sem os encanamentos seriam impossíveis condições sanitárias adequadas. *Genova Plumbing*

23

O SISTEMA DE ENCANAMENTO

Para avaliarmos a dimensão da importância dos encanamentos em nossas vidas, basta imaginarmos como a vida seria sem eles.

Existe muito mais neles do que a mera conveniência. Sem eles, seria difícil conceber como os arranha-céus e outras grandes estruturas poderiam ter sido construídos. Sem os encanamentos, conhecidos tecnicamente como encanamentos sanitários, haveria um alto risco de que um grande número de doenças se alastrasse.

O SISTEMA DE ENCANAMENTO

Os encanamentos existem já há muito tempo. Escavações realizadas nos sítios arqueológicos onde ficavam as cidades antigas de Creta — soterradas por terremotos e possivelmente também por erupções vulcânicas — revelaram peças indicando que os princípios de hidráulica e os conceitos fundamentais de encanamento eram bem conhecidos.

Arqueólogos desenterraram canos rudimentares, apesar de altamente eficientes, no palácio de Cnosso. Na realidade, eram pedaços ocos de terracota no formato de um telescópio. Os pedaços eram unidos colando-se a extremidade mais estreita de um cano no interior da extremidade mais larga do outro, utilizando-se cimento de argila para vedação. O cano podia ser tão longo quanto o necessário; uma força adicional poderia ser obtida amarrando-se os canos com uma corda ao redor de saliências semelhantes a maçanetas. À medida que a água corria pela força da gravidade, ela criava uma turbulência que limpava todos os resíduos que acumulassem.

A mesma escavação revelou evidências do que ficou conhecido como sistema de saneamento básico, projetado para a eliminação sanitária de dejetos, utilizando dispositivos como o sifão, utilizado para armazenar pequenas quantidades de água com a finalidade de evitar que os gases provenientes do esgoto e pequenos animais pudessem entrar no sistema, assim como canos de respiro, que permitiam que gases nocivos e explosivos pudessem escapar para a atmosfera.

Mas foram os romanos que levaram os encanamentos a um verdadeiro nível de sofisticação.* Eles desenvolveram um sistema de suprimento de água e de escoamento de esgoto por todo o Império. No século IV, Roma se orgulhava de ter cerca de 900 banhos públicos e privados, 1.300 fontes e cisternas públicas e 150 banheiros, todos com descarga.

Roma era uma cidade que necessitava de muita água, e, para abastecer a população com quase 190 milhões de litros de água, uma rede de aquedutos com 577 quilômetros de extensão foi criada,

---

* A expansão do Império Romano levou os conceitos de saneamento às suas fronteiras. Só para se ter uma idéia do alcance da civilização romana, o termo em inglês para tubulação ou encanamento é *plumbing*, originário da palavra latina *plumbum*, que significa chumbo. O chumbo era o material utilizado em todos os encanamentos feitos pelos romanos. (N.T.)

sendo incrível o fato de que muitos deles estão em uso até hoje. Os aquedutos operavam tanto acima como abaixo do solo, e a água era conduzida por dutos e, posteriormente, transferida para canos menores (geralmente feitos de chumbo) que permaneciam subterrâneos.

Com o passar do tempo, os danos da ingestão de chumbo foram revelados e a utilização de encanamentos de chumbo foi abolida. O chumbo também era utilizado para soldar as conexões dos canos de cobre e somente foi banido nos Estados Unidos em 1958. (Nem toda água é ácida o suficiente para eliminar o chumbo nela contido, mas consultar as companhias de água locais é uma boa forma de descobrir quais possíveis precauções são necessárias para lidar com tubulações de abastecimento de água que possam ter conexões soldadas com chumbo.)

Os sistemas de água e esgoto romanos passaram por maus momentos quando Roma foi invadida por hordas de bárbaros que possuíam pouco interesse por sistemas de distribuição de água e não contavam com pessoas habilitadas para a manutenção do sistema. O período posterior à queda do Império Romano também representou o declínio dos sistemas de encanamento, devido à crença de que os banhos, por uma razão ou outra, eram maléficos. Na Idade Média, por exemplo, abster-se de banhos passou a ser considerado um suplício apropriado para o pecador: em especial o uso de água quente era condenado como uma auto-indulgência. (Alguns nobres e reis da Idade Média raras vezes se banhavam. No século XIII, por exemplo, conta-se que o rei João da Inglaterra banhava-se pelo menos três vezes por ano. Existem informações de que a rainha Elizabeth I tomava ao menos um banho por mês, "caso precisasse", conforme testemunho de um de seus ministros.) O argumento mais importante contra o banho naquela época é simples: ele era nocivo à saúde.

Mesmo nos tempos da colonização americana, o banho não era muito popular. Na realidade, em alguns Estados mais novos — Ohio, Virgínia e Pensilvânia —, havia legislações que proibiam ou restringiam os banhos. Benjamin Franklin era uma exceção à regra, já que se banhava com regularidade. Seus companheiros, ainda influenciados pelas tradições européias contrárias ao banho, criticavam-no, colocando-lhe a alcunha pouco lisonjeira de Pai do Banho Americano. O banho só se tornou popular na América no século XIX.

Apesar de os conceitos utilizados nos encanamentos terem permanecido inalterados durante muitos anos, os materiais mudaram. Se no passado os canos de chumbo e de ferro galvanizado eram populares, passaram a ser descartados e substituídos por canos de cobre e plástico, com a vantagem de poderem ser utilizados tanto nos encanamentos de água quanto nos de esgoto. Quando o homem diz a Dustin Hoffman, em *A Primeira Noite de um Homem*, que o futuro poderia ser resumido numa palavra — "plástico" —, ele não poderia ter sido mais preciso no que se refere ao encanamento.

H. BESSEMER.
Blast Furnace.

No. 16,083.   Patented Nov. 18, 1856.

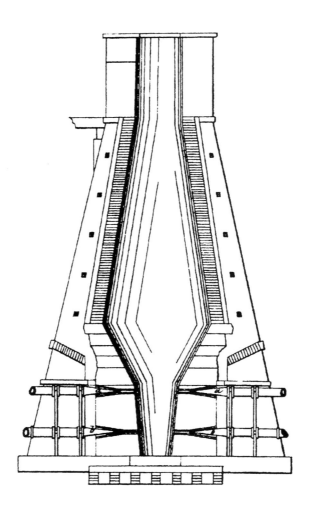

Desenho do projeto de patente do alto-forno, 1856, por Sir Henry Bessemer. *Escritório de Registro de Patentes dos Estados Unidos*

24
O PROCESSO DE TRANSFORMAÇÃO DE FERRO EM AÇO

O aço é um dos materiais mais importantes já produzidos, porque sem ele muito daquilo que encontramos no mundo, principalmente nas cidades grandes, não existiria. Os arranha-céus, as ferrovias, as pontes e tantos outros componentes da infra-estrutura das cidades não existiriam, porque o ferro não é nem de perto tão forte ou durável quanto o aço, e não haveria a mínima possibilidade de que essas grandes estruturas tivessem sido construídas.

O aço é produzido a partir do ferro, e a história da sua produção é na realidade a história do controle da quantidade de carbono no ferro, o que afeta diretamente a força e a durabilidade do material. Se o ferro possuir 0,3% a 1,7% de carbono, é considerado aço, se possuir um percentual de carbono inferior a 0,3%, é considerado "ferro batido" ou "maleável", demasiado mole ou maleável para muitas das finalidades que o aço pode ter. Se o percentual de carbono for superior a 1,7%, então é considerado ferro fundido, material pesado e forte comumente utilizado na confecção de acessórios de banheiro, mas com a desvantagem de ser muito quebradiço. Um golpe preciso pode fazer com que caia ou quebre, uma desvantagem se, por exemplo, vier a ser utilizado nas estruturas de um arranha-céu!

O minério de ferro foi obtido pela primeira vez quando o minério foi colocado sobre um leito de coque ou carvão aquecido. A exposição ao calor fazia com que o carbono existente no minério reagisse com o oxigênio e liberasse um gás que se dissipava na atmosfera, permanecendo o ferro em estado puro. Os primeiros a utilizarem o ferro não tinham idéia de que um material mais forte e durável poderia ser obtido do minério de ferro, mas, com o passar dos séculos, os homens gradualmente descobriram que isso era possível, mas somente pequenas quantidades chegaram a ser produzidas.

Durante o século XVIII, houve um avanço significativo na produção do aço. Em 1750, T. O. Bergman, metalúrgico sueco, descobriu a importância do carbono para a produção do aço, ampliando enormemente o conhecimento dos inventores.

Mas a produção ainda não atingia grandes quantidades. Foi preciso esperar que dois inventores, um inglês, chamado Henry Bessemer, e um americano, William Kelly, trabalhando independentemente, dessem um passo na direção de um processo diferente.

Kelly nasceu em 1811, em Pittsburgh. Mais tarde viria a se interessar pela metalurgia (a ciência do metal), porque Pittsburgh estava se tornando um importante pólo na produção de ferro. Na verdade, quando Kelly era jovem, 10% da população da cidade estavam empregados na indústria do ferro.

Kelly se afastou de seu envolvimento com o ferro por um certo tempo, passando a trabalhar com seu irmão com artigos de armarinho, mas suas viagens o levaram para Eddysville, no Estado do Kentucky, rico em minério de ferro. Em 1846, ele e seu irmão criaram a Fundição Suwanee e a Siderurgia Union, que se dedicavam à produção de tachos utilizados pela indústria do açúcar.

O novo empreendimento de Kelly foi um sucesso, e uma de suas conseqüências foi que ele aprendeu muito a respeito do processo de produção do ferro. Começou experimentando maneiras de produzir ferro com a menor quantidade de carvão, que era indispensável, mas escasso. Por fim, estabeleceu um processo que consistia em forçar uma corrente de ar frio dentro de um cano de ferro fundido, permitindo a produção de ferro forjado sem o uso de carvão. Kelly também descobriu que, se o ar frio fosse suprimido em determinado momento, a quantidade de carbono no ferro o transformaria em aço. Ele chamou sua descoberta de "processo pneumático".

Kelly patenteou o seu processo em 1856, pois, por puro medo, havia sido informado de que Henry Bessemer — que posteriormente seria nomeado cavaleiro devido ao seu trabalho — havia patenteado a mesma invenção. Bessemer havia descoberto o processo enquanto inventava um projétil giratório para uso em canhões de ferro fundido durante a Guerra da Criméia. Ocorria que naquela época os canhões de ferro fundido não eram fortes o suficiente para permitir que o projétil fosse disparado sem que eles explodissem, obrigando Bessemer a desenvolver um tipo mais resistente de ferro fundido. Para isso, inventou um "conversor", capaz de produzir um tipo de aço mais fácil de ser trabalhado e superior ao ferro fundido.

No final, entraram em conflito para saber quem detinha os direitos sobre o processo, mas a principal questão continuava sendo como utilizar o processo desenvolvido por eles para a produção de uma grande quantidade de aço com rapidez. Nenhum dos processos permitia isso.

A solução veio por meio de um metalúrgico galês chamado Robert F. Mushet, o qual descobriu que, se quantidades pequenas de ferro especular (uma liga de ferro), carbono e manganês fossem adicionadas ao ferro forjado — principal produto resultante dos processos Kelly-Bessemer —, o teor de carbono seria elevado ao ponto necessário para a produção do aço.

Por fim, Kelly associou-se a Bessemer e a Mushet a fim de criarem a tecnologia necessária para a produção do aço em alta escala e com rapidez. Outras ações judiciais foram intentadas por pessoas que haviam criado companhias de produção de aço, mas, por volta de 1866, todas as disputas haviam sido sanadas, e a Associação de Aço Pneumático estava formada, não muito antes de a América ter superado a Inglaterra na produção de aço.

Os fios nas suas muitas formas. *Fotos do autor*

25

O FIO

Desde a Antigüidade, o cordame dos navios e muitos outros objetos confeccionados pelo homem eram feitos, movidos e suspensos por cordas, que eram feitas de plantas (raízes, trepadeiras ou tiras de cascas de árvore) ou animais (tendões, pele ou pêlo). Os fios foram desenvolvidos como um substituto mais forte para as cordas, mas esse foi apenas um dos usos desse material. A princípio, o fio foi desenvolvido para prover uma necessidade: a capacidade de suportar e/ou arrastar cargas pesadas. Só mais tarde é que o fio tornou-se imprescindível para a transmissão de eletricidade e som.

No início da produção dos fios, estes eram produzidos pelo forjamento de tiras de metal, transformando-as em longas linhas. O método, conhecido como "delineamento", foi desenvolvido por volta do ano 1000 de nossa era. O processo consistia em tracionar ou delinear o metal de maneira que fossem formadas tiras finas e contínuas e que produziam um fio mais forte do que aquele que poderia ser produzido por um outro método.

A primeira pessoa a estirar um fio, por volta de 1350, utilizou a força da água. Seu nome era Rudolf de Nuremberg. Os fios foram estirados por esse método durante séculos, até que a máquina a vapor viesse a ser inventada. Apenas a partir do século XIX os fios passaram a ser estirados utilizando a força a vapor.

Ichabod Washburn, considerado o Pai da Indústria do Aço, fundou uma fábrica de fios em Worcester, no Estado de Massachusetts, em 1831. Na era moderna, no entanto, quase todos os fios são confeccionados por máquinas, e o processo está quase completamente automatizado. Os "lingotes", ou seja, as grandes peças de metal, como o ferro, aço, cobre, alumínio ou outros metais, são laminados em barras, chamadas "biletes". Os biletes são laminados em pequenas varetas, que são aquecidas para reduzir a fragilidade, revestidas de um tipo de lubrificante e a seguir passadas numa série de fieiras para diminuir ainda mais a espessura e assim produzir o fio.

Para produzir fios mais fortes, a espessura deles é aumentada. Para aumentar a espessura, vários fios são entrelaçados ou trançados em forma de corda e não mais num único fio grosso. O problema é que os fios mais grossos podem se quebrar no ponto que estiver mais fraco. O entrelaçamento de vários fios mais finos evita esse problema. Um produto de maior espessura é obtido por meio da torção de fios em volta de um núcleo, que pode ser um fio ou um cabo, para criar um filamento de espessura média. Em seguida, fios adicionais são enrolados ao núcleo. O resultado é conhecido como cabo de aço.

Os cabos de aço começaram a ser confeccionados na década de 1830. Em 1840, a patente de um novo tipo de cabo de aço foi obtida pelo inglês Robert Newell. O método de retorcer ou entrelaçar os fios de metal se tornou muito popular e foi utilizado mais tarde como um material de construção resistente.

John A. Roebling, um dos pioneiros na construção de pontes pênseis, esteve na vanguarda na utilização de grandes quantidades de cabo de aço, obtidos por meio do entrelaçamento, para a construção de pontes pênseis, como a Ponte do Brooklyn, na cidade de Nova York, em 1883. De fato, diz-se que existe uma quantidade de cabos de aço na Ponte do Brooklyn suficiente para ser esticada até a Lua.

No final do século XIX, uma outra utilidade dos fios tornou-se conhecida: eles podiam conduzir eletricidade. A importância dessa descoberta pode ser verificada na quantidade de utilizações nas quais o fio elétrico pode ser aplicado, nas mais variadas medidas e espessuras: construção civil, barcos, carros e aviões. Quanto mais energia um fio transporta, mais grosso ele deve ser. Se a bitola do fio não for corretamente observada, pode ocorrer um superaquecimento e derreter o fio, criando fagulhas, que são geralmente controladas por um "fusível" ou um "disjuntor".

Hoje, quase todos os fios elétricos são feitos de cobre, já que é um ótimo condutor elétrico. A fiação elétrica é quase sempre revestida por algum tipo de material isolante, geralmente borracha ou plástico, de modo que a corrente que percorre o fio não ocasione nenhum dano. Existem diversos tipos de padronização de instalações elétricas. Em algumas áreas do mundo, o padrão das instalações são os fios duplos: um fio "positivo" (que apresenta corrente elétrica) e o "neutro" (sem corrente), que transporta a corrente de volta do aparelho elétrico. Muitas localidades adotam um terceiro fio, o fio "terra", necessário nos casos de fuga de corrente. O fio "terra" conduz a energia errante para a terra — já que a eletricidade é atraída pela carga negativa da terra —, evitando que essa corrente venha a ferir alguém.

Por algum tempo, os fios de alumínio foram amplamente utilizados e talvez ainda sejam em algumas áreas, mas seu uso resultou em muitos incêndios em casas e prédios e acabou sendo considerado inseguro. O problema é que quando a fiação de alumínio é submetida a temperaturas elevadas, dilata-se e, posteriormente, se contrai, afrouxando a capa de isolamento e, conseqüentemente, causando uma deficiência e até mesmo um incêndio.

Os fios têm também uma grande utilidade doméstica, sendo usados até mesmo para pendurar quadros.

26
O TRANSISTOR

No dia 3 de outubro de 1950, John Bardeen e Walter H. Brattain registraram a patente do transistor, mas a invenção dificilmente teria acontecido sem o envolvimento de William Shockley, que acabou conhecido tanto por sua controvérsia quanto por seu brilhantismo.

Tudo começou quando um químico sueco, Jons Berzelius, descobriu o silício, em 1824, e um outro químico, um alemão, Clemens Alexander Winkler, descobriu uma substância chamada germânio, em 1886. Ambas as substâncias ou elementos são conhecidas como "semicondutoras", porque compartilham uma mesma característica elétrica: apresentam propriedades de condução de eletricidade num meio-termo entre a da isolação, que resiste à eletricidade completamente, e a do metal, que a conduz com facilidade. A quantidade de material necessário é relativamente pequena.

Bardeen, Brattain e Shockley estudaram profundamente esses materiais, o que resultou no "transistor", que recebeu esse nome do engenheiro eletricista John Robinson Pierce, porque ele podia transmitir — e amplificar — a corrente por meio de um "resistor".

Bardeen, Brattain e Shockley se conheceram nos Laboratórios Bell, em Murray Hill, no Estado de Nova Jersey, em 1945. Brittain trabalhava nos Laboratórios Bell desde 1928, enquanto Shockley começou em 1930 e Bardeen em 1945. Shockley havia conhecido Brattain quando estava na marinha dos Estados Unidos durante a Segunda Guerra Mundial, onde haviam trabalhado juntos no desenvolvimento de sistemas anti-submarino. Bardeen era físico, e Brattain havia trabalhado numa área da física chamada harmônico durante sete anos quando Shockley se uniu a eles.

Foi Shockley quem primeiro percebeu o potencial do transistor para substituir as válvulas. Na realidade, em 1939 ele havia sugerido o uso de semicondutores como amplificadores.

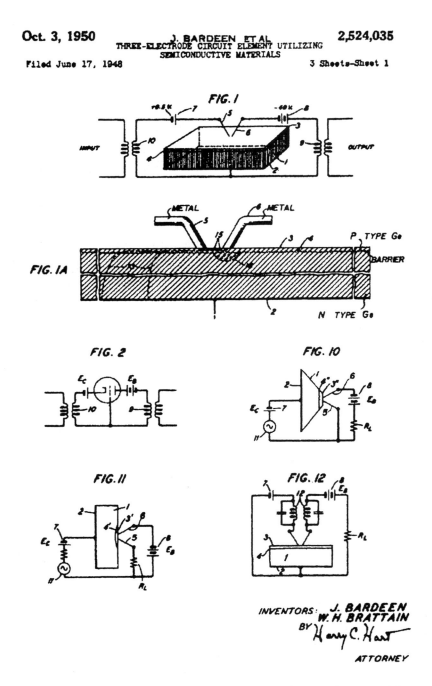

Desenho do projeto de patente, 1950, por John Bardeen e Walter H. Brattain. *Escritório de Registro de Patentes dos Estados Unidos*

A empresa AT&T estava aberta a experimentos. Ela estava enfrentando um grande problema: a licença da patente para o telefone estava chegando ao fim, o que abriria espaço para uma série de ávidos competidores.

O problema era a válvula eletrônica. Tudo começou em 1906, quando Lee De Forest inventou o "tríodo" numa válvula eletrônica, que era muito boa para a amplificação de sinais.

A AT&T necessitava de algo que ampliasse os sinais para que os sons e dados pudessem ser transmitidos por linhas telefônicas a longa distância — na realidade, deveriam percorrer o mundo. Para compreender isso, é necessário saber que, quando os sinais eletrônicos viajam, eles percorrem o caminho em etapas. Um sinal não percorre direto, por exemplo, o caminho entre Nova York e uma cidade da Malásia; ao contrário, o sinal viaja de uma caixa de distribuição num país, onde é amplificado — repõe as energias, como se fosse um viajante — e enviado a outra caixa de distribuição, onde novamente é amplificado até alcançar seu destino.

A AT&T havia comprado a patente de De Forest e aprimorado enormemente a válvula eletrônica. Mas ainda havia um grande problema: sabia-se que as válvulas eletrônicas, que eram a essência do sistema de amplificação de sinais, eram falíveis. Elas também consumiam muita energia e geravam muito calor.

O que a AT&T percebeu é que o material semicondutor poderia solucionar esses problemas. Ele possuía qualidades de condutor, era barato e mais fácil de manusear do que as válvulas eletrônicas.

Partindo dessa premissa, novos experimentos foram conduzidos por Brattain e Bardeen e levaram à criação de um "transistor de contato de ponta" em 1947. Em 1950, Shockley havia desenvolvido o "retificador", que substituiu o transistor de contato de ponta. Este, por sua vez, levou ao desenvolvimento de um dispositivo chamado "transistor de junção"

O transistor teve um impacto enorme no tamanho dos aparelhos elétricos: estes podiam ser muito menores, e qualquer um que tenha vivido na década de 1950 deve se lembrar do advento do "rádio transistorizado", que era um rádio portátil menor e mais potente.

O transistor também teve um grande impacto nos aparelhos de televisão (mesmo que apenas internamente) e tinha uma série de outras utilizações. Embora a eletrônica seja complexa, talvez sendo melhor deixarmos a explicação do funcionamento do transistor para os físicos, é de fundamental importância lembrarmos que o transistor acondiciona muita energia num pequeno invólucro — e com segurança, diferentemente da válvula.

O trabalho dos três cientistas não passou despercebido. Em 1956, eles foram laureados com o Prêmio Nobel de Física por seu trabalho com o transistor. Shockley saiu dos Laboratórios Bell em 1956, fundando o Laboratório de Semicondutores Shockley, num local que passaria a ser conhecido como Vale do Silício.

Como já mencionado, Shockley se tornou uma figura controversa. Suas teorias sobre genética afirmavam, por exemplo, que os negros eram intelectualmente inferiores aos brancos. Tais teorias foram refutadas tanto pelo público em geral quanto pela comunidade científica. Outra coisa memorável sobre sua vida é que ele viria a morrer de causas naturais.

27
O MOTOR A VAPOR

A história do motor a vapor é muito antiga e poucos imaginam que o seja muito mais do que se possa imaginar. Héron de Alexandria, um cientista grego, foi quem primeiro citou o uso de um deles para abrir as portas de um templo. O que ele havia construído era essencialmente uma turbina, onde a água era aquecida e o vapor expelido através de dois bicos que giravam a turbina e abriam a porta.

Mas somente em 1698, centenas de anos após esse feito, Thomas Savery, um engenheiro militar inglês, obteve a patente de uma bomba para aumentar a temperatura da água por meio, conforme sua descrição, da "força propulsora do fogo".

O próprio Savery havia utilizado os trabalhos de um francês de nome Denis Papin para produzir seu motor a vapor primitivo. Papin foi o inventor da panela de pressão. Ele também foi o primeiro a notar que a água podia ser puxada utilizando-se um recipiente fechado chamado "cano de sucção".

Savery planejava utilizar esse princípio para criar um mecanismo que pudesse puxar a água, o que sempre consistiu num problema, do fundo das minas de carvão. Ele construiu uma máquina equipada com uma caldeira ligada a um par de compartimentos, válvulas e torneiras que eram acionados manualmente. O aparelho funcionou, mas, entre outros inconvenientes, havia o fato de que ele só conseguia elevar a água até a altura de seis metros, o que era de pouca serventia, já que as minas atingiam centenas de metros de profundidade.

Foi necessário que Thomas Newcomen, também inglês, desenvolvesse o motor que viria a se tornar extremamente importante na Revolução Industrial. O objetivo de Newcomen era desenvolver um motor que pudesse ser usado para extrair toda a água de uma mina de estanho da Cornuália, que ficava constantemente alagada.

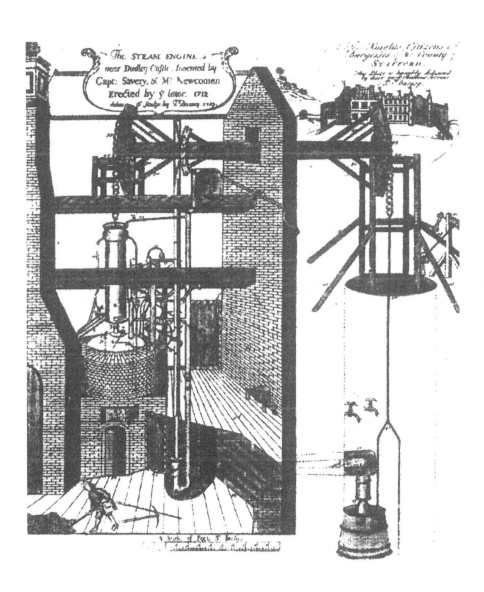

Motor a vapor de Thomas Newcomen, 1712.
Coleção de Imagens da Biblioteca Pública de Nova York

O trabalho era feito com o auxílio de cavalos, mas era uma solução muito dispendiosa.

Para criar uma máquina que funcionasse, Newcomen usou uma das idéias de Papin, que trabalhava com os mesmos conceitos do motor de combustão interna, ou seja, o vapor seria empurrado para dentro de um cilindro e forçaria o pistão a se mover. Papin havia até mesmo construído um modelo que seguia essa idéia, mas ninguém, nem o próprio Papin, havia percebido o potencial desse equipamento.

Newcomen inventou um motor que funcionou, mas havia um grande problema: ele desperdiçava energia. Juntamente com John Calley, um bombeiro hidráulico, ele desenvolveu um motor baseado na ação do pistão, mas seu funcionamento gerava um superaquecimento que se traduzia em energia. Na operação, a caldeira produziria o vapor que entrava num cilindro vertical pelo lado superior. O vapor empurrava uma haste que movimentava uma pesada viga mestra ligada a uma bomba. O vapor, em seguida, era condensado por uma certa quantidade de água que entrava no cilindro, criando um vácuo parcial e permitindo que a pressão atmosférica levasse o pistão novamente para baixo.

O desperdício de energia ocorria porque o cilindro tinha que ser completamente resfriado antes de poder ser aquecido novamente. Além disso, o ar e outros gases podiam se acumular no cilindro, parando o funcionamento do motor. Mais tarde, válvulas foram adicionadas para aumentar a eficácia, e o motor, apesar de suas limitações, foi utilizado em toda a Europa.

O homem que aperfeiçoou o motor, que se mostrou essencial para impulsionar a Revolução Industrial, foi James Watt.

Watt nasceu na Escócia, filho de um fabricante e proprietário de barcos. Ele possuía uma tremenda habilidade mecânica e por conta disso abriu uma oficina, onde consertava e construía instrumentos.

Em 1764, Watt viu pela primeira vez o motor a vapor de Newcomen quando examinava uma maquete trazida a ele por um cliente. Sua análise da máquina mostrou que do que ela mais precisava era um aumento de sua eficiência. Para isso, ele concebeu uma máquina que não necessitava ser aquecida e resfriada alternadamente. O componente central era um cilindro conectado ao motor, mas no qual a condensação do vapor pudesse ocorrer sem que houvesse impacto no desempenho do motor.

Watt construiu um modelo de sua máquina, que veio a público em 1769 e foi anunciada como uma nova maneira de se diminuir o "consumo de vapor e combustível nos motores". E foi o que fez, e depois mais, reduzindo a quantidade de combustível necessária em 75%.

Watt patenteou sua nova invenção — já que seu motor era substancialmente diferente do de Newcomen — e, não muito tempo depois, o industrial Matthew Boulton mostrou seu interesse pela novidade. Watt, que não era um exímio homem de negócios, formou uma sociedade com Boulton e em pouco tempo sua máquina o tornou rico. De sua parte, Watt trabalhou continuamente no aprimoramento de sua máquina e em outras invenções.

O motor a vapor continuou a evoluir durante a vida de Watt e até mesmo após sua morte, tornando-se importante num momento expressivo da História, fornecendo energia para navios e trens. Watt recebeu diversas homenagens em vida, e seu sobrenome — Watt — foi utilizado como unidade de potência elétrica.

Barco a vela moderno. *Tom Philbin III*

28

A NAVEGAÇÃO A VELA

A história da navegação a vela é remotíssima e o barco a vela permanece como o mais antigo uso conhecido da força eólica. Os barcos de viagem marítima a vela exploraram o mundo e abriram rotas de comércio que permanecem até hoje.

Em termos de influência sobre nossos destinos, a navegação a vela está longe de ser superficial, simplesmente pelo fato de que o homem jamais poderia chegar a remo aos lugares onde pôde utilizá-la. Na verdade, ela levou muitos exploradores ao redor do mundo.

As primeiras velas obtinham do vento a energia necessária para impulsionar os barcos, e isso era tudo do que precisavam. Os navegadores antigos não tinham idéia do significado de empuxo e resistência aerodinâmica e desconheciam ou não se importavam com a física aplicada a questões náuticas, mas utilizavam esses princípios diariamente.

Fibras e cânhamo foram os primeiros materiais utilizados nas velas, e os arqueólogos encontraram evidências de que o uso do cânhamo na remota Mesopotâmia a 8000 a.C. A história da vela está intrinsecamente ligada à rica história da planta de cânhamo e sua propagação da Mesopotâmia para outras partes da Ásia, Europa e África. A propagação das sementes para outras partes do mundo se deve aos pássaros e ao vento.

No terceiro milênio antes de Cristo, o cânhamo já havia se estabelecido como uma das principais fibras do mundo. Ele se tornara um tecido importante, comercializado em todas as partes do mundo. Também existem evidências de que os chineses o utilizavam na confecção de cordas, de melhor qualidade que as de bambu, sendo usado na confecção de arcos e na produção de papel, roupas e chinelos, entre outros.

Essencial para a navegação, o cânhamo era muito utilizado para a produção de uma vasta gama de materiais que iam da vela a todos os produtos de cordame. Entretanto, não eram estes os únicos usos da planta. As mulheres daquela época também a utilizavam na confecção do tecido que servia de vestuário.

Com o passar do tempo, Veneza acabou se tornando a capital mundial do cânhamo. O produto era de tal maneira fundamental para os venezianos que o Senado decretou que "a segurança de nossas galés e barcos, e nossos marinheiros e capital [apoiou-se], na manufatura do cordame em nossa cidade de Tana". Apenas o cânhamo da melhor qualidade era utilizado para os cabos, cordames e velas dos barcos venezianos. Na realidade, o cânhamo ajudou a frota veneziana a reinar pelo Mediterrâneo até a derrota de Veneza para Napoleão Bonaparte em 1797.

Apesar do fato de que, nos primeiros milênios, a maioria dos países estivesse utilizando o cânhamo, somente no século XVI a planta se tornou um dos materiais predominantes no mundo. E foi nesse período que as nações da Europa Ocidental estavam empenhadas em estabelecer seu domínio sobre outras.

Um dos maiores problemas que os navegadores enfrentavam naquela época era produzir cordames e velas que resistissem a travessias oceânicas, enfrentando todo tipo de intempéries e ventos que podiam transformar o tecido mais forte em farrapos.

Mas as longas fibras do cânhamo eram resistentes, como também era um outro produto, chamado *canefis*,* do qual os holandeses se tornaram os maiores fornecedores. De fato, foi esse material que foi utilizado para a confecção das velas da esquadra de Cristóvão Colombo em sua viagem para o Novo Mundo.

Isso conduziu ao seguinte grande salto no desenvolvimento da navegação a vela. A Holanda possuía a tecnologia em curso na produção de *canefis*, ou lona, e fornecia suprimentos para o Ocidente. Mesmo assim, apesar de a lona estar se tornando o tecido mais importante na confecção de velas, a demanda por cânhamo era tão importante que muitos navios na época transportavam sementes de cânhamo para que, no caso de um naufrágio, os marinheiros pudessem plantar e colher a matéria-prima (assim como utilizar as sementes para a alimentação).

Assim como ocorre em muitos inventos, um grande número de aprimoramentos foi incorporado à vela, o que posteriormente fez com que as velas usadas hoje pudessem ser produzidas com toda sorte de materiais. A confecção das velas também foi influenciada por outros aspectos. Apesar da diversidade de aplicações do cânhamo, o seu cultivo é pouco rentável comercialmente, o que fez com que os fazendeiros o abandonassem lentamente. Além disso, por volta de 1850, navios e barcos começaram a ser impulsionados por motores a vapor e a óleo. Com o tempo, outros materiais, como o náilon, passaram a ser amplamente adotados na navegação. O náilon era forte, leve e fácil de manusear, e começou gradualmente a substituir outros materiais na confecção das velas.

Hoje, a navegação a vela não é utilizada comercialmente pelas sociedades desenvolvidas, seu uso está restrito ao lazer. Mas não

---

* Espécie de lona utilizada nos velames e confeccionada a partir do cânhamo. (N.T.)

em todas as sociedades. Muitos povos primitivos ainda dependem enormemente da navegação a vela e utilizam os mesmos materiais usados há milhares de anos, incluindo o cânhamo.

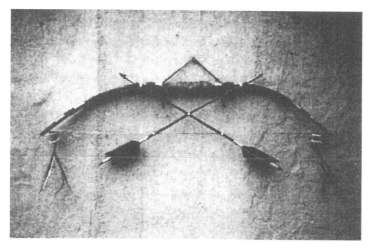

Arco e flecha de nativos americanos. *Foto do autor*

29

O ARCO E A FLECHA

O arco e a flecha foram uma invenção que permitiu que os primeiros humanos pudessem obter seu jantar atingindo um animal no pasto a uma distância segura. O mesmo pode ser dito se pensarmos na relativa segurança proporcionada por esses instrumentos quando utilizados como armas de guerra.

Um homem da Idade da Pedra inventou o arco e tornou-se o mais eficiente caçador na face da Terra. O invento consistia numa haste de madeira delgada que podia ser curvada e de uma corda, um tendão ou outro material flexível atado às duas extremidades da haste.

O modo como o arco e a flecha funcionam é simples, mas eficiente. O cordão que está amarrado às duas extremidades do arco cria uma tensão, responsável pela propulsão da flecha. Esta é feita de um fino cabo de madeira ou outro material e dotada de uma ponta afiada numa das extremidades, enquanto penas são geralmente amarradas na outra extremidade da flecha, sendo responsáveis pela estabilidade aerodinâmica.

A história do arco é muito antiga. Existem registros de pinturas com mais de 30 mil anos nas paredes de cavernas na Europa Ocidental. Na realidade, há evidências do uso do arco e da flecha tanto para a caça quanto para a guerra desde o Paleolítico.

Os materiais utilizados na confecção do arco e da flecha estão diretamente relacionados à eficiência deles. Ossos e diferentes tipos de madeira foram utilizados na feitura do arco. O material precisava seguir algumas especificações: necessitava ser de fácil obtenção para aquele que produzia o arco e a flecha, assim como ser forte e flexível.

As flechas eram confeccionadas a partir de vários materiais. As pontas das flechas eram a princípio feitas de madeira calcinada; posteriormente foram utilizados pedras, ossos e, por fim, metais. Mas, em 1500 a.C., o arco sofreu uma transformação completa com a invenção do arco composto, que era confeccionado a partir de materiais diversos (madeira, tendões e chifres) colados de modo a aumentar consideravelmente sua elasticidade. Como tal, tornou-se a principal arma dos assírios em suas bigas, dos cavaleiros mongóis e dos arqueiros ingleses. Em outras épocas, havia sido usado por grandes contingentes de infantaria e cavalaria.

Já que o arco e a flecha são relativamente fáceis de fazer e podem ser usados com relativa rapidez (até mesmo quando comparados às incipientes armas de fogo após o advento da pólvora), eles continuaram a ser utilizados mesmo depois de a pólvora ter sido inventada. Eles também auxiliavam os povos nômades, já que os arcos e as flechas eram fáceis de confeccionar, leves, portáteis e eficientes no uso.

Nas Américas, o arco e a flecha tiveram grande progresso nas regiões da Grande Bacia e das Grandes Planícies. No período que antecedeu a introdução de cavalos nos Estados Unidos, as culturas das regiões da Grande Bacia e das Planícies produziam flechas bastante precisas. Havia essa necessidade porque os índios americanos caçavam a pé e tinham, geralmente, que atingir o animal na primeira tentativa.

Os arcos dos povos da Grande Bacia eram confeccionados com materiais locais extraídos de árvores como o freixo, o mogno e o teixo. Os arcos feitos com essas madeiras eram muitas vezes reforçados com tendões de animais, a fim de aumentar a força da flechada e evitar que quebrassem. A corda do arco também era feita de tendões. Apesar de os tendões serem muito usados, as cordas também podiam ser feitas de tripas de urso e veado, fibras vegetais e até mesmo cabelo. A maioria das cordas era retorcida ou trançada para que se tornassem mais resistentes.

Os arcos eram feitos com madeiras sólidas, extraídas da cerejeira silvestre, da rosa silvestre e do salgueiro. As hastes de junco também eram muito utilizadas, principalmente porque eram leves, rígidas e fáceis de obter.

As penas usadas nas flechas também eram muito variadas. As penas de praticamente todo tipo de pássaro encontrado na região da Grande Bacia podiam ser encontradas nas flechas. As penas de aves maiores, como o ganso, a águia e o grou, eram as preferidas por muitos índios americanos.

Com relação à ponta das flechas, o principal era a diversidade e muitos estilos eram utilizados na região da Grande Bacia. A ponta das flechas era confeccionada de tipos específicos de rochas disponíveis na área. Havia pelo menos cinco tipos de rochas utilizadas. Depois de a ponta da flecha ter sido talhada, ela era afixada ao chanfro na extremidade da flecha e amarrada com tendões úmidos ou uma fina tira de couro cru. A medida da maioria das pontas das flechas variava de dois a quatro centímetros. As flechas foram posteriormente projetadas para tipos específicos de jogos. Outros materiais utilizados na confecção de pontas de flechas incluíam sílex, esgalhos e ossos.

O arco e a flecha de hoje são utilizados para o esporte e a caça. Os arcos modernos são feitos de madeira, fibra de vidro, carbono e alumínio fresado. As flechas também são feitas de compostos e fibra de vidro. Elas estão mais leves e mais fortes do que nunca. Os arcos também lançam as flechas com mais velocidade, mais força e mais precisão do que antes. Entretanto, o princípio básico não mudou.

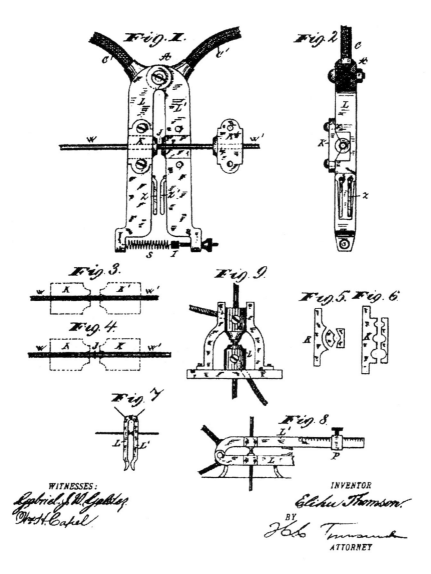

Desenho do projeto de patente, 1886, por Elihu Thompson.
Escritório de Registro de Patentes dos Estados Unidos

30

A MÁQUINA DE SOLDA

A humanidade produziu uma variedade impressionante de ferramentas manuais e elétricas capazes de consertar, efetuar a manutenção e construir tudo em sua vida, da chave de fenda elétrica à serra que torna rápido o trabalho de derrubar uma árvore, a um torno mecânico que pode criar objetos maravilhosamente moldados. Mas existe uma ferramenta discreta e notável que poderia reivindicar o posto de maior instrumento jamais inventado: a máquina de solda.

A máquina de solda, da qual uma série de versões foi desenvolvida ao longo dos anos, está presente praticamente em tudo de importante em nossas vidas e na de nossos ancestrais. De fato, quase tudo que usamos no nosso dia-a-dia depende de objetos cujas junções foram soldadas e, em termos mais simples, a solda poderia ser descrita como o método de unir dois pedaços de metal permanentemente, de modo que passem a funcionar como uma peça única. Quando necessário, os soldadores também podem usar seu equipamento para cortar metal (quando ocorre o desabamento de um edifício, é comum se observar a presença de soldadores cortando os escombros na tentativa de resgatarem sobreviventes).

Algumas das atividades que envolvem a solda incluem a montagem de automóveis, a fabricação de pequenos utensílios, a união das estruturas metálicas dos arranha-céus e até mesmo a construção de navios, pontes e aparelhos eletrônicos. As máquinas de solda funcionam em qualquer ambiente: interno ou externo e até mesmo dentro da água.

A solda é vital para a economia de diversos países, incluindo os Estados Unidos, onde se estima que ela esteja envolvida, direta ou indiretamente, em 50% do Produto Interno Bruto. É difícil acreditar que esse valor venha a ser alterado.

Os exemplos mais remotos da solda podem ser observados em pequenas caixas de ouro cujas abas foram unidas por solda durante a Era do Bronze. Existem também evidências de seu uso na Idade Média, período em que podem ser encontradas peças que foram soldadas por ferreiros, num método conhecido como "solda a forja".

A descoberta do "acetileno" ocorreu em 1836, pelo inglês Sir Edmund Davy. Foi no final do século XIX que a "solda a gás" e o corte se tornaram populares.

Em 1885, o russo Nikolai N. Bernados foi a primeira pessoa a obter uma licença de patente para a solda, juntamente com Stanislaus Olzeswski, de mesma nacionalidade. Bernados, que na época trabalhava na França, usava o calor gerado por um arco voltaico para unir placas de chumbo utilizadas numa bateria. Este foi o início oficial da "solda de arco carbono".

Em 1890, ocorreu um novo desenvolvimento no processo da solda, quando o americano C. L. Coffin obteve a licença de patente para o processo de solda de arco, que utilizava um eletrodo que depositava um "enchimento" nas peças de metal a serem ligadas.

Na virada do século XX, a solda de arco continuou a ser aperfeiçoada e outras novas formas de solda começaram a ser utilizadas, como a "solda de resistência", um processo no qual duas peças de metal eram unidas por intermédio da passagem de corrente entre dois eletrodos posicionados em lados opostos das peças a serem soldadas. Esse método não produz um arco voltaico. A solda ocorria porque o metal resiste à passagem de corrente, fazendo com que ocorra um aquecimento, resultando na fissão e na solda por ponto, que é geralmente utilizada em peças com desenhos justapostos. A solda a gás foi aperfeiçoada durante esse período. Vários gases foram utilizados, sendo que o desenvolvimento da solda com acetileno a baixa pressão utilizada com um maçarico acabou sendo a mais reconhecida. Um americano, Elihu Thompson, inventou a "solda com arco elétrico", em 1877, e obteve a patente em 1919. A Primeira Guerra Mundial assistiu a um crescimento na demanda de armamentos, e a solda, um método rápido de unir duas peças de metal com a maior segurança possível, foi muito exigida.

Com o passar dos anos, tanto a solda a gás quanto a elétrica continuaram a ser desenvolvidas e aprimoradas (como todo invento), até o método mais recente, chamado "solda por fricção", que utiliza a velocidade rotacional e a pressão para fornecer calor. Esse método foi desenvolvido na antiga União Soviética.

A solda a laser é um dos processos mais novos, que foi desenvolvido originalmente pelos Laboratórios Bell para utilização em aparelhos de comunicação. Mas, devido ao enorme foco de energia numa área pequena, o laser veio a se tornar uma poderosa fonte de calor, utilizada tanto no corte como na junção de materiais.

Em resumo, não importando o método ou o metal (e hoje quase todo metal pode ser soldado), a solda consiste no aquecimento de metais até a temperatura em que eles se liquefazem, e, quando as partes a serem unidas são colocadas juntas, a peça soldada fica como o metal original. Nenhuma união pode ser mais resistente.

Cyrus McCormick. *Coleção de Imagens da Biblioteca Pública de Nova York*

31

A CEIFADEIRA

A ceifadeira McCormick recebeu o nome de seu inventor, Cyrus McCormick, e, apesar de a máquina não ter o apelo óbvio que é despertado pelo automóvel, pode ser até que se considere de igual importância. Ela influenciou profundamente o modo como as pessoas vivem, foi um fator fundamental para a vitória da União na Guerra de Secessão e auxiliou na Revolução Industrial.

Cyrus McCormick nasceu no dia 15 de fevereiro de 1809, em Walnut Grove, no Estado da Virgínia, e era o mais velho de oito irmãos. Seus pais, Robert e Mary Ann McCormick, eram descendentes de escoceses e irlandeses e profundamente religiosos.

McCormick obteve grande sucesso nos negócios, fato que atribuía à sua condição física saudável, que lhe permitia investir muito de seu tempo livre em seus projetos. Ele nunca fumou, bebeu nem participou de qualquer outra atividade que pudesse ser considerada pecaminosa naquele tempo. Certa vez, ele descreveu sua aparência quando jovem: "Meu cabelo é castanho bem escuro — olhos escuros, mas não pretos, compleição física jovem e boa saúde; 1,82 metro de altura, pesando 90 quilos." Certa vez foi dito que só acompanhar o seu ritmo já era trabalho suficiente.

Em 1857, aos 48 anos, ele diminuiu o ritmo de seu trabalho para casar-se com Nancy Fowler. Eles foram casados por 26 anos e tiveram sete filhos.

A ceifadeira que ele inventou foi projetada para cortar e armazenar os grãos com mais velocidade do que os métodos tradicionais. Naquele tempo, a operação envolvia o corte dos grãos feito à mão com foices para posteriormente homens e mulheres juntarem em feixes o que havia sido segado. Usando a colheita tradicional, um homem podia, em média, cortar de 8.000m^2 a 12.000m^2 por dia. Usando a ceifadeira de McCormick, o mesmo homem poderia cortar 80.000m^2 por dia.

A ceifadeira de McCormick era a mesma na qual seu pai havia trabalhado por 20 anos e tratava-se de uma máquina descomunal, feita de metal, com lâminas cortantes de movimento alternado que possuíam um anteparo de retenção de metal e uma bobina para trazer o grão em direção à lâmina, um divisor para isolar o grão a ser cortado e uma plataforma onde este pudesse cair. Mas era pesada e precisava ser puxada por cavalos.

McCormick patenteou o aparelho em 1834 e começou a produzi-lo em 1840. Ele começou a vender as máquinas nas cidades da Virgínia, mas havia problemas que deram a entender que a máquina não sobreviveria por muito tempo. O peso da ceifadeira era excessivo para os cavalos, e as máquinas quebravam com facilidade. Na realidade, nos primeiros anos as máquinas apresentaram tantos problemas que os fazendeiros confiavam mais no bom e velho método tradicional de colheita.

Até então as vendas das máquinas eram inexpressivas, até que McCormick visitou o Centro-Norte dos Estados Unidos para avaliar como seria o desempenho da ceifadeira na região. Ao contrário do Estado da Virgínia, onde o terreno era montanhoso e pedregoso, o Centro-Norte era tão plano como uma mesa de bilhar. Ele acreditava que os cavalos não ficariam tão exaustos puxando as ceifadeiras e que o desempenho da máquina seria muito superior. Em 1847, ele mudou sua base de operações para Chicago e lá começou a produzir ceifadeiras.

Toda idéia que rende dinheiro seguramente gera toda forma de desafios, e com a ceifadeira de McCormick não seria diferente. Como já havíamos mencionado, McCormick patenteara sua máquina em 1834, mas havia um homem na Nova Inglaterra, chamado Obed Hussey, que havia patenteado sua própria ceifadeira um ano antes. A conseqüência disso foi uma série de batalhas legais e desavenças entre os dois inventores. Além disso, McCormick teve que se envolver em litígios com outras companhias que haviam infringido sua patente — essas companhias roubaram o projeto original da ceifadeira, florearam-no com algum detalhe mecânico e em seguida patentearam a máquina como original.

Mas McCormick não era apenas um grande inventor, ele também era um grande inovador em relação ao marketing de seu produto, razão por que foi tão bem-sucedido. Em 1856, ele estava vendendo quatro mil ceifadeiras por ano, por intermédio de um plano de prestações inovador que permitia aos fazendeiros que não tivessem condições de pagar o preço à vista — 100 dólares — a possibilidade de pagar 35 dólares na primavera e outros 65 dólares em dezembro.

McCormick também quis se certificar de que suas ceifadeiras permanecessem funcionando. Se alguma coisa desse errado numa das máquinas, ele ou um de seus empregados resolveria imediatamente. Ele também fez com que todos os fazendeiros que quisessem consertar suas próprias máquinas recebessem juntamente com elas um manual de manutenção. McCormick e seu irmão criaram o hábito de aparecerem nas zonas rurais no período de colheita para verificar se as coisas estavam correndo conforme o previsto.

Quando terminou a Guerra de Secessão, McCormick já estava obtendo lucros enormes. À época, já havia entre 80 mil e 90 mil máquinas em uso, a maioria por fazendeiros do Meio-Oeste, onde o terreno era plano.

Como já dissemos, a ceifadeira de McCormick ajudou os Estados da União a vencerem a Guerra de Secessão. Por um lado, ela permitiu que os fazendeiros do Norte pudessem colher mais grãos para as pessoas e para os cavalos. Ela também fez com que fosse necessária uma quantidade menor de homens na época da colheita; conseqüentemente, um número maior de homens pôde servir no exército da União sem que houvesse uma queda na colheita. Dois homens com uma ceifadeira podiam executar o mesmo serviço de 12 homens com foices e ancinhos. Houve também um impacto na Revolução Industrial, já que um número maior de pessoas pôde deixar as fazendas para trabalhar nas fábricas.

A ceifadeira de McCormick revolucionou a agricultura na América, colocando-a próximo de seu potencial agrícola.

McCormick morreu no dia 13 de maio de 1884. Hoje, se você vir uma cena do Meio-Oeste americano na época da colheita, ainda poderá reconhecer uma de suas máquinas em ação; apenas o nome será diferente: International Havester.

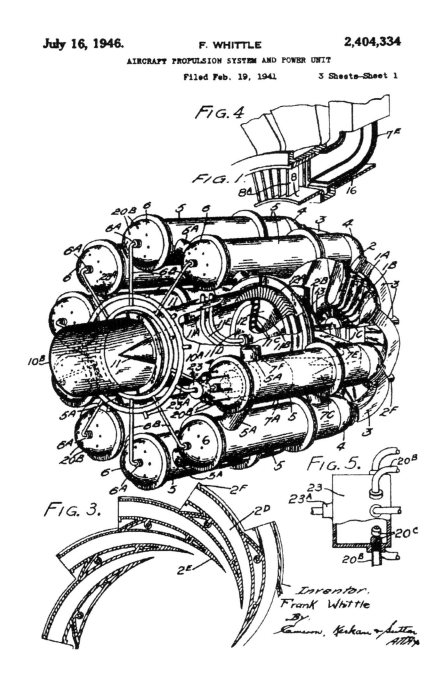

Desenho do projeto de patente, 1946, por Sir Frank Whittle.
Escritório de Registro de Patentes dos Estados Unidos

32
O MOTOR A JATO

Pode-se afirmar que a espontaneidade e a impaciência típicas da juventude foram responsáveis em parte pelo motor a jato moderno. Com apenas 22 anos, Sir Frank Whittle, piloto da Força Aérea Real e engenheiro aeronáutico, começou a pensar em um motor turbo a gás para impulsionar aviões. Na época (década de 1920), os aviões eram impulsionados por motores a pistão e hélices, o que limitava a distância e a velocidade que poderiam atingir. Whittle queria voar mais rápido — e mais longe.

Por volta de 1930, ele havia projetado e patenteado um motor a jato para aeronaves. Apesar de sua habilidade e juventude terem permitido um sucesso tão precoce, foram necessários mais 11 anos para que o motor de Whittle pudesse fazer com que uma aeronave voasse.

Entretanto, assim como muitas outras invenções importantes, Whittle compartilhou seu trabalho com Hans von Chain, um outro inventor. Ele iniciou o desenvolvimento de um motor turbo a jato no início da década de 1930, durante seus estudos de doutorado na Universidade de Goettinger, na Alemanha. Por volta de 1935, ele desenvolveu um motor de teste para demonstrar suas idéias.

Ambos eram engenheiros, acreditavam na ciência e conheciam muito bem a terceira lei da física de Isaac Newton, segundo a qual para cada ação existe uma reação oposta e de mesma intensidade. Por exemplo, se você deixar o ar escapar de um balão, este se projetará para a frente.

No motor a jato básico, o ar entra pela parte da frente do motor, é comprimido e, posteriormente, forçado para dentro de uma câmara de combustão. Ali, o combustível é pulverizado e a mistura de ar e combustível é inflamada. Gases se formam e se expandem rapidamente, impulsionando a parte traseira do avião. Quando isso ocorre, os gases passam por uma série de pás de hélice que giram.

Isso, por sua vez, é ligado a um compressor que puxa o ar da parte anterior da turbina.

Com o passar do tempo, o grande aprimoramento foi o impulso extra criado no motor pela adição de um setor de um outro motor a jato acoplado ao exaustor do motor principal, no qual uma quantidade extra de combustível é pulverizada nos gases exalados. Esses gases quentes queimam o combustível adicional, criando um impulso maior. Por exemplo, a uma velocidade de 650 quilômetros por hora, aproximadamente 4,5 quilos de impulso equivalem a um cavalo de potência.

Os gases expelidos também são utilizados para impulsionar uma hélice acoplada ao eixo dos turbopropulsores com o objetivo de aumentar a potência e a eficiência do combustível. Assim, os motores a jato são mais leves, mais eficientes no uso do combustível, consomem um combustível mais barato, e a simplicidade de seu projeto torna sua manutenção mais fácil.

O primeiro teste num motor experimental ocorreu em abril de 1937. O teste foi descrito por Whittle:

> *A experiência foi assustadora. Os procedimentos iniciais correram como o esperado. Sinalizei com a mão, e a turbina foi acelerada por um motor elétrico a 2.000 rpm. Acionei um piloto injetor de combustível e dei ignição por intermédio de um magneto de ação manual conectado a uma vela de ignição com eletrodos prolongados; então recebi o sinal de "Ok" do encarregado pelo teste que olhava a câmara de combustão através de uma pequena "janela" de quartzo. Quando comecei a abrir a válvula de suprimento de combustível para o combustor principal, o motor, acompanhado por um guincho, começou imediatamente a acelerar de forma descontrolada. Fechei a válvula de controle imediatamente, mas a aceleração descontrolada continuou. Todos em volta se afastaram, menos eu. Eu estava paralisado de medo e permaneci fincado no lugar.*

O motivo da aceleração descontrolada foi que um vazamento nas tubulações de combustível anterior ao teste havia criado uma poça de combustível no combustor: "A ignição do combustível foi responsável pelo 'descontrole'. Um tubo de drenagem foi acoplado para assegurar que isso não ocorreria novamente."

No ano seguinte, muitos problemas de desenvolvimento do projeto foram sanados e a turbina experimental foi reconstruída diversas vezes. A versão final da turbina teve um desempenho bom o suficiente para receber o aval do Ministério da Aeronáutica em 1939, algo que Whittle havia almejado com grande ardor.

Foi autorizada a construção de um motor para vôo. A Gloster Aircraft Company construiu o avião experimental. Ele foi finalizado em março, decolando, em maio de 1941, de Midlands para um vôo histórico de 17 minutos.

Hans von Chain conseguiu fazer com que seu aparelho provido de motor a jato voasse primeiro, e os resultados foram impressionantes. Depois, ele começou a desenvolver o motor "S-3", que levou ao desenvolvimento do combustor de combustível líquido. O projeto detalhado começou a ser desenvolvido no início de 1938 em uma aeronave de teste e, no início de 1939, tanto o motor quanto a estrutura do avião estavam concluídos, mas o empuxo estava abaixo do requerido. Após uma série de ajustes internos no motor, a turbina estava pronta para ser testada. No dia 27 de agosto de 1939, um piloto de teste fez o primeiro vôo numa aeronave com motor a jato.

Uma das primeiras locomotivas da Grande Ferrovia do Norte, construída em 1882. *Photofest*

33

A LOCOMOTIVA

O principal passo para o surgimento da locomotiva foi a criação de um motor a vapor adequado que, quando de sua invenção, foi saudado com o comentário do inventor James Watt de que o uso do motor resultaria no enforcamento de seu inventor.

A primeira locomotiva foi desenvolvida por Richard Trevithick e era utilizada no transporte de minério e madeira na Escócia. Para Watt, o problema era com a segurança, ou talvez fosse inveja. Watt havia inventado um motor a vapor capaz de suportar uma pressão de pouco mais de um quilo por centímetro quadrado. O motor projetado por Trevithick suportava quase 26 quilos por centímetro quadrado, o que significava que o motor possuía um cilindro menor e, conseqüentemente, um número menor de partes móveis.

Trevithick instalou o motor numa locomotiva que recebeu o nome de *New Castle* e a fez percorrer os trilhos que se iniciavam nas minas de ferro do País de Gales, substituindo o trabalho que originalmente era efetuado por cavalos. O motor da locomotiva, apesar de relativamente pequeno, mostrou ser tão pesado que acabou por destruir os trilhos. Apesar de apresentar uma evolução significativa, o motor projetado por Trevithick ainda não era o ideal para impulsionar uma locomotiva. Ela apresentava problemas de suspensão e de condução, além de o excesso de peso provocar avarias nos trilhos.

É óbvio que toda invenção deve apresentar vantagens em relação ao objeto que está substituindo, mas isso é mais fácil de afirmar do que de realizar: a locomotiva deveria ser mais rápida e suportar uma carga maior do que as carroças puxadas por cavalos, mas não foi isso que ocorreu inicialmente.

Vários fatores conspiravam para que o progresso da locomotiva fosse lento, até que um dia uma nova pessoa entrou em cena, o inglês George Stephenson, cujo trabalho o tornaria conhecido como o Pai das Ferrovias.

Stephenson nasceu em Wylam, Northumberland, e era filho de um mecânico. Estudou em cursos noturnos e, em 1802, já estava casado e com um filho.

Mas a tragédia se abateu sobre sua vida. Sua jovem esposa morreu em 1806, forçando-o a criar o filho sozinho. Ele queria se certificar de que o filho, ao contrário dele, receberia uma educação formal e quis financiar a educação do garoto consertando relógios e sapatos.

Mais tarde, Stephenson conseguiu um emprego de mecânico na ferrovia da mina de carvão de Killingworth, onde ganhou reputação como quem poderia resolver maravilhosamente os problemas mais difíceis. Sua fama fez com que a companhia o escolhesse para pesquisar e desenvolver uma locomotiva para o transporte de carvão das minas.

Os trabalhos de pesquisa de Stephenson resultaram na locomotiva *Blucher*, que funcionou satisfatoriamente. Após o sucesso da *Blucher*, novas pesquisas desenvolvidas por Stephenson foram bem-sucedidas quando ele descobriu um princípio que resultaria em motores com uma velocidade muito superior. O novo processo, que consistia na criação de um mecanismo alimentador que utilizasse o vapor excedente, fazendo-o passar por um cano através da chaminé, tornava maior a tração criada pela fornalha. A técnica, conhecida por "jato de vapor", acabou se tornando a inovação de engenharia mais importante no desenvolvimento da locomotiva.

Mas Stephenson não parou aí. Poucos anos depois, ele aperfeiçoou sua invenção, inclusive melhorando os trilhos e certificando-se de que seu motor era econômico. Em 1822, ele foi contratado pela Ferrovia Stockton e Darlington, e, em 1825, sua nova criação — a *Locomotion* — realizava sua viagem inaugural atingindo a velocidade de 19,5 quilômetros por hora. Depois disso, a *Locomotion* viria a ser utilizada primeiramente no transporte de carga. Somente cinco anos mais tarde ela passou a ser utilizada no transporte de pessoas na Ferrovia Liverpool–Manchester.

A Ferrovia Liverpool–Manchester era nova e estava à procura da locomotiva mais apropriada para funcionar. Ela abriu uma concorrência, e Stephenson participou, construindo uma locomotiva chamada *The Rocket*. A nova máquina deixou literalmente os competidores numa cortina de fumaça. Ela atingia a velocidade de 48 quilômetros por hora, mais rápida do que um cavalo a galope.

A viagem inaugural da nova ferrovia ocorreu no dia 15 de setembro de 1830, quando uma multidão pôde assistir à apresentação de oito novas locomotivas criadas por Stephenson puxando trens que carregavam 600 passageiros.

Posteriormente, muitos túneis tiveram que ser abertos, bem como serviços de terraplenagem foram executados para assegurar que as ferrovias chegariam aonde fosse necessário. O impacto da locomotiva nas comunidades locais foi imenso, já que ela facilitou o acesso da população a áreas onde nunca estiveram. Não foi sem surpresa que a notícia se espalhou pela Europa e pelos Estados Unidos, e ferrovias foram construídas seguindo o modelo da Ferrovia Liverpool–Manchester. O impacto da nova invenção também foi grande nas localidades por onde as ferrovias *não* podiam passar. E, por fim, o impacto acabou tendo efeitos mundiais. A locomotiva não facilitou apenas o transporte de pessoas, já que ela posteriormente também passou a transportar cargas.

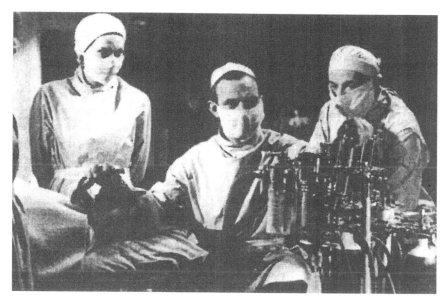

Cena do filme *Verde Temperamental* (1947). *Photofest*

34

A ANESTESIA

Procedimentos cirúrgicos complexos são corriqueiros na medicina moderna. Surpreendentemente, tais operações não eram completamente desconhecidas na Antigüidade. No entanto, sem os meios de controle ou eliminação da dor, os antigos cirurgiões gregos, egípcios e da Idade Média perdiam muitos de seus pacientes por causa do choque causado pela dor. Apesar de a tentativa de uso de bebidas alcoólicas, opiáceos e outras drogas extraídas de vegetais procurar amenizar os riscos, a cirurgia em si continuava motivo de pavor. Os pacientes eram freqüentemente amarrados às mesas de operação ou imobilizados por assistentes enquanto os cirurgiões manejavam seus instrumentos do modo mais rápido possível, ignorando os gritos de agonia de seus pacientes. O mais surpreendente é que algumas dessas operações foram bem-sucedidas.

O desenvolvimento da medicina só começou a compreender o mecanismo da dor a partir do final do século XVIII. Em 1776, Joseph Priestly, químico britânico, isolou o óxido nitroso. Em 1799, Sir Humphry Davy, ao realizar experiências com o gás, notou que, além de criar uma sensação de euforia — por isso passou a ser conhecido como "gás hilariante" —, o óxido nitroso fazia com que as pessoas ficassem insensíveis à dor. Davy também divulgou a teoria de que qualquer droga anestésica seria mais bem administrada através da inalação, já que permite uma melhor regulagem da dosagem e de saída do estado anestésico. Davy defendia o seu uso em cirurgias, mas os praticantes de medicina mantiveram-se fiéis aos seus métodos torturantes.

Um dos alunos de Davy, Michael Faraday, continuou as pesquisas com óxido nitroso no início do século XIX e também explorou o éter, uma substância química com características semelhantes ao óxido nitroso e conhecida desde 1540. O éter se tornou tema não somente de investigações sérias, mas, assim como o "gás hilariante", também acabou ficando popular entre os estudantes e eruditos membros da sociedade. Os "animados do éter" viam as pessoas inalando os vapores da substância em festas e se divertindo com suas propriedades inebriantes. Crawford Williamson Long, um médico do Estado da Geórgia, experimentou o éter em si mesmo no começo da década de 1840. Em 1842, Long decidiu utilizar o éter num paciente de cirurgia. No dia 30 de março, o paciente de Long — John Venable — inalou os vapores de um pedaço de pano encharcado de éter e pôde ter um tumor no pescoço removido sem dor. Long, no entanto, não tornou pública sua descoberta. Apesar de continuar a usar éter em cirurgias mais simples, ele não quis submeter seus pacientes a doses mais elevadas e nem publicou suas anotações sobre a experiência antes de 1849.

Horace Wells, um dentista do Estado de Connecticut, começou a utilizar o óxido nitroso em 1844. William Thomas Green Morton, um dos alunos de Wells, prosseguiu pesquisando o éter. Morton, trabalhando em conjunto com Charles T. Jackson, um professor de química de Harvard, estava pronto para divulgar suas descobertas em 1846. No Hospital Geral de Massachusetts, Morton auxiliou o cirurgião John C. Warren numa cirurgia bem-sucedida realizada na presença de uma junta médica proeminente. A "anestesia" — um termo inventado pouco tempo depois por Oliver Wendell Holmes — logo se tornaria de uso comum nos Estados Unidos e na Europa. Morton e Jackson foram agraciados com um prêmio de cinco mil francos oferecido pela Academia Francesa de Ciências em 1850. Morton, no entanto, recusou-se a compartilhar o prêmio com Jackson, alegando que havia realizado a descoberta sozinho. Jackson era de opinião oposta, e uma enorme disputa entre eles se arrastou por muitos anos. Morton, no entanto, é hoje considerado o Pai da Anestesia.

Além da utilização do éter por Morton, outros progressos importantes na anestesiologia ocorreram antes da virada do século XX. Uma série de trabalhos utilizando o clorofórmio, uma substância com características semelhantes às do éter, foi realizada pelo ginecologista escocês James Young Simpson. Este, um defensor do éter, iniciou testes com o clorofórmio em 1847. Ele o utilizava para aliviar a dor durante o parto, mas posteriormente constatou que o clorofórmio era mais difícil de administrar do que o éter e apresentava um risco maior ao paciente. Por volta do final do século XIX, o éter se tornou o anestésico preferido e enfermeiras especialmente treinadas substituíram os estudantes de medicina e assistentes na administração da substância nos pacientes. Mais ou menos em 1931, foi fundada a Sociedade Americana de Anestesistas, e em 1937 o Conselho Americano de Anestesiologia iniciou o processo de certificação de especialistas. Hoje o anestesiologista é considerado tão importante quanto o cirurgião nas operações mais críticas.

Apesar de estarmos nos referindo à anestesia "geral", em que o paciente é mantido completamente inconsciente, a anestesia "local", em que partes isoladas do corpo perdem a sensibilidade, também é amplamente difundida e possui uma longa história. Índios da América do Sul já sabiam há muito tempo dos efeitos da folha da coca. A coca foi levada para a Europa em meados do século XIX, e em 1860 o químico alemão Albert Niemann isolou o agente químico presente na folha da coca e deu-lhe o nome de cocaína. Sigmund Freud, o célebre psicanalista, propôs em 1884 o uso da cocaína em cirurgias oculares. Em 1885, William Halstead, um cirurgião da cidade americana de Baltimore, utilizou a cocaína como bloqueador da atividade nervosa em operações mais simples. Infelizmente, a cocaína e seus derivados, como a morfina e a heroína, são altamente tóxicos e causam dependência. No entanto, drogas sintéticas semelhantes, como a Novocaína, a procaína, a xilocaína e muitas outras, são amplamente utilizadas na odontologia e em alguns procedimentos cirúrgicos menores. A cocaína e a morfina, quando administradas apropriadamente, ainda são analgésicos eficientíssimos.

Ampliando o princípio das drogas semelhantes à cocaína, anestesias "neurobloqueadoras" resultaram em procedimentos como a técnica espinhal. James Leonard Coming sugeriu o bloqueio dos centros nervosos na medula espinhal na década de 1880. Esse tipo de anestesia torna as partes do corpo abaixo da área onde ela é aplicada insensíveis à dor. Além disso, o paciente permanece consciente durante o procedimento cirúrgico e menos suscetível aos efeitos decorrentes da anestesia geral. O cirurgião alemão August Bier usou a anestesia espinhal num paciente em 1898. Nos dias atuais, a anestesia espinhal é empregada em operações nas regiões inferiores do corpo e nas cirurgias de emergência, quando o paciente está alimentado e a administração de uma anestesia geral poderia induzir ao vômito. Os pacientes submetidos à anestesia espinhal apresentam excelente recuperação, podendo estar conscientes e caminhando poucas horas após o procedimento cirúrgico.

Outros agentes de administração intravenosa também são comumente usados. O pentobarbital, um barbitúrico de ação rápida, foi desenvolvido em 1933 por John Lundy. A principal vantagem dessa droga é sua rápida eliminação pela corrente sangüínea, o que permite um controle preciso de seus efeitos. O curare — utilizado nos dardos envenenados dos índios sul-americanos — foi isolado em 1942 por Harold Griffin, um anestesiologista canadense. A droga é extremamente eficaz, pois relaxa grupos de músculos em cirurgias na região do abdômen.

Hoje, muitos derivados foram aos poucos substituindo o éter. Halotano enflurano, metoxiflurano e ciclopropano são os anestésicos mais comuns, apesar de o óxido nitroso ainda ser muito utilizado, principalmente na odontologia. Além disso, a hipnose, a acupuntura e o estímulo elétrico vêm sendo empregados de maneira razoavelmente satisfatória. Computadores — com sensores ligados à cabeça — estão sendo utilizados para controlar a dosagem de anestésicos necessária de acordo com a atividade cerebral.

Apesar de alguns riscos ainda persistirem, principalmente para os pacientes com distúrbios cardíacos ou pulmonares, a anestesiologia tornou-se uma ciência médica confiável e indispensável. Pouquíssimos de nossos "milagres" da medicina poderiam ter sido realizados sem ela. E no futuro novas técnicas irão mantê-la lado a lado com os avanços da medicina.

35

A BATERIA

A primeira experiência bem-sucedida que levou à criação das baterias poderia ser considerada uma cena extraída de um filme de ficção científica. Trabalhando sozinho em seu laboratório, o inventor italiano Luigi Galvani notou que a perna de uma rã morta começou a se contrair ao entrar em contato com dois metais diferentes. A conclusão dramática e ao mesmo tempo simples era a de que havia uma conexão entre a eletricidade e a atividade muscular. Galvani está associado às atuais denominações "célula galvânica" e "volt".

A descoberta de Galvani não poderia ter ocorrido num momento mais apropriado. Sua descoberta, juntamente com outras relacionadas à eletricidade, precedeu o desenvolvimento de sistemas eletroquímicos de armazenamento de energia (baterias). A compreensão sobre o funcionamento da eletricidade foi de vital importância para o desenvolvimento da bateria. O inventor Alessandro Volta foi o responsável por essa conexão.

A "pilha voltaica" (que recebeu o nome de seu inventor, Volta) surgiu em 1800 e é considerada a primeira bateria. Mas a pilha voltaica era apenas uma pilha, ou seja, discos de prata e zinco colocados uns sobre os outros e apenas separados por um tecido poroso e não condutor, saturado de água do mar, que é um excelente condutor de eletricidade.

O projeto original, apesar da aparência pouco científica, funcionou. De fato, novas experiências com diferentes metais e materiais prosseguiram ao longo de 60 anos. Mesmo assim, a pilha voltaica continuou sendo a única forma prática de eletricidade do início do século XIX.

Volta chamou sua pilha de "órgão elétrico artificial" (assim como de pilha voltaica). Quando conectada a um fio, ela produzia correntes elétricas. Posteriormente, a conexão entre a energia elétrica e as reações químicas foi reconhecida.

O passo seguinte foi o desenvolvimento, em 1859, de uma "bateria de chumbo e ácido" por Gaston Plante. A energia era obtida por meio da utilização de placas de chumbo como eletrodos que podiam ser carregados e recarregados.

Essa aplicação da bateria despertou (como era de esperar) uma corrida pelo desenvolvimento de baterias que pudessem agir rapidamente. No final do século XIX, o "dínamo" e a "lâmpada elétrica" haviam sido inventados. Como conseqüência do desenvolvimento industrial, houve a necessidade de sistemas de armazenamento de energia elétrica.

Um dos inventores que melhor compreendeu essa necessidade foi Emile Alphonse Fuare, que desenvolveu um modo de revestir os dois lados da placa de chumbo com uma pasta de pó de chumbo e ácido sulfúrico. Esse foi um avanço significativo que permitiu a produção de baterias de chumbo e ácido com células. Fuare também entrou com pedidos de registro de patente para a confecção de placas revestidas de pasta para baterias de chumbo e ácido.

A partir de então, as baterias passariam a ser constituídas de uma série de células conectadas eletricamente. Essas células eletroquímicas se tornaram os blocos formadores pelos quais as baterias são agora conectadas.

Um grande número de companhias que surgiram se especializou na produção de baterias. Havia também planos de se disponibilizarem grandes lojas de artigos para eletricistas, que venderiam suprimentos de energia elétrica. Por exemplo, William Thompson, que viria a ser conhecido posteriormente por Lorde Kevin de Largs (cujo nome foi utilizado na escala absoluta de temperatura), resolveu investir na eletrificação de Buffalo, no Estado de Nova York, utilizando energia elétrica das Cataratas do Niágara. O suprimento de energia era de 80 mil volts e a fonte seria uma bateria com 40 mil células. Cada casa da região receberia 100 volts através da derivação de grupos com 50 células. O plano fracassou pelo mesmo motivo pelo qual as primeiras tentativas de produção industrial de baterias falharam: as células de Fuare não eram duráveis e falhavam após poucos ciclos de carga e descarga.

Para que se pudesse compreender como o problema do esgotamento das células poderia ser resolvido, era necessário compreender a classificação das baterias. Existem dois grandes grupos de baterias: as primárias e as secundárias. As baterias primárias (chamadas vulgarmente de pilhas), como as que utilizamos em uma lanterna, são utilizadas até que percam a carga, sendo descartadas em seguida, já que as reações químicas que fornecem energia são irreversíveis, e depois do término da reação não há possibilidade de serem reutilizadas.

As baterias secundárias, como as que utilizamos em nossos carros, podem ser recarregadas e reutilizadas. Elas utilizam reações químicas reversíveis. Ao revertermos o fluxo de eletricidade — ou seja, aplicando uma corrente elétrica em vez de retirá-la —, as reações químicas são revertidas, restaurando o material ativo que havia se desgastado. Elas são conhecidas como baterias de estoque ou recarregáveis.

Os últimos desenvolvimentos ocorreram na aparência externa da bateria. As "baterias com células úmidas" foram revestidas (para reduzir o risco de derramamento de ácido) e seladas. Atualmente, nos Estados Unidos, a "bateria acumuladora de chumbo" é usada comumente numa série de atividades, tais como na indústria automotiva e em equipamentos de construção (em que a eletricidade temporária é essencial).

Apesar de a simples definição do que são e para que servem as baterias ser o suficiente — dispositivos que traduzem a energia química em eletricidade —, a variedade e o benefício delas não podem ser subestimados. Algumas são pequenas o suficiente para alimentar a placa de circuitos de um computador, enquanto outras são grandes o suficiente para prover de energia um submarino; algumas são reutilizáveis, outras não. Novos tipos de baterias e avanços significativos no desenvolvimento das existentes difundiram seu uso por toda a sociedade.

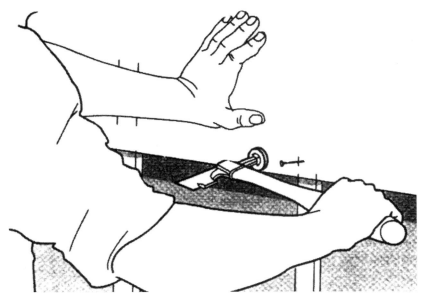

O prego é muito simples — mas uma invenção de extrema importância. *U. S. Gypsum*

36
O PREGO

Ninguém sabe ao certo quando o primeiro estilhaço de metal foi utilizado para unir dois pedaços de madeira e nem quem o inventou. Provavelmente foi descoberto na Idade dos Metais, apesar de que a idéia existia primeiramente como uma vareta de metal com uma cabeça em forma de pino ornamentado de ouro e cobre. Foram encontradas evidências de que alguns tipos bastante rudimentares de pregos existiam mais ou menos desde 3000 a.C.

No tempo dos romanos, usava-se o prego forjado à mão, mais notadamente na forma de um "cravo", que aparentemente era o único instrumento romano utilizado para unir pedaços de couro e que continua a ser utilizado hoje na confecção de sapatos. Pregos de todos os tipos são facilmente encontrados em escavações de antigas cidades e em restos de navios romanos naufragados desde 500 d.C. Além de outros artefatos encontrados, registros históricos mostram que os romanos, em todo o seu extenso Império, utilizaram o prego numa série de coisas, incluindo a sua utilização como componente de uma forma cruel de execução: a crucificação.

A evolução do prego foi simples e direta, com melhorias apenas quando, assim como muitas outras invenções, havia um aprimoramento no método de produção. Em qualquer lugar do planeta onde houvesse minério de ferro, as pessoas podiam, com apenas um conhecimento elementar de metalurgia (o estudo dos metais), criar "fundidores de metal" rudimentares, o processo de aquecimento que permite que os metais possam ser moldados em qualquer formato. Desse processo, vários utensílios simples feitos de ferro, como utensílios de cozinha, ferraduras, partes metálicas utilizadas na confecção de carroças e barcos, assim como todas as ferramentas para modelar tais peças, puderam ser confeccionados, tornando a vida muito mais fácil.

Por muito tempo, até o século XVIII, o trabalho do ferreiro, ou, mais especificamente, do "craveiro" era forjar pregos para o uso da comunidade na construção de casas, navios, carroças ou barriletes e barris de estocagem, como no comércio de cobre. No entanto, não era tão simples como se poderia presumir, já que a natureza das madeiras varia enormemente e um prego com as formas e dimensões erradas poderia rachar a madeira. Uma ampla variedade de pregos estava em uso no século XVI, incluindo o "prego sem cabeça", ou prego de acabamento, cujo nome em inglês — *brad* — tinha sua origem no norueguês. Tratava-se de um prego fino, muito semelhante em espessura a um fio, com a cabeça em formato plano e circular, de modo que podia ser embutido na madeira e virtualmente desaparecer.

A invenção da "fábrica de fios", em 1565, uma fábrica especialmente projetada para a produção de fios e varetas em grande quantidade que podiam ser cortados em formato de pregos, foi o início da revolução nessa área. Na fábrica de fios, geralmente movida a água, duas hastes com abas ou encaixes grandes eram unidas. Quando uma lâmina de metal passava pelos encaixes, o metal era cortado ou fragmentado em "varetas de pregos". A largura da vareta podia ser alterada, ajustando-se o tamanho dos encaixes.

Essas varetas eram então encaminhadas a outros "fazedores de pregos", que tinham como função cortá-las, deixando as pontas numa das extremidades e as cabeças na outra. Um lote de varetas costumava pesar pouco menos de 30 quilos e tinha de 1,22 a 1,83 metro de comprimento. Cada lote era pesado quando a carga chegava ao responsável pela confecção dos pregos, e o peso deles era novamente verificado quando da entrega do produto final — sempre se calculando um mínimo de perda no processo. Os tipos de pregos eram caracterizados pelo peso e número de unidades produzidas por quantidade de metal fornecido. O "milheiro longo" produzia cerca de 1.200 unidades de quatro libras e ficou conhecido como pacote de *quatro penny*. Pregos maiores eram mais lucrativos porque eram mais fáceis de produzir. Produzidos às centenas, eram conhecidos como o "pacote de cem".

Apesar de todos os avanços, o acabamento dos pregos continuava sendo efetuado à mão pelo "craveiro". Entre 1790 e 1830, os pregos conhecidos como do "tipo A" eram produzidos afiando-se apenas uma das extremidades. Os pregos do "tipo B" tinham as pontas afiadas nas duas extremidades, o que permitia uma fixação melhor, e foram posteriormente aprimorados e utilizados por volta de 1820, até 1900, quando pregos confeccionados à mão foram quase que completamente substituídos pelos pregos produzidos por máquinas. No entanto, desde que projetos de restauração começaram a exigir o acabamento e processo de fixação únicos, que apenas pregos feitos à mão poderiam possibilitar, muitos pregos continuaram sendo produzidos artesanalmente e até mesmo no local das antigas oficinas onde eram produzidos há centenas de anos.

Entretanto, não podemos deixar de mencionar a moderna confecção de pregos. Hoje estão disponíveis pregos com o comprimento variando de 2,5 a 15 centímetros. (Os pregos com medida superior a 15 centímetros são considerados "cavilhas" ou "cravos", como os utilizados na fixação de trilhos de trens.) O diâmetro aumenta proporcionalmente ao comprimento. Pregos utilizados no acabamento, com uma cabeça pequena e formato abaulado, ainda são utilizados e existe uma enorme variedade de pregos para usos específicos. Um exemplo é o "prego caixa", extremamente útil quando a madeira está ameaçando se rachar. Esse é mais fino do que o prego padrão e revestido com resina, e o atrito criado quando o prego é martelado faz com que a resina seja aquecida e crie aderência sobre a madeira ao redor. Infelizmente, esse tipo de prego tem a tendência de entortar quando pregado. Felizmente para o carpinteiro, no entanto, os antigos romanos já tinham os mesmos problemas e desenvolveram um objeto indispensável para o prego: a "unha de martelo", projetada especialmente para retirar os pregos tortos da madeira.

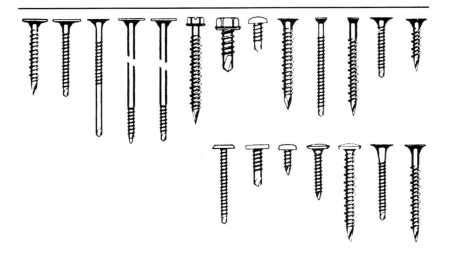

A vantagem do parafuso em relação ao prego é a sua maior força de fixação. *U. S. Gypsum*

37

O PARAFUSO

Numa visita ao Egito, o matemático grego Arquimedes teria projetado um sistema elevatório de água que utilizava conceitos que iam além da mera roda-d'água. Os fazendeiros ficaram agradecidos porque, a partir de então, seriam capazes de elevar a água vinda do Nilo e utilizá-la na irrigação dos campos nas áreas elevadas utilizando o "parafuso d'água".

O projeto consistia basicamente numa espiral feita de salgueiro flexível que era encharcada em betume e amarrada a um cilindro de madeira. Tábuas de madeira eram presas à parte externa e novamente encharcadas em betume para encaixar o "parafuso" em um tubo impermeável que era reforçado com tiras de ferro. Um pino central, fixado à base, permitia que o parafuso fosse girado à mão, de modo que quando uma extremidade da máquina estivesse submersa em água, como num rio ou córrego, um grande volume de água pudesse ser facilmente utilizado na irrigação das fazendas próximas.

Enquanto uma roda-d'água era capaz de transportar a água a uma altura maior, nada se comparava ao volume de água que o invento de Arquimedes podia mover, que por volta do ano 200 d.C. passou a ser adaptado para outras tarefas, como "bombas de porão" que permitiam a um único marinheiro bombear a água acumulada no porão de um navio.

Por volta do primeiro século depois de Cristo, o princípio descoberto por Arquimedes foi adaptado em grandes estruturas fusiformes feitas de madeira, utilizadas na produção de vinho e azeite. De fato, os produtores de vinho e azeite tiveram um desenvolvimento acelerado, já que as prensas de uvas e azeitonas permitiram que elas, sensíveis, fossem espremidas de forma suave e uniforme, fazendo com que se obtivesse um melhor controle do processo por parte do operador. Existiam até mesmo prensas fusiformes especialmente projetadas para tecidos, que permitiam aos romanos mais abastados poder vestir togas prensadas com esmero. Também naquela época, surgiu um dispositivo chamado "macho de tarraxa", que servia para criar os sulcos internos da porca. Uma outra área onde se utilizou o princípio do parafuso foi o mecanismo para transmitir ou alterar o movimento onde uma rosca sem fim, basicamente um parafuso, propelia uma roda dentada que conectava hastes não paralelas e não interseccionais.

Apesar dessas aplicações remotas, o parafuso com o qual estamos mais familiarizados, o prendedor de metal, só surgiu a partir do século XV, juntamente, em alguns casos, com sua companheira, a "porca". O conjunto era utilizado para unir peças de metal, principalmente as placas das armaduras. Naquele tempo, porém, a "chave de fenda", uma ferramenta na qual a ponta de uma lâmina se encaixa no sulco da cabeça do parafuso, ainda não existia. Em vez disso, os parafusos possuíam cabeças quadradas ou hexagonais e eram ajustados com a ajuda de chaves, do mesmo modo como hoje temos os "parafusos de rosca soberba".

Apesar de a chave de fenda ainda não ter sido inventada nessa época, existem evidências de que algo similar fosse usado, já que os parafusos utilizados na fixação das placas metálicas das armaduras apresentavam ranhuras e chanfros, indicando que tais ferramentas eram utilizadas. Por volta de 1744, no entanto, uma braçadeira de carpinteiro unida a uma lâmina chata que se encaixava a uma fenda no parafuso acabou sendo desenvolvida. Pouco tempo depois surgiu uma chave de fenda com cabo.

É natural que o parafuso tivesse um grande progresso. Descobriu-se que ele permitia uma fixação mais forte e segura do que a do prego e, quando a Revolução Industrial ocorreu, a demanda por parafusos se tornou ainda maior, já que uma quantidade cada vez maior de máquinas foi criada. Os parafusos de madeira também tiveram um florescimento naquele período.

Hoje, os parafusos com uma única ranhura continuam sendo os mais encontrados tanto para a madeira como para as máquinas, nunca tendo sido totalmente superados pela invenção do parafuso em 1934 com ranhura em forma de cruz, conhecido como "parafuso Phillips". Projetado para guiar a chave de fenda para o centro do cilindro de modo a aumentar a torção e reduzir o risco de deslizamento, o parafuso Phillips é o segundo parafuso mais utilizado. O Phillips, inventado pelo comerciante Henry F. Phillips, da cidade de Portland, no Oregon, apresenta uma grande vantagem: além de poder ser aparafusado apenas com uma das mãos, o que é extremamente conveniente, também apresenta uma melhor transmissão de energia.

Muito antes de o parafuso Phillips ter sido concebido, um sistema ainda maior havia sido inventado e que teve um impacto dramático nas linhas de montagem de automóveis, em que o tempo, a torção e a força eram essenciais para a produção. Em 1908, o vendedor canadense Peter L. Robertson havia ferido a mão demasiadas vezes ao tentar trabalhar com um parafuso comum. Esse vendedor empreendedor foi para sua oficina e criou o "parafuso com encaixe na cabeça", que levou seu nome. Uma broca quadrada se encaixa em um chanfro correspondente na cabeça do parafuso de tal modo que quase nunca empena nem desliza e maximiza a força de torção, permitindo que o parafuso seja rosqueado com pequeno grau de avarias no produto. A invenção desse parafuso foi tão notável que ele dominou os processos industriais nos Estados Unidos, notadamente na fixação de peças nos modelos T e A dos carros da Ford. Somente os controles de patente rigorosos fazem com que os parafusos do sistema Robertson não sejam vistos tão comumente quanto os Phillips.

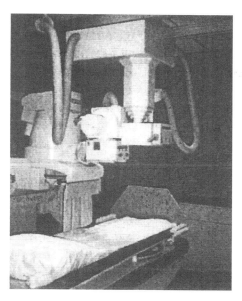

O equipamento de raios X pode ser portátil ou fixo

38

O APARELHO DE RAIOS X

O Super-Homem, personagem das histórias em quadrinhos, do cinema e da televisão, era dotado de muitos poderes, mas a sua visão de "raios X" foi a única adaptada à prática pela humanidade. Não conseguimos voar (sem um avião), saltar sobre prédios altos nem entortar o aço com as mãos, mas com o uso de um equipamento que se tornou comum pode-se sondar o corpo humano, esquadrinhar regiões suspeitas e nos beneficiar das propriedades curativas dos raios X.

Assim como o rádio e a televisão, a descoberta dos raios X está ligada ao grande número de intensas investigações a respeito dos fenômenos elétricos conduzidos principalmente na segunda metade do século XIX. Trabalhos pioneiros na área da radiação elétrica foram feitos por Sir William Crookes no final da década de 1870. Sua contribuição mais importante, que se refere não somente ao desenvolvimento dos raios X, foi o primeiro tubo de raios catódicos (ou tubo de Crookes). Crookes colocou dois eletrodos de metal num tubo de vidro a vácuo e alimentou as placas opostas com alta voltagem. Ele observou espaços escurecidos próximo ao eletrodo catodo (negativo) e um efeito fluorescente no eletrodo anodo (positivo). Ele também estabeleceu as características de movimento e de velocidade dos raios catódicos no tubo. O tubo de Crookes ainda é utilizado em demonstrações e estudos em salas de aula e laboratórios.

O físico alemão Phillipp Lenard deu um passo importante quando construiu um tubo de raios catódicos com uma "janela" de alumínio que permitia que os raios se disseminassem pelo ar. Quando Lenard direcionou os raios para uma tela revestida de elementos químicos fosforescentes, descobriu que os raios faziam com que a tela brilhasse a uma intensidade proporcional à distância e intensidade dos raios. Ele também descobriu que os raios catódicos eram absorvidos pelas substâncias proporcionalmente à sua densidade física. Em 1892, o famoso físico Heinrich Hertz demonstrou que os raios catódicos não apenas podiam ser absorvidos, mas conseguiam até mesmo atravessar uma lâmina delgada de metal.

A verdadeira descoberta dos raios X e suas propriedades foi feita — de maneira acidental — por William Conrad Rontgen, em 1895. Rontgen nasceu na Prússia, estudou e lecionou em diversas universidades da Alemanha. Em 1894, ele havia se tornado reitor da Universidade de Wurzburg. Rontgen concentrara sua pesquisa em recriar os experimentos e observações de Crookes, Lenard e Hertz. Enquanto estava trabalhando com um tubo de Crookes dentro de uma caixa fechada e à prova de luz, Rontgen notou o brilho numa amostra de platinocianeto de bário que estava numa mesa próxima. Essa foi a primeira vez que se observaram raios catódicos estimulando matéria a distância. Rontgen continuou colocando diversos objetos entre o tubo catodo e uma tela revestida de platinocianeto de bário. Ele descobriu que as sombras dos objetos eram lançadas sobre a tela, dependendo da composição do material anteposto a ela. O chumbo, por exemplo, absorvia os raios misteriosos completamente, enquanto a madeira, a cartolina e o alumínio tornavam-se quase transparentes.

"Por trás de um livro encadernado de cerca de mil páginas", escreveu Rontgen, "pude ver a tela fluorescente brilhar intensamente, com a tinta da impressão mal oferecendo um obstáculo perceptível." Rontgen também descobriu que os raios podiam formar imagens em chapas fotográficas. Ele fez uma série de "fotogramas" de diversos objetos metálicos e, no dia 22 de dezembro de 1895, registrou a estrutura óssea da mão de sua esposa. Rontgen não conseguiu descobrir exatamente a natureza nem a razão da propagação dessas radiações; então resolveu chamá-las de "raios X", um termo que imediatamente se tornou popular. Pesquisas posteriores demonstraram que os raios X eram, de fato, uma subparte do espectro de radiação eletromagnética, semelhante às ondas de rádio, ultravioleta, infravermelhas, gama e as microondas. Sendo infinitesimalmente menores às partículas de luz visíveis (até 0,0000000001 centímetro — 1/6.000 do comprimento de onda da luz amarela!), elas penetravam nos materiais opacos a olho nu.

Rontgen publicou um relatório completo sobre suas descobertas, que incluíam uma categorização detalhada das propriedades dos raios X e dos materiais que eles poderiam afetar. Rontgen também notou que os raios X estimulavam outros materiais além do platinocianeto de bário, tornando-os fluorescentes. Também descobriu que os raios não podiam ser focados com lentes especiais e que eles viajavam em linha reta. Rontgen descobriu que a platina, quando utilizada como material-alvo num tubo catódico, produzia mais raios X do que os elementos mais leves, apesar de qualquer corpo sólido poder liberar os raios quando submetidos a um bombardeio de elétrons. Ele recebeu o primeiro Prêmio Nobel de Física em 1901.

A descoberta de Rontgen rapidamente saiu do papel e das pesquisas e ganhou aplicações práticas. Os raios X foram rapidamente postos em prática em seu primeiro — e ainda o mais difundido — uso na área médica. Com o fluoroscópio, no qual o paciente é colocado entre um tubo de raios X e uma tela sensível, a estrutura óssea podia ser vista com clareza. Objetos estranhos como projéteis de armas de fogo podiam ser notados com uma definição surpreendente. Muitas "cirurgias exploratórias" e "conjecturas" foram abolidas.

Chapas fotográficas foram amplamente utilizadas para registrar permanentemente as imagens de raios X. Posteriormente, descobriu-se que os raios X possuem propriedades tanto curativas quanto nocivas ao corpo humano. Os raios X faziam com que caíssem os pêlos dos braços dos médicos e técnicos que operavam os primeiros aparelhos, e foi descoberto que os raios X podiam destruir tecidos doentes e tumores malignos. Mas também se verificou que os raios X podiam destruir tecidos saudáveis, ossos e células sangüíneas. Como conseqüência disso, anteparos de chumbo foram posicionados ao redor do equipamento de raios X.

Durante o primeiro quarto do século XX, as pesquisas com os raios X se mantiveram lado a lado com o seu uso crescente. No tubo de raios X moderno, um filamento de tungstênio é aquecido a uma temperatura entre 2.300° e 2.400° centígrados, causando uma liberação de elétrons. Uma corrente flui entre o catodo e o anodo, sendo que a quantidade de corrente é cuidadosamente regulada pelo operador. A distância entre um catodo e um anodo pode variar de 10 milímetros, para uma unidade de baixa voltagem, até alguns metros. O feixe de elétrons é então direcionado para o alvo, ou "ponto focal", que emana o feixe de raios X. É necessária uma alta voltagem para uma máxima geração de raios X e ela pode chegar a 15 milhões de volts! Uma grande quantidade de calor pode ser gerada por correntes tão elevadas, razão por que são usados dispositivos de resfriamento a água ou ao ar. O tungstênio ainda é utilizado como anodo fluorescente, mas o cobre, o molibdênio e mesmo outras ligas são empregados. Os raios são então direcionados ao paciente, que deve estar posicionado próximo ao tubo de geração. Um conjunto de controladores de voltagem e interruptores de circuito é usado para regular o dispositivo de raios X, mas muita habilidade e treinamento são necessários para que um operador possa obter resultados bem-sucedidos e seguros.

A radiografia, na qual os raios X são revelados em filme fotográfico, e a fluoroscopia, que utiliza uma tela sensível, são utilizadas nos dias de hoje de maneira muito semelhante à do século XX. A radiografia apresenta a vantagem de produzir um registro permanente do exame e expõe o paciente a uma exposição menor, mas, em contrapartida, não apresenta uma imagem tão precisa quanto à do fluoroscópio. Este permite que o paciente possa ser observado "em movimento", uma vantagem enorme em alguns estudos e diagnósticos.

A história dos raios X, no entanto, não está exclusivamente ligada à medicina. Os raios X vêm sendo aplicados em outros campos da ciência e da indústria. Estruturas metálicas, tanto nas fábricas como em inspeções em campanha, podem ser examinadas na busca de defeitos e falhas estruturais. Chips de computadores e outros componentes microscópicos passam por triagens de raios X durante seu intrincado processo de manufatura. Nas áreas de segurança e proteção, os raios X são utilizados na averiguação de pacotes e bagagens suspeitas em aeroportos, agências dos Correios e outros locais públicos.

Apesar de não terem nos tornado como o Super-Homem, os raios X nos auxiliaram a ter uma vida melhor e também abriu caminho para uma gama imensa de descobertas surpreendentes.

Bússola militar. *Foto do autor*

39

A BÚSSOLA

Se vivêssemos em Vênus, Marte ou até mesmo Plutão, simplesmente levaríamos uma eternidade para nos deslocar de um lugar para outro se dispuséssemos apenas de uma bússola magnética (ela depende do magnetismo de um planeta para funcionar — isto é, a agulha se posiciona na direção Norte-Sul, não importando onde esteja), já que esses planetas não possuem magnetismo. Isso também ocorreria em Mercúrio, Júpiter, Saturno, Urano e Netuno.

Mas a bússola magnética funciona na Terra, obviamente porque nosso planeta possui magnetismo, que, acredita-se, seja resultado do contato entre o núcleo líquido e semifundido em seu interior.

Muitas pessoas ainda têm uma visão ultrapassada da bússola, a de um instrumento somente utilizado para encontrar o caminho num lugar desconhecido. Mas as bússolas ainda são utilizadas para orientar navios, aviões e veículos.

As bússolas magnéticas estão conosco há centenas de anos, tendo como precursores os marinheiros do século XII, na Europa e na China, que descobriram que quando um pedaço de magnetita, um minério magnético, era instalado em um suporte colocado sobre a água, ele se mantinha alinhado à estrela polar. Isso os estimulou e novas experiências fizeram com que fosse dado o passo seguinte, que consistiu em esfregar um outro metal com a magnetita, tornando-o também magnetizado. Na época, não se sabia qual nome se dar a esse fenômeno.

Para imaginar como a bússola funciona, pense na Terra como se fosse um ímã gigantesco com uma orientação Norte-Sul que automaticamente faz com que outros objetos magnéticos sigam a mesma orientação. Essa orientação, no entanto, não é exatamente o Norte e o Sul que servem de eixo geográfico para o Globo. Esse pequeno desvio, conhecido como "declinação", não é grande o suficiente para conduzir a desvios direcionais, apesar de as bússolas serem normalmente confeccionadas de modo a funcionarem corretamente. Obviamente, as diferenças de declinação podem ser de centenas de quilômetros entre o Norte magnético e o geográfico, dependendo de onde a bússola esteja no momento da leitura. Em alguns casos, existem campos magnéticos locais, e isso também pode levar a uma leitura errônea do Norte magnético. Esse fenômeno é chamado de "afastamento".

Foram os ingleses que aperfeiçoaram a bússola. No passado, as batalhas eram travadas principalmente no mar e as esquadras necessitavam saber com precisão qual direção eles estavam tomando quando não havia nenhum ponto de orientação no horizonte.

Por volta do século XIII, já havia sido desenvolvida uma bússola simples, na qual uma agulha magnetizada era instalada no fundo de uma tigela cheia de água. Apenas o Norte e o Sul estavam marcados nessa bússola primitiva, mas, com o passar do tempo, um cartão circular exibindo outros 30 pontos cardeais foi posicionado sob a agulha, de modo que a direção podia ser facilmente determinada. No século XVII, a agulha tomou a forma de um paralelogramo, tornando o ajuste mais simples do que a antiga agulha reta.

Durante o século XV — e não se sabe dizer por que demorou tanto tempo a ser notado —, as pessoas que necessitavam de bússolas começaram a perceber que a sua agulha não apontava o Norte verdadeiro. Por exemplo, alguns navegadores notavam que a agulha, na verdade, apresentava um pequeno desvio em relação ao Norte. Havia a necessidade de compensar esse desvio quando se estava calculando a direção.

Um dos problemas associados a essas bússolas primitivas era a incapacidade de as agulhas apontarem com precisão o Norte magnético — qualquer que fosse ele. Mais ou menos em meados do século XVIII, um inglês chamado Godwin Knigth inventou uma maneira de magnetizar o aço. Esse processo foi aplicado à agulha, que era confeccionada na forma de uma barra e instalada na bússola. Essa agulha mantinha seu magnetismo por longos períodos e tornou a bússola de Knight muito popular.

A princípio, algumas bússolas, como já mencionamos, eram construídas com um recipiente com água, mas havia algumas "bússolas secas". Havia problemas nos dois modelos: eles podiam ser facilmente virados por um choque e havia o risco de que a água vazasse.

Em 1862, a bússola com líquido passou a ser mais popular do que a seca quando o "flutuador" foi colocado num cartão, o que fez com que a maior parte do peso fosse deslocada do eixo central. Um outro aperfeiçoamento foi a inclusão de um "fole" que auxiliava a manter constante o nível de água da bússola. Por volta do começo do século XX, a bússola seca já havia se tornado obsoleta.

O equipamento conhecido como bússola moderna teve seu início em 1930, com o desenvolvimento de um invólucro preenchido com ar e que protegia a agulha. O passo seguinte foi a elaboração de uma bússola manual.

Embarcação de madeira em construção. *Foto do autor*

40

AS EMBARCAÇÕES DE MADEIRA

Embarcações de madeira grandes ou pequenas — veleiros, iates ou até mesmo barcos maiores utilizados para o lazer e que encantam os festivais em marinas e portos — são consideradas um anacronismo hoje. Mas o comércio, a exploração e, infelizmente, as guerras travadas pela humanidade, desde os seus primórdios até meados do século XIX, só foram possíveis graças às embarcações de madeira.

Onde quer que houvesse água e seres humanos, ali também haveria alguma forma de barco. Restos de canoas e balsas são encontrados em escavações realizadas em todas as partes do mundo. A famosa expedição Kon-tiki, levada a cabo na década de 1950, demonstrou que a população da América do Sul pode ter emigrado da Ásia ou da Polinésia utilizando jangadas.

Todos conhecem a história de como Cristóvão Colombo cruzou o Atlântico em três galeões em 1492, mas fortes evidências indicam que Leif Erickson e suas embarcações viquingues alcançaram a América do Norte centenas de anos antes. No entanto, os barcos de madeira abriram as portas do Novo Mundo — na verdade, do mundo inteiro — para a exploração e colonização. Até mesmo na Europa, a maioria das grandes cidades está situada próximo a portos nos oceanos, em mares e em rios. Os barcos de madeira representaram uma evolução que mudou e fez história.

A primeira embarcação elaborada funcionalmente e com praticidade remonta ao período dos fenícios, por volta do quarto milênio antes de Cristo. Ocupando a área que se estende do Líbano ao Norte de Israel, os fenícios construíram "birremes" e "trirremes" — barcos com cerca de 60 metros de comprimento e impulsionados, com o vento apropriado, por uma única vela. Carreiras de remos nas quais até 200 remadores permaneciam dispostos em até três níveis eram responsáveis por impulsionar o barco em águas calmas ou quando uma velocidade extra era necessária. Os fenícios estabeleceram rotas comerciais e visitaram todos os pontos do Mediterrâneo. A famosa tintura "púrpura real", que se tornou um símbolo de status em Roma, era importada da Fenícia.

A madeira de lei fenícia — o "cedro-do-líbano" — era de excelente qualidade para a produção das primeiras embarcações, e os egípcios importavam essa madeira para suas primeiras necessidades. Uma escavação efetuada em 1954 próximo às pirâmides de Gisé desenterrou um "navio de sepultamento" praticamente intacto e que provavelmente havia sido usado no transporte dos restos mumificados do faraó Quéops de Mênfis até o lugar onde se encontra a pirâmide que leva seu nome. Quando restaurado, o navio revelou 44 metros de extensão e seis metros de largura. O barco havia sido construído com pranchas de madeira firmemente fixadas por cordas. Pares de remadores permaneciam na proa da embarcação para manobrá-la, pois não possuía leme.

Os gregos antigos sucederam os fenícios e os egípcios tanto na construção de navios quanto na sua resultante exploração comercial e militar do mundo antigo. Os barcos dos mercadores gregos eram menores do que as embarcações fenícias e egípcias. Eles mediam, em média, menos de 30 metros de comprimento e eram impulsionados por um único mastro. Um timão primitivo era instalado na popa. Os barcos também contavam com o esforço de remadores, que permaneciam sentados em bancos.

As embarcações gregas geralmente não navegavam à noite nem quando as condições meteorológicas eram adversas. A regra entre os navegadores gregos era a de colocar o barco próximo à praia à noite ou durante tempestades. Os capitães gregos adotavam sempre uma atitude cautelosa, mantendo as embarcações sempre próximo da terra firme enquanto navegavam pelo Mediterrâneo. Mesmo assim, existem relatos de que se tenham aventurado por mares ainda desconhecidos no Atlântico. Alguns naufrágios de barcos gregos em águas do Mediterrâneo vêm sendo explorados, estando seus carregamentos de ânforas — grandes jarros de argila — ainda intactos.

Os gregos também utilizavam suas embarcações de madeira para uso militar. Suas embarcações de guerra eram mais longas do que as comerciais e contavam com um acréscimo de três a três metros e meio em sua proa. O adendo era utilizado para golpear as embarcações inimigas. Os capitães gregos também tentavam emparelhar com as embarcações inimigas, quebrar seus remos e invadir os barcos. Os atenienses utilizavam grandes "birremes" e "trirremes" que contavam com um grande contingente de remadores. Esses remadores não eram escravos, mas mercenários altamente remunerados. Os romanos também fizeram uso de embarcações de madeira, mas não apresentaram qualquer avanço em relação aos gregos.

Durante os primeiros séculos depois de Cristo, os viquingues refinaram e em grande escala aperfeiçoaram as embarcações de madeira menores. A terra natal dos viquingues, a Escandinávia — que correspondia à maior parte da moderna Noruega —, criou a necessidade e forneceu o material necessário para a construção de barcos. Os numerosos fiordes — golfos sinuosos e estreitos — fizeram com que a colonização escandinava usasse muito o transporte aquático.

E as grandes florestas da Escandinávia forneceram madeira de lei resistente em grande quantidade.

A inovação mais importante desenvolvida nos barcos viquingues foi a adição da "quilha" — uma longa tira de madeira disposta longitudinalmente na parte mais inferior do navio e que se estende para dentro da água. Esse novo dispositivo reduzia a tendência do barco de "emborcar" ou "arfar", aumentava a velocidade e tornava as manobras mais simples.

Dois tipos básicos de embarcações viquingues eram construídos: os "knorrs", ou embarcações de comércio, que mediam 15 metros de comprimento, e os "barcos longos" — para batalha —, que chegavam a medir 30 metros. Os navios de guerra possuíam uma parte adicional na proa, curvada para cima, onde geralmente eram colocados entalhes decorativos. As embarcações eram impulsionadas por velas, mas os navios de guerra geralmente contavam também com até 15 remadores para abordagens mais rápidas ou para retiradas. Os guerreiros viquingues chegavam a empregar várias centenas de navios quando planejavam uma grande invasão.

Os viquingues também desenvolveram métodos práticos de navegação observando a posição do sol e das estrelas. Eles também eram capazes de estabelecer as primeiras tabelas de latitude utilizando varetas de medição e registrando a altura do sol ao meio-dia. Utilizando esses recursos, assim como outras técnicas desconhecidas, os viquingues se aventuraram longe de sua terra natal — aportando e invadindo diversas regiões da Europa, da Groenlândia e muito provavelmente chegando à América do Norte por volta do século X.

O uso do estetoscópio faz parte dos primeiros procedimentos no combate às doenças cardíacas. *Foto do autor*

41

O ESTETOSCÓPIO

No começo do século XIX, um doutor chamado René Laënnec estava trabalhando no Hospital Necker, em Paris, tentando salvar centenas de pacientes que sofriam de tuberculose. Laënnec não sabia, mas seu trabalho acabou por conduzir a uma das maiores descobertas médicas de todos os tempos: o estetoscópio.

O aparelho propriamente dito foi idealizado num dia de 1816. Alguém havia pedido a Laënnec que encostasse o ouvido em uma tábua de madeira. O médico, curioso, resolveu obedecer e, para sua surpresa, pôde ouvir um alfinete sendo esfregado contra a madeira. Imediatamente ele fez um tubo de papel para auscultar seus pacientes.

Ele havia se lembrado de que quando criança aprendera que o som atravessa objetos sólidos.

Para surpresa do médico, a invenção, mesmo rústica, funcionou. Ele podia realmente escutar os sons de dentro do peito dos pacientes. A maior descoberta ocorreu quando Laënnec pôde confirmar, na autópsia, os diagnósticos constatados auscultando o peito dos pacientes.

Inspirado em seu progresso inicial, Laënnec torneou em madeira um estetoscópio cilíndrico. Sua invenção fez com que obtivesse reputação mundial em diagnóstico médico: seu estetoscópio permitia distinguir uma doença fatal de uma enfermidade menor e avaliar os casos em que uma cirurgia invasiva era recomendável. Não foi nenhuma surpresa que os progressos alcançados por Laënnec despertaram a depreciação e o escárnio de seus colegas.

Nos anos que se seguiram, ele fez uma série de alterações em seu estetoscópio. Posteriormente, acabou instalando uma pequena oficina em sua casa e começou a aperfeiçoar seu estetoscópio original de madeira.

O modelo que desenvolveu consistia num bloco oco e longo de madeira torneada. Uma das pontas era moldada de forma a se encaixar no ouvido e a outra extremidade apresentava o formato de um cone. Dentro da extremidade de formato cônico era colocado um cilindro oco de metal. Essa peça extra era utilizada quando se auscultava o coração do paciente, sendo removida quando as funções pulmonares eram examinadas.

No dia 8 de março de 1817, Laënnec examinou Marie-Melanie Basset, então com 40 anos. Esse se tornou o primeiro uso documentado do estetoscópio. Mas Laënnec continuou a aprimorar o aparelho, mesmo durante o tempo em que clinicava.

Infelizmente, Laënnec contraiu tuberculose e faleceu. No período que se seguiu à sua morte, o estetoscópio foi amplamente aceito e em pouco tempo se tornou equipamento indispensável nos consultórios médicos. Mas sua invenção foi aprimorada em 1828, por Pierre Adolphe Piorry. Piorry instalou um segundo dispositivo para diagnóstico, chamado "plexímetro", em seu estetoscópio. Além disso, esse novo estetoscópio possuía metade do tamanho do projetado por Laënnec. Ele apresentava o formato de uma trompa feita de madeira e duas partes removíveis: uma extremidade de marfim (onde o médico colocava o ouvido) e outra que era colocada no peito do paciente. Havia um plexímetro de marfim preso à peça. O projeto desenvolvido por Piorry serviu de modelo à maioria dos estetoscópios "monoaurais" (apenas para um ouvido) que foram produzidos. Os estetoscópios monoaurais eram apreciados não somente pelo seu tamanho compacto, mas também porque poderiam ser utilizados no transporte de outros instrumentos, como um plexímetro, um percussor e um termômetro, que podiam ser armazenados dentro do instrumento.

O estetoscópio monoaural teve seu uso restrito por cerca de 30 anos. Apesar disso, ele passou a ser usado predominantemente no final do século XIX e início do XX e ainda pode ser encontrado no uso obstétrico em países como a ex-União Soviética (os médicos do Reino Unido utilizavam o aparelho até meados da década de 1980 e é possível que utilizem até hoje). Os médicos, no entanto, começaram a imaginar se um instrumento para os dois ouvidos não seria mais preciso do que o monoaural.

No começo da década de 1850, foram desenvolvidos vários projetos para um novo estetoscópio que utilizasse os dois ouvidos. Acreditava-se que esse novo instrumento "biaural" seria o futuro da auscultação. O primeiro modelo comercial foi desenvolvido pelo Dr. Marsh, da cidade americana de Cincinnati, em 1851. Seu modelo possuía o primeiro diafragma na peça que ia ao peito do paciente de que se tem conhecimento. O modelo, no entanto, era muito volumoso e incômodo, e rapidamente caiu em desuso. O diafragma não foi utilizado por mais de 50 anos.

Em 1855, em Nova York, foi inventado o primeiro estetoscópio com aparência semelhante ao modelo que conhecemos hoje. Ele era biaural, obviamente, e as peças onde o médico encostava o ouvido eram de marfim, conectadas a tubos de metal que eram mantidos unidos por dobradiças. Fixadas a essas partes havia dois tubos recobertos por uma argola de seda que convergia para a peça do peito, que era cônica e com o formato que lembrava um sino.

O estetoscópio hoje é extremamente sensível e pode detectar facilmente os chiados no pulmão ou anomalias, como os ruídos venosos e cliques sistólicos no coração, além de apontar a necessidade de diagnósticos mais precisos e possíveis tratamentos.

Entretanto, como todos os outros equipamentos, o estetoscópio apresenta uma variação de qualidade e eficiência. Se os médicos são sérios em seu trabalho, você pode ter certeza de que eles terão um equipamento de alto nível em volta do pescoço.

Sears Tower, em Chicago. *U. S. Gypsum*

42

OS ARRANHA-CÉUS

Mesmo se sabendo que, ao longo da História, muitas estruturas elevadas foram erguidas, como as pirâmides do Egito, a Torre de Babel, a Torre de Pisa e um grande número de campanários de igrejas e templos pagãos, essas estruturas foram construídas com pedras e tijolos. O peso cada vez maior das estruturas tinha que ser suportado pelos níveis mais baixos da fundação. Isso fazia com que as bases se tornassem cada vez maiores — como as das pirâmides —, cobrindo muitos acres, ou então eram necessários "suportes" — "asas" estruturais — para suportar todo o peso. Esses dispositivos arquitetônicos limitavam drasticamente a área útil e, exceto nos casos de espirais elevadas, a altura alcançada pela estrutura.

Tudo isso viria a mudar no século XIX, quando uma combinação de fatores tornou a construção de prédios com vários andares não somente factível como também necessária. Grandes contingentes de pessoas estavam se mudando para cidades portuárias, como Nova York, Boston e Londres. Apesar de novos empregos terem sido criados pela Revolução Industrial, a área disponível para espaços comerciais e industriais nessas cidades era limitada. A única maneira de ampliar as construções era para cima.

Construir utilizando ferro fundido entrou em voga porque tornava os prédios muito semelhantes às sofisticadas construções com acabamentos em pedra e tijolo, mas com um custo muito menor e com uma estrutura mais leve. Mais importante do que isso, as vigas mestras de ferro podiam ser utilizadas para criar o "esqueleto" ou "gaiola" da construção, que permitia uma melhor distribuição do peso e favorecia a utilização de métodos de construção mais rápidos e a construção de prédios mais elevados.

Os incêndios também desempenharam um papel preponderante no nascimento dos arranha-céus. As novas fábricas e prédios residenciais, repletos de pessoas, eram construídos em sua maioria em madeira e estavam suscetíveis a incêndios freqüentes. Em 1871, um incêndio de grandes proporções, que, segundo a lenda, se iniciou após uma vaca ter derrubado uma lanterna num celeiro, destruiu grande parte do centro de Chicago. A necessidade de reconstrução — com rapidez e de modo econômico — fez de Chicago, e não Nova York, o local do surgimento dos "arranha-céus".

O edifício que tradicionalmente ficou conhecido como o primeiro arranha-céu foi o Home Insurance, erguido nas esquinas das ruas La Salle e Adams, no centro de Chicago, em 1884. Esse edifício de dez andares apresentava paredes externas de mármore e quatro grandes colunas de granito polido sobre uma estrutura de aço. Ele havia sido projetado por William Le Baron Jenney, um engenheiro e arquiteto nascido em Massachusetts. O prédio viria a ser demolido em 1931. O conceito (posteriormente resumido no slogan "a forma obedece à função" da escola de arquitetura Bauhaus), criado por Jenney e outros arquitetos de Chicago, dominou o aspecto da maioria dos prédios pioneiros da cidade. A "Escola de Chicago" incluía Louis Sullivan e seu pupilo Frank Lloyd Wright.

OS ARRANHA-CÉUS

Os arranha-céus de Nova York (a propósito, o termo "arranha-céu" não surgiu em Nova York e nem ao menos nos Estados Unidos. Ele surgiu no século XIII, na Itália, onde diversas construções e torres com quase 90 metros de altura pareciam estar "raspando no céu") possuíam uma origem que era anterior ao *boom* de Chicago. O famoso Edifício Flatiron, uma estrutura triangular que ainda hoje domina o cruzamento da Quinta Avenida com a Broadway na Rua 23, foi construído em 1902 e viria a se tornar o primeiro arranha-céu famoso de Nova York. Originalmente conhecido como Edifício Fuller, o Flatiron (termo em inglês que significa "ferro de engomar", já que o formato do prédio lembrava o aparelho doméstico) é decorado em pedra calcária trabalhada e antecipou a *art déco*, forma que preponderou nos projetos de arranha-céus que se seguiram.

O primeiro marco nesse novo estilo de construções foi o imponente Edifício Woolworth, cuja extravagante torre gótica se elevou a até então inacreditáveis 243 metros na Baixa Broadway em 1913. O Edifício Woolworth permaneceu como único e mais importante arranha-céu até o final da década de 1920.

Walter P. Chrysler, o magnata da indústria automotiva, estava decidido a ter um prédio que levasse seu nome e que também fosse o mais alto do mundo. Em 1928, Chrysler comprou uma propriedade entre a Rua 42 e a Avenida Lexington. Chrysler contratou os serviços de William van Alen, que havia estudado arquitetura no Instituto Pratt, no Instituto de Design de Beaux-Arts e na École de Beaux-Arts em Paris.

O projeto original de Alen para o Edifício Chrysler determinava uma altura de 282 metros. No entanto, ele rapidamente acrescentou um pináculo que foi montado dentro do prédio e posicionado no seu topo. Com esse pináculo, o Edifício Chrysler atingiu a altura de 320 metros, tornando-se o mais alto do mundo.

A alegria justificável de Chrysler pela criação da maior estrutura armada do mundo durou pouco tempo. Em 1929, já havia sido iniciado o trabalho de construção do que muitos consideram ainda como o mais famoso prédio — apesar de já não ser o mais alto — do mundo. O Empire State foi concebido nos anos de prosperidade que acompanharam a década de 1920 por um grupo de homens de negócios liderado pelo ex-governador de Nova York,

Al Smith. O local escolhido — o quarteirão da Quinta Avenida entre as Ruas 33 e 34 — havia sido ocupado anteriormente por dois marcos: a mansão da família Astor, entre 1857 e 1893, e pelo Hotel Waldorf-Astoria original, entre 1897 e 1929.

O edifício, planejado originalmente para possuir 102 andares (380 metros de altura), foi elevado em grande velocidade e concluído em 1931. "Fiscais de calçada" se maravilhavam com a habilidade dos operários da construção em suas manobras acrobáticas, instalando vigas e rebites. Muitos deles eram índios norte-americanos e arriscaram a vida a mais de 200 metros de altura. Quando a construção foi concluída, o novo prédio orgulhava-se de seus 67 elevadores de alta velocidade, um terraço de observação no 86º andar, um observatório fechado no 102º andar e um mastro para que dirigíveis pudessem pousar! Na realidade, o prédio nunca chegou a receber um dirigível (as correntes de vento àquela altura eram muito perigosas), mas o topo do prédio, posteriormente, pôde servir para a instalação de antenas para a maioria dos canais de televisão da área de Nova York. Inaugurado durante a Grande Depressão, o Empire State atraiu milhões de visitantes ao longo dos anos. Ele permaneceu sendo o prédio mais alto do mundo até a conclusão do World Trade Center, nos anos 1970.

Muitas outras estruturas e prédios salpicaram o horizonte de Nova York a partir dos anos 1930. Entre os mais notáveis está o Rockefeller Center, na Sexta Avenida, entre as Ruas 50 e 53. O complexo, encabeçado pela Radio Corporation of America (agora conhecida como General Electric) e seus 260 metros de altura, ajudou a promover o conceito de uma "cidade dentro da cidade" e possui calçadas e ruas que são fechadas ao tráfego, além de lojas, restaurantes e uma praça central com um rinque de patinação público.

A Grande Depressão e a Segunda Guerra Mundial desaceleraram o ímpeto de construção de arranha-céus tanto nos Estados Unidos quanto no resto do mundo. O fim da guerra também representou uma mudança nos conceitos e projetos de prédios altos. Novos projetistas progressistas defenderam o estilo "caixa de vidro", que utilizava partes menores do espaço disponível e criava um visual iluminado, aberto e quase sem peso. A Lever House — situada no nº 390 da Park Avenue, em Nova York —, construída em 1952 pela empresa Skidmore, Owings and Merrill, estava entre os primeiros e mais famosos edifícios planejados segundo o novo conceito. O prédio das Nações Unidas, uma estrutura de 165 metros e que utiliza a mesma diretriz, foi concluído em 1953. E possui apenas 22 metros de largura!

O estilo "caixa de vidro" atingiu seu ápice com a construção do World Trade Center. Duas torres com 110 andares dominavam a região sul de Manhattan, a poucos metros da Broadway. O complexo prosseguia no conceito de "cidade dentro da cidade", reunindo um grande shopping center subterrâneo com estacionamento e acesso direto ao metrô e uma praça central. A construção das Torres Gêmeas incorporou muitas inovações no projeto de arranha-céus. Foram desenvolvidas paredes de "suporte de carga" onde o metal externo das colunas e vigas suportava a maior parte do peso da estrutura, em vez da viga mestra.

Mas o World Trade Center será lembrado para sempre pelo trágico incidente de 11 de setembro de 2001, quando terroristas seqüestraram dois jatos de companhias aéreas e os chocaram contra as torres, fazendo com que elas desabassem menos de duas horas após as colisões. A principal razão do desabamento das torres (além das avarias causadas pelo impacto dos jatos) foi o calor intenso provocado pela queima do combustível das aeronaves, que acabou por amolecer as estruturas de metal, fazendo com que os prédios literalmente entrassem em colapso. Talvez o projeto de construção das torres tenha permitido que elas permanecessem em pé por tanto tempo (em vez de desabarem imediatamente após o impacto) e que muitas pessoas pudessem escapar (apesar de que um número aproximado de três mil pessoas tenha morrido, incluindo centenas de bombeiros, policiais e pessoal de emergência).

As Torres Petronas, em Kuala Lumpur, na Malásia, foram concluídas em 1998 e atingem a altura de 452 metros com 88 andares e atualmente são as maiores do mundo. A cidade de Chicago — onde os primeiros arranha-céus foram construídos — possui a segunda maior construção: a Torre Sears, com seus 110 andares e 442 metros de altura, concluída em 1974.

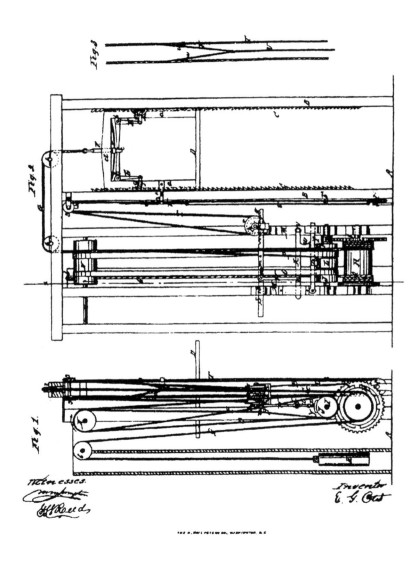

Desenho do projeto de patente, 1861, por Elisha Graves Otis.
Escritório de Registro de Patentes dos Estados Unidos

43

O ELEVADOR

Elevadores rudimentares (ou "içadores") já eram utilizados na Idade Média, e o uso desses aparelhos remonta ao terceiro século antes de Cristo. Eles eram operados por animais, homens e até mesmo mecanismos movidos a água.

No século XIX, os elevadores semelhantes aos que usamos começaram a ser projetados. A água e o vapor eram utilizados para movê-los. Na época, as pessoas entravam numa cabine e, em seguida, um tubo oco era preenchido com água até o ponto em que a pressão hidráulica a suspenderia.

Não havia, a princípio, uma maneira de controlar a velocidade da cabine, mas com o tempo o sistema hidráulico de içamento foi sendo aperfeiçoado e a velocidade pôde ser regulada por válvulas de diversos tipos. Posteriormente, esses "içadores", como eram chamados a princípio, eram elevados e baixados através de cordas que corriam por polias e contrapesos. Esses içadores, que surgiram na Inglaterra, são os verdadeiros predecessores dos elevadores modernos.

O primeiro elevador movido a energia teve seu surgimento em meados do século XIX, nos Estados Unidos, e era usado apenas para o transporte de carga. Ele operava apenas entre dois andares num prédio da cidade de Nova York. Os inventores, obviamente, procuraram outras aplicações práticas para seu invento.

Um momento decisivo na história do elevador foi quando ficou comprovada a sua segurança no transporte de passageiros. O grande momento aconteceu em 1853, quando Elisha Graves Otis — cujo sobrenome ainda está presente em muitos elevadores — projetou um elevador com um dispositivo de segurança. Se o sistema de içamento apresentasse uma falha e soltasse a cabine, ela automaticamente pararia antes de atingir o fundo do poço.

O primeiro elevador de passageiros Otis foi instalado na loja de departamentos E. V. Houghwout, na cidade de Nova York, pela quantia irrisória de 300 dólares. O elevador Otis era impulsionado por um mecanismo a vapor. Em 1867, Leon Edoux inventou e produziu elevadores movidos a energia hidráulica.

Dez anos depois, os filhos de Otis fundaram a Otis Brothers and Company, na cidade de Yonkers, em Nova York. A companhia viria a produzir milhares de elevadores e tornar-se a marca pioneira nessa indústria. De fato, em 1873, mais de dois mil elevadores Otis estavam em uso em edifícios comerciais dos Estados Unidos.

A partir de 1884, o primeiro elevador elétrico, criado por Frank Sprague, foi instalado na cidade de Lawrence, no Estado americano de Massachusetts, numa fábrica de algodão. Ele também foi responsável pela invenção do controle com botões.

O uso comercial de elevadores aconteceu em 1889, quando dois deles foram instalados no Edifício Demurest, na cidade de Nova York. Posteriormente, quando a eletricidade se tornou disponível, o motor elétrico foi integrado à tecnologia do elevador pelo inventor alemão Werner von Siemens. Nesse projeto, o motor era fixado na parte superior da cabine e era utilizado para movimentar para baixo ou para cima um cabo com engrenagens.

Na cidade de Baltimore, em 1887, a eletricidade foi utilizada para impulsionar um elevador. Esse elevador utilizava um cabo que se enrolava numa bobina. Mas havia um problema inerente ao próprio projeto que inviabilizava o uso desse tipo de elevador: a altura do edifício. Com o passar do tempo, os prédios passaram a ficar cada vez mais altos, necessitando de cabos mais longos e bobinas maiores, até que o tamanho do equipamento o tornou impraticável.

A tecnologia dos motores e engrenagens evoluiu rapidamente e em 1889 o elevador elétrico com mecanismo de conexão direta permitiu que prédios mais altos pudessem ser construídos. Em 1903, o projeto evoluiu para o elevador de tração elétrica sem engrenagens, projeto que permitia sua instalação em edifícios com mais de 100 andares. Posteriormente, motores de multivelocidade foram instalados em substituição aos motores de velocidade única, facilitando as operações de desembarque e de operacionalização em geral.

Com o passar do tempo, os cabos acabaram sendo substituídos pela tecnologia eletromagnética. Uma série complexa de controles de sinais fazia parte dos elevadores de então. Além disso, dispositivos de segurança passaram a fazer parte dos projetos dos inventores e fabricantes. Charles Otis, por exemplo, filho do inventor original Elisha Graves Otis, desenvolveu um botão de "segurança" que aprimorava a capacidade de se parar um elevador em qualquer velocidade.

Nos dias de hoje, uma série de tecnologias sofisticadas é de uso comum. Por exemplo, teclas são utilizadas no lugar dos botões e mecanismos de comutação e de controle monitoram a velocidade do elevador em qualquer situação. Na realidade, a maioria dos elevadores é operada independentemente e muitos deles são equipados com computadores.

Os elevadores modernos são um elemento crucial que tornou possível que se more e trabalhe em andares muito altos. Grandes cidades com uma infinidade de prédios elevados, como Nova York, são completamente dependentes dos elevadores. Até mesmo nos edifícios com um número pequeno de andares o elevador tornou possível o acesso aos escritórios e apartamentos a portadores de deficiências físicas. Elevadores de carga também são indispensáveis.

Harold Lloyd numa cena do filme *O Homem Mosca* (1923). *Photofest*

44

O RELÓGIO

Nossa vida está repleta de idas e vindas, e toda essa movimentação deve ser feita de modo muito preciso. Nossas vidas e nossos dias são planejados e cronometrados, e tudo isso acontece por causa do relógio.

Não existe um registro preciso de quando surgiu o primeiro aparelho para medição do tempo. Sabe-se, no entanto, que o estabelecimento do registro de datas remonta a mais de seis mil anos atrás nas civilizações que habitavam o Oriente Médio e o Norte da África. Os egípcios criaram, por volta de 3500 a.C., métodos de se registrar o tempo na forma de obeliscos. Estes eram monumentos delgados, de formato cônico, com quatro lados cujas sombras lançadas na areia indicavam o passar do tempo. Aproximadamente no mesmo período (3500 a.C.), o disco solar também começou a ser usado. Ele era feito de uma placa circular com uma protuberância inclinada em seu centro. À medida que a luz do sol se movia, a sombra projetada sobre o disco indicava o tempo. Os discos solares, obviamente, ainda estão em uso. Em 1500 a.C., os egípcios criaram os primeiros discos solares portáteis, que seriam os avós dos relógios de pulso de hoje.

Apesar de ambos poderem ser considerados dispositivos de marcação de tempo, eles diferem de outras formas que vieram posteriormente, já que exibem apenas o tempo solar, enquanto os relógios modernos apresentam um registro aproximado do tempo solar (apenas em quatro ocasiões durante o ano um disco solar e um relógio registrarão a mesma hora).

A palavra inglesa para relógio, *clock*, só foi utilizada a partir de meados do século XIV e não tinha o mesmo significado de hoje. Significava "sino" ou "alarme".* Apesar de os primeiros relógios não possuírem um mecanismo interno, eram capazes de reproduzir algumas das funções dos relógios de hoje, apesar de não serem tão acurados. Por exemplo, o primeiro despertador remonta à Antigüidade. Com um projeto muito simples, ele consistia numa vela com linhas inscritas longitudinalmente de modo a indicar a passagem das horas. Para "ajustar" o alarme, um prego era colocado na cera próximo à marcação da hora apropriada. Quando a altura da vela atingia o ponto onde o prego estava fixado, ele caía numa panela de cobre em sua base, acordando quem dormia.

Relógios de água também foram utilizados por civilizações antigas para marcar a passagem do tempo. Eles funcionavam através do gotejamento de água em um receptáculo; o nível da água lentamente elevava uma bóia que era mantida no receptáculo, o qual, por sua vez, carregava um indicador que registrava a hora. O relógio de água mais antigo foi encontrado na tumba do faraó Amenhotep I.

---

* A palavra equivalente na língua portuguesa possui etimologia diferente. A palavra "relógio" tem sua origem no aparelho levado pelos colonizadores romanos para a Península Ibérica — muito semelhante ao disco solar —, que se chamava *horologium*. (N.T.)

O primeiro relógio mecânico com "escapos" só surgiu depois de 1285. O escapo é um mecanismo que faz "tique-taque" em intervalos regulares e move as engrenagens numa série de intervalos iguais. O primeiro relógio público a soar as horas foi construído na cidade de Milão por volta do ano de 1335. Os relógios naquela época possuíam apenas um ponteiro, o ponteiro das horas, e eles não marcavam o tempo com precisão.

Somente 175 anos mais tarde (em 1510) a invenção pôde ser aperfeiçoada, por Peter Henlien, da cidade de Nuremberg, na Alemanha, com a criação do relógio a corda. Apesar de esse ser um aparelho mais preciso, ele ainda apresentava o problema de atrasar quando a "mola principal" ficava sem corda.

Esse modelo foi aperfeiçoado em 1525, por Jacob Zech, de Praga. Ele utilizou uma "roldana em espiral" de modo a equalizar o movimento da mola. Apesar de esse dispositivo ter atingido o objetivo desejado e tornado o aparelho mais preciso, os relógios continuavam tendo apenas o ponteiro das horas.

Jost Burgi inventou o primeiro relógio com o ponteiro dos minutos em 1577. Mas foi a partir de 1656, com a invenção do relógio regulado por pêndulo, que o ponteiro dos minutos se tornou comum nos relógios.

No início da década de 1580, Galileu Galilei, com sua capacidade de observação e engenhosidade, teve a inspiração que viria a produzir o primeiro relógio de pêndulo. Ele descobriu que os sucessivos ciclos de movimento de um pêndulo levavam a mesma quantidade de tempo. Tendo isso em mente, ele e Vincenzo, seu filho, começaram a fazer desenhos e modelos na tentativa de descobrirem o projeto mais apropriado. Infelizmente, antes que eles pudessem construir o instrumento, Galileu sucumbiu vítima de uma doença e faleceu. Vincenzo, no entanto, não deixou que os planos de seu pai ficassem inconclusos e produziu o primeiro modelo funcional em 1649.

O conceito de Galileu foi aperfeiçoado em 1656, por Christiaan Huygens, que inventou o primeiro relógio impulsionado por peso e com uso de um pêndulo. Essa invenção permitiu que se controlasse o tempo com precisão, apesar de ainda utilizar somente o ponteiro das horas. Em 1680, o ponteiro dos minutos finalmente foi incorporado ao mecanismo dos relógios, e poucos anos mais tarde foi a vez de o ponteiro dos segundos surgir em cena.

Em 1889, Siegmund Riefler construiu um relógio de pêndulo com precisão de um centésimo de segundo. Logo em seguida, foi a vez da invenção do relógio com dois pêndulos por W. H. Shortt, em 1921. Esse relógio operava com um pêndulo principal e um secundário e tinha o grau de precisão de alguns poucos milissegundos por dia.

Apesar de os relógios de pêndulo terem começado a ser substituídos por relógios a quartzo a partir das décadas de 1930 e 1940, eles continuam em uso até hoje. De fato, os relógios de pêndulo de nossos avós passaram até a ser valorizados em lojas de antigüidades.

O funcionamento do relógio a quartzo se baseia na propriedade piezoelétrica do cristal. Quando um campo elétrico é aplicado a um cristal, ele muda sua estrutura molecular. De maneira inversa, se um cristal é pressionado ou deformado, um campo elétrico é gerado. Quando associado a um circuito eletrônico, a interação faz com que o cristal vibre, produzindo um sinal de freqüência constante que pode operar o movimento do relógio. Esse aprimoramento foi ao mesmo tempo preciso e barato, fazendo com que o sistema fosse adotado na maioria dos artefatos de marcação de tempo.

Apesar de os relógios a quartzo ainda estarem em uso, a precisão deles foi suplantada pela dos relógios atômicos.

O cronômetro permitiu que os barcos pudessem encontrar seu caminho pelos oceanos do mundo. *Desenho de Lilith Jones*

45

O CRONÔMETRO

Hoje, as pessoas têm idéia do tipo de conhecimento e tecnologia usada para a navegação segura de um porto para outro, mas, há apenas 200 anos, vidas e cargas eram perdidas numa quantidade assustadora. A invenção de um aparelho conhecido como "cronômetro" mudou essa realidade.

Como a Terra é esférica, todas as posições, rotas e cartas de navegação devem levar em consideração esse formato. Duas coordenadas são utilizadas para especificar uma posição específica: a latitude, um ângulo estabelecido num plano entre os pólos, e a longitude, um ângulo estabelecido num plano paralelo à linha do equador. Os corpos celestes podem ser observados no mar para se calcular a latitude, mas não a longitude. Ao norte da linha do equador, a estrela polar encontra-se alinhada ao eixo da Terra. Ao sul do equador, outras estrelas fixas são observadas.

O cálculo da longitude era mais elaborado. Os europeus tiveram contato com novas noções matemáticas e astronômicas a partir do ano 1000, aprendendo com os árabes após os contatos na época das Cruzadas. Apesar das suspeitas da Igreja em relação aos novos conhecimentos e instrumentos, avanços como a invenção de cartas náuticas e mapas aceleraram a manutenção de registros e a troca de informações a respeito da posição e características da superfície esférica da Terra. O comércio e a exploração aprimoraram a confecção de mapas a partir do fim do século XV até o século XVII, mas estes não podiam ser precisos na direção Leste-Oeste sem a determinação exata da longitude.

No fim do século XVI, compreendeu-se que a longitude era um problema matemático que muito atrapalhava a navegação dos europeus. Os mapas baseados em conjecturas distorcidas quanto ao posicionamento Leste-Oeste acabaram por produzir cartas náuticas de pouca confiabilidade. Cristóvão Colombo, como muitos navegadores da época, não tinha condições de calcular a longitude: esta é a razão pela qual ele acreditou ter chegado às Índias quando chegou na América. O oficial da marinha britânica George Anson perdeu 1.051 dos 1.939 homens que haviam iniciado a viagem com ele. Os suprimentos que ele precisava obter numa ilha próxima ao Cabo Horn não podiam ser alcançados sem um cálculo de longitude preciso.

Diversos governos ficaram interessados na solução do problema da longitude.

Um comitê parlamentar britânico consultou cientistas, como Isaac Newton, que sugeriu que fosse utilizado um relógio próprio para as condições em alto-mar. Em 1714, um decreto parlamentar oferecia um prêmio àquele que conseguisse estabelecer um meio de calcular com precisão a longitude em uma viagem experimental. A invenção deveria ser capaz de indicar a longitude de um porto de chegada às Índias Ocidentais — uma viagem de seis semanas na época.

Não houve candidatos por mais de 23 anos, exceto os reverendos William Whiston e Humphry Ditton, que submeteram à apreciação um plano baseado em barcos ancorados em pontos específicos ao longo das principais rotas comerciais. À meia-noite, cada barco ancorado iria disparar um dispositivo de sinalização a 1,5 quilômetro de altitude. A explosão, vista e ouvida a mais de 140 quilômetros, informaria aos navegadores se os relógios de bordo deveriam ser corrigidos de acordo com os cálculos de posição. O plano mostrou-se ineficaz, pois os navios ancorados não possuíam relógios precisos.

A revolução na navegação ocorreu com a invenção do cronômetro marítimo, criado pelo carpinteiro e relojoeiro inglês John Harrison, no século XVIII. John e seu irmão mais novo, James, fabricaram dois relógios que apresentavam uma variação não superior a um segundo por mês, o que era extremamente preciso para a época. Eles decidiram então construir um cronômetro que pudesse resistir às variações de temperatura e movimento nas jornadas marítimas. O trabalho em equipe levou John ao sucesso. Os relógios produzidos pelos irmãos Harrison não eram afetados pelas variações de temperatura, a fricção interna dentro dos cronômetros era mínima e não havia a necessidade de óleo para lubrificar o mecanismo. O aparelho era similar aos modelos de madeira utilizados anteriormente, mas não possuía um pêndulo.

O "relógio marítimo" (cronômetro) portátil poderia ser utilizado para a navegação se o metal fosse usado no lugar da madeira em muitos de seus componentes. Eles pediram ao Conselho de Longitude auxílio financeiro baseado no decreto parlamentar.

Em 1730, Harrison se encontrou com Edmond Halley, astrônomo real e comissário do Conselho de Longitude. Halley analisou os planos de Harrison e concordou que, se o relógio funcionasse, seria a solução para o problema da longitude. Ele encaminhou Harrison para George Graham, outro membro da Royal Society, que concordou que, se ele pudesse produzir um relógio preciso, a Royal Society iria apoiá-lo junto ao conselho. Graham chegou a utilizar seus próprios recursos financeiros para auxiliar Harrison na pesquisa e construção do relógio.

O primeiro relógio marítimo de Harrison foi concluído em 1735. H1 (o primeiro produzido por Harrison, e houve cinco no total) não possuía pêndulo e utilizava um balancim com dois pesos de pouco mais de dois quilos conectados através de arcos de metal.

Mesmo quando inclinado ou virado pelo movimento das ondas, a "regularidade do movimento" não seria afetada. O aparelho pesava 32 quilos e foi testado com sucesso numa barcaça na Inglaterra. Em 1735, eles fizeram nova proposta ao Conselho de Longitude. Houve um acordo sobre uma tentativa marítima. Em 1736, o H1 foi empregado numa viagem até Lisboa.

Harrison prosseguiu com seu trabalho no projeto e produção do H2, com o apoio do conselho na forma de 500 libras esterlinas para o desenvolvimento e a construção e com a advertência de que os seguintes cronômetros de longitude produzidos deveriam ser cedidos à Coroa. Quando o H2 foi concluído, em 1739, ele era mais alto e mais pesado; porém, pelo fato de ser mais estreito, ocupava menos espaço no deque do navio. A principal inovação em seu mecanismo — que seria adotada nos modelos seguintes — era um *remontoire*, um mecanismo que assegurava que a força do escapo fosse constante, e que representou um grande avanço na precisão do relógio. O H2 nunca foi testado no mar e foi o último cronômetro no qual James trabalhou, mas John continuou sua pesquisa.

John Harrison iniciou os trabalhos com o H3, um projeto completamente diferente, mas que acabou muito semelhante ao H2, apesar de ser um pouco menor e mais leve e utilizar balancins circulares em vez de um altere. Um "retentor" bimetálico que tolerava as mudanças de temperatura substituiu as "grelhas", mas o H3 não podia ser ajustado sem que fosse completamente desmontado e remontado, e Harrison imediatamente começou a trabalhar no H4, seu mais importante e famoso cronômetro. Com pouco mais de 13 centímetros de diâmetro, ele era muito diferente dos cronômetros já projetados, inclusive em seu mecanismo. O óleo era utilizado como lubrificante sob um acabamento refinado que estava atrelado a outros mecanismos e um pinhão com um grande número de dentes para aprimorar o funcionamento do aparelho.

Os testes foram iniciados em outubro de 1761, saindo da Grã-Bretanha em direção à Jamaica. A viagem de dois meses mostrou que o H4 apresentava um atraso de apenas cinco segundos e um erro de longitude de 1,25 minuto — cerca de dois quilômetros. Harrison se habilitou ao prêmio, mas não recebeu o dinheiro até a intervenção do rei Jorge III depois de ter visto a versão final do cronômetro de Harrison, o H5, que foi completado em 1772 e que apresentava um mecanismo muito similar ao do H4.

No século XVII, mais de 200 anos após o primeiro registro da circunavegação do globo, grande parte do oceano permanecia sem registros em mapas e inexplorada. O Oceano Pacífico ficou inexplorado e sem registros cartográficos até James Cook realizar três viagens, entre 1768 e 1779. Cook partiu de Londres pela primeira vez em 1768. Seu navio, o *HMS Endeavour*, realizou uma viagem de três anos sem o cronômetro projetado por Harrison, apesar de aprovada sua eficiência na determinação da longitude.

Mas em julho de 1771 as embarcações *HMS Resolution* e *Adventure* partiram da cidade portuária de Plymouth, sob o comando de Cook, com uma cópia do cronômetro H4 efetuada por Larkum Kendall, o que permitiu que Cook pudesse saber exatamente seu posicionamento com dados de latitude e longitude, e que pudessem ser desenhados mapas com precisão sem precedentes. Seu lugar na história estava garantido.

A produção em pequena escala de cronômetros se espalhou. Pierre Le Roy desenvolveu um cronômetro, e Thomas Earnshaw produziu diversos (seu projeto ainda estava em uso no século XX, mas sem grande demanda, já que não havia uma produção em alta escala). Foi só em meados de 1850 que os cronômetros puderam ser encontrados em toda a frota britânica. Se houvesse somente dois cronômetros e apresentassem diferentes leituras, um navegador não teria certeza de qual estava errado, razão por que um terceiro cronômetro foi acrescentado para possibilitar uma confirmação adicional.

Um dos primeiros microscópios. *Coleção de Imagens da Biblioteca Pública de Nova York*

46
O MICROSCÓPIO

Ironicamente, não se sabe ao certo quem inventou o primeiro microscópio. Assim como muitas outras invenções, há muita desinformação a respeito de quem foi o primeiro. Muitos acreditaram inicialmente que Galileu Galilei construíra um microscópio ao inverter as lentes de uma de suas primeiras invenções, o telescópio. Mas o assunto ainda gera controvérsias.

O crédito pela construção do primeiro microscópio, por volta de 1595, geralmente é conferido a Zacharias Jansen, de Middleburg, na Holanda. Alguns chegam a mencionar que a invenção do microscópio era inevitável, já que os holandeses estavam familiarizados com a ampliação de imagens, a princípio com lentes simples e posteriormente, com lentes duplas, das quais o microscópio composto foi criado.

Uma prática comum na época era a de os inventores criarem diversas cópias de seus inventos para presentear a realeza, tanto como sinal de gratidão quanto para que eles fossem inspecionados. Apesar de nenhum dos microscópios criados por Jansen ter chegado aos nossos dias, um deles durou até o início do século XVII. Foi o tempo suficiente para que Cornelius Drebbel, um amigo de infância de Jansen, pudesse examiná-lo e registrar suas observações.

Drebbel descreveu o microscópio original como tendo três tubos que deslizavam e se acoplavam um dentro do outro. Quando aberto em toda a sua extensão, tinha 45 centímetros de comprimento por cinco de largura. Ele possuía duas lentes e diafragmas entre os tubos, de maneira a deslizar um dentro do outro facilmente e reduzir o ofuscamento causado pelas lentes. Apesar de ser muito diferente dos microscópios de hoje, o aparelho funcionava, chegando a ampliar a imagem em três vezes, quando fechado, e até em nove, quando totalmente distendido. O aparato chegou a causar certo furor na época.

O aprimoramento seguinte foi a criação de um sistema com três lentes, que segundo relatos foi construído pouco depois do microscópio de Jansen. Isso somente foi possível graças ao uso de um sistema com uma ocular de duas lentes criado por Huygens que até então era comumente utilizado em telescópios. Num período de poucos anos, a fama do microscópio se espalhou, muitas pessoas passaram a confeccioná-lo, muitos sábios e cientistas começaram a utilizá-lo e entre eles estava Galileu.

Com o passar do tempo, o conjunto de lentes combinadas se tornou o modelo mais popular para se trabalhar e aprimorar. O aspecto que tornou o modelo tão atraente ao aprimoramento foram as "lentes acromáticas", que eram utilizadas nos óculos e haviam sido desenvolvidas por Chester Moore Hall, em 1729. Apesar de a confecção de lentes pequenas o suficiente para utilização no microscópio ser difícil, o trabalho continuou, e então, por volta de 1900, as lentes acromáticas apresentavam o maior diafragma.

Outros problemas continuaram à medida que os inventores trabalhavam na tentativa de construir lentes mais potentes. Estava-se à procura de métodos de realce de contraste. Isso porque a luz sempre fora um problema (uma quantidade insuficiente conseguia ser levada ao redor e através do objeto a ser estudado) e, ao se adicionar contraste, era possível ver o objeto com maior clareza.

O suporte do microscópio também foi uma parte do equipamento que recebeu melhorias. Originalmente, o projeto do suporte não era o que poderíamos chamar de suporte. Em vez disso, o objeto de estudo era espetado numa agulha e podia ser posicionado ao se girar um parafuso. Mais tarde, esse sistema foi substituído por um suporte plano, porque permitia que objetos maiores em tamanho e formato pudessem ser observados. Assim, o problema da iluminação também foi sanado. A fonte de luz era posicionada abaixo do suporte e filtrada pelo objeto a ser observado.

Outros métodos de contraste foram desenvolvidos com um sucesso cada vez maior, até que uma maneira eletrônica de obtenção de imagens microscópicas foi introduzida em 1970. Os inventores continuaram a aumentar e a manipular o contraste. O "microscópio eletrônico" de nossos dias pode ver muito além do que os primeiros inventores jamais puderam conceber.

Apesar de os enormes avanços terem sido atingidos na evolução do microscópio, suas versões modernas funcionam obedecendo aos mesmos princípios dos originais. Um telescópio moderno funciona de maneira semelhante aos telescópios de refração, mas com algumas pequenas diferenças. Um telescópio precisa captar uma grande quantidade de luz de um objeto minúsculo e distante; assim, ele precisa de grandes lentes objetivas para obter a maior quantidade de luz possível e fazer com que a imagem possa apresentar um foco. Como as lentes objetivas são grandes, o foco da imagem do objeto só pode ser obtido a algumas centenas de centímetros, razão pela qual os telescópios são muito maiores do que os microscópios. A ocular do telescópio então amplia essa imagem e a traz ao olho do observador.

Para que funcione perfeitamente, o microscópio precisa captar a luz de um objeto bem-iluminado que esteja próximo. Conseqüentemente, o microscópio não necessita de grandes objetivas. As lentes objetivas de um microscópio são pequenas. Para que a imagem seja ampliada, é preciso que ela passe pelas "lentes oculares", podendo em seguida ser vista pelo observador.

De qualquer modo, o microscópio realiza aquilo que o seu nome implica. Permite que o usuário possa esquadrinhar aquilo que não pode ser visto a olho nu.

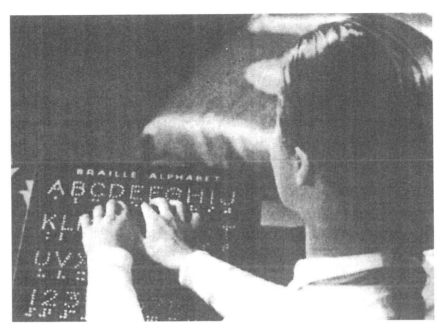

Cena do filme *A Donzela de Ouro* (1957). *Photofest*

47
O BRAILLE

Quando tinha apenas três anos, Louis Braille estava brincando na cutelaria de seu pai quando uma faca escapou-lhe das mãos e feriu seu rosto, fazendo com que ficasse cego. A perda da visão poderia ser devastadora para qualquer um, mas Braille não era o tipo de pessoa que se entregava. Ele era um garoto muito determinado e não se deixou abalar pelas circunstâncias; além do mais, era esperto e talentoso. Com 10 anos, obteve uma bolsa de estudos no Instituto Nacional para Crianças Cegas de Paris. Ele também era músico, tendo aprendido a tocar órgão e violoncelo.

Na escola, Braille teve contato com um sistema de leitura para cegos inventado por Valentin Hauy, fundador do instituto. O sistema consistia em correr os dedos por sobre uma folha de papel na qual as letras haviam sido gravadas em relevo, mas Braille e muitos outros achavam o sistema entediante. Outra desvantagem do sistema é que não ensinava as pessoas a escreverem. Não era um curso de "leitura, escrita e aritmética", era somente leitura.

No mesmo período, no entanto, havia surgido um sistema que representava um pequeno avanço na leitura nos casos em que a visualização ficava prejudicada, como na escuridão. Com o nome de "escrita noturna", o novo sistema havia sido inventado pelo capitão Charles Barbier, do exército francês, que o projetara com a intenção de permitir aos militares que pudessem ler à noite. (Naquele tempo, não podemos esquecer, não havia um método portátil de iluminação, como as lanternas.)

Braille descobriu o sistema de Barbier quanto tinha 15 anos e trabalhou com a intenção de aperfeiçoá-lo. O interessante — e indicativo do tipo de caráter que possuía — é que Braille estava realizando tudo isso sem o auxílio da visão.

O sistema Barbier era baseado em 12 pontos elevados que eram ordenados seguindo diferentes posições para representar as letras. Mas Braille inventou um sistema que utilizava metade dos pontos — apenas seis — e incluía uma série de contrações. Por exemplo, a letra *A* era representada por um ponto, a *B* por dois pontos, um sobre o outro, a *C* por dois pontos, um ao lado do outro. O sistema Braille aumentava a velocidade de leitura entre os cegos. Na realidade, eles podiam ler com o dobro da velocidade possível no sistema Barbier e com cerca da metade da velocidade de um leitor com visão.

Braille continuou a trabalhar em seu sistema e, quando completou seus 20 anos (1829), o sistema foi publicado e utilizado informalmente no Instituto Nacional para Crianças Cegas, do qual Braille havia se tornado professor. Mesmo com toda a eficiência, o sistema Braille, que viria a ser conhecido simplesmente por Braille, ainda não havia sido aceito por todos quando ele morreu, de tuberculose, em 1852.

O sistema Braille foi gradualmente caindo em desuso à medida que outros sistemas emergiam. Na década de 1860, um sistema de pontos de Nova York havia sido inventado e 10 anos mais tarde uma adaptação do Braille, chamado Braille Americano, foi posta em uso por um professor cego que trabalhava em Boston. Mas a superioridade do sistema Braille, que era mais rápido e mais fácil de usar, prevaleceu e foi adotado no mundo inteiro, sendo inclusive adotado na conferência internacional como sistema oficial de leitura para cegos em 1932.

Com o passar do tempo, o Braille passou a ser utilizado em vários países, e hoje existe um aparelho — um estilo acompanhado de outros utensílios — que permite que o cego escreva imprimindo as letras no papel. Diferentemente da escrita ocidental, os cegos escrevem da direita para a esquerda.

Existem, obviamente, muitos livros e documentos escritos em Braille produzidos ao se pressionarem folhas de papel contra uma placa de zinco sobre a qual o texto havia sido gravado (os dois lados do papel podem ser utilizados sem causar problemas), e o alfabeto também é utilizado por quem não é cego para taquigrafia, notação musical e na matemática e ciência.

Descobriu-se que as pessoas que ficaram cegas depois de adultas possuem maior dificuldade do que os jovens no domínio do Braille porque estavam acostumadas a outros alfabetos. Por conta disso, um inglês chamado William Moon inventou a "Tipologia Moon", que, como o Braille, é gravada em relevo, mas é baseada na modificação das letras do alfabeto romano.

O significado de um alfabeto para cegos é inacreditável. Antes de Braille, as pessoas cegas eram invariavelmente trancafiadas em hospícios, onde podiam ganhar algum dinheiro realizando trabalhos que não requeriam o uso da visão. Se essas pessoas, já infligidas pela falta da visão, não sofressem de distúrbios mentais quando entravam nessas instituições, é pouco provável que não passassem a ter quando saíssem delas.

Do mesmo modo, é claro, o Braille também abriu o mundo da leitura para pessoas que, de outra forma, seriam incapazes de acessar os textos escritos, o que permitiu que muitos cientistas cegos e outras pessoas contribuíssem enormemente para o progresso da humanidade.

Cena do filme *Sinal Vermelho* (1957). Photofest

48

O RADAR

Muitas pessoas acreditam que, durante a Batalha da Grã-Bretanha, foram os pilotos de aviões de caça britânicos que salvaram o país vencendo uma batalha aérea contra os alemães. Como disse o primeiro-ministro Winston Churchill: "Nunca tantos deveram tanto a tão poucos." Mas havia algo mais que ajudou a salvar o país, e muita polêmica pode ser levantada se disséssemos que a Grã-Bretanha poderia ter perdido a guerra sem o radar. Assim como a penicilina, que ajudou a salvar a vida dos soldados aliados que morreriam vítimas de infecções, o radar surgiu no período da Segunda Guerra Mundial.

O radar não havia sido inventado para a guerra. Ele havia sido desenvolvido por uma série de cientistas, mas a figura mais importante foi um escocês chamado Robert Watson-Watt, que começou a trabalhar nele em 1915.

Watson-Watt não iniciou seu trabalho visando aos tempos de guerra. Nascido em Brechin, na Escócia, ele havia se interessado inicialmente em telegrafia por ondas de rádio, que o levou a trabalhar no Escritório Meteorológico de Londres como cientista pesquisador. Os aviões estavam começando a se popularizar, e a preocupação na época era a de como protegê-los de tempestades e condições atmosféricas adversas.

Ele trabalhou naquilo que seria um radar primitivo — um acrônimo em inglês para *radio detection and ranging* (detecção e fixação de posição via rádio) — e, por volta do início da década de 1920, passou a integrar o setor de rádio do Laboratório Nacional de Física, onde estudou e desenvolveu equipamentos de navegação e sinais de rádio para a orientação de aeronaves.

O radar utiliza princípios muito semelhantes aos utilizados por morcegos para evitarem a colisão com objetos enquanto voam em alta velocidade durante a noite em cavernas completamente escuras. Uma antena emite ondas de rádio que, quando atingem os objetos, ricocheteiam e retornam como eco. Pode-se estabelecer a distância do obstáculo ou do alvo calculando-se o tempo que a onda de rádio levou para atingir o objeto e retornar.

Por fim, o potencial do radar como ferramenta militar foi descoberto e uma série de companhias, incluindo algumas empresas alemãs, esforçou-se rapidamente para desenvolvê-lo. Watson-Watt foi designado para trabalhar para o Ministério da Aeronáutica e para o Ministério de Produção de Aeronaves e recebeu carta-branca (apesar de algumas restrições impostas) para desenvolver o radar. Em 1935, ele havia criado um radar capaz de detectar uma aeronave a 65 quilômetros de distância. Dois anos mais tarde, a Grã-Bretanha já possuía uma rede de estações de radar protegendo sua área costeira.

A princípio, o radar apresentava uma falha. As ondas eletromagnéticas eram transmitidas ininterruptamente e apenas detectavam a presença de um objeto, mas não a sua posição exata. Então, em 1936, houve um progresso com o desenvolvimento do radar com emissões de ondas em pulso. Nesse sistema, os sinais são ritmicamente intermitentes, permitindo a medição entre os ecos de modo a determinar a velocidade e a direção de um certo alvo.

Em 1939, ocorreu um novo progresso tremendamente significativo: um transmissor de microondas de alta potência foi aperfeiçoado, e sua grande vantagem, que colocou a Grã-Bretanha à frente do resto do mundo, era sua precisão, independentemente das condições atmosféricas. Ele emitia um feixe curto que podia ser focado de forma precisa. Outra vantagem é que as ondas podiam ser captadas por uma pequena antena, o que permitia que o radar pudesse ser instalado em aviões e outros objetos.

As vantagens práticas eram muitas. Permitiu aos britânicos prepararem e organizarem seus aviões com grande precisão nas batalhas contra a força aérea alemã e com tal eficiência que os alemães só podiam realizar vôos noturnos. Naquele período, os britânicos haviam instalado pequenas unidades de microondas em suas aeronaves, permitindo que os pilotos de aviões de caça localizassem e atacassem os bombardeiros alemães durante a noite. Os radares auxiliaram na detecção e na destruição dos terríveis foguetes V1 e V2, as "bombas zunidoras" que os alemães estavam despejando em território britânico. Os radares também foram de grande auxílio no Dia D na localização de instalações de defesa das linhas alemãs, permitindo que os ataques fossem realizados com grande precisão, e também foram utilizados nos bombardeios em território alemão.

O radar, obviamente, ainda apresenta muitos usos civis. É de importância inestimável na meteorologia e permite a detecção de fenômenos meteorológicos perigosos, como tornados e furacões. Também é utilizado em todos os tipos de navegação, incluindo aeronaves, navios, foguetes e satélites. Mais do que isso, também é de uso corrente na exploração de outros planetas, incluindo a aferição da distância deles.

A maioria das pessoas está familiarizada com a utilização de radares por guardas de trânsito. Utilizando o infame (para alguns) radar, os guardas de trânsito podem detectar a velocidade dos veículos com tamanha precisão que os dados podem ser usados como prova em juízo. Apesar de desprezado por alguns, o uso do radar no trânsito tem salvado um grande número de vidas, pois motoristas que de outra maneira "pisariam fundo" têm que pensar duas vezes, já que os guardas de trânsito com um radar podem estar em qualquer lugar.

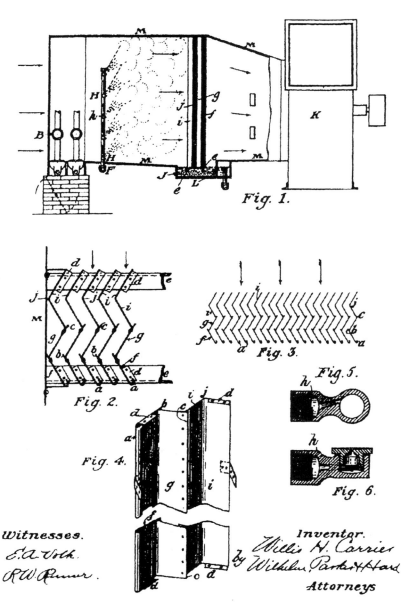

Desenho do projeto de patente, 1906, por Willis H. Carrier.
Escritório de Registro de Patentes dos Estados Unidos

49
O AR-CONDICIONADO

Assim como alguns dos maiores inventores, os responsáveis pelo desenvolvimento do ar-condicionado não estavam se preocupando em revolucionar o mundo, mas sim em resolver os problemas que viam ao redor deles.

No caso do ar-condicionado, foi ainda no século XIX e com o intuito de refrescar os pacientes de malária num hospital da cidade de Apalachicola, na Flórida, que o Dr. John Gorrie planejou um sistema que soprava o ar sobre bacias de gelo suspensas no teto. O aparelho permitia que a temperatura baixasse e fazia com que os pacientes tivessem maior conforto. Posteriormente, ele criou um mecanismo que comprimia um gás, forçando-o a passar por uma serpentina, refrescando-a ao se expandir. O dispositivo foi patenteado em 1851 e tornou-se o precursor dos modernos sistemas de refrigeração.

O homem que desenvolveu o ar-condicionado ao ponto em que se tornasse prático foi Willis Carrier. Ele é considerado o Pai do Ar-Condicionado.

A invenção de Carrier também começou a partir de um problema. Ele apreciava os desafios apresentados por um problema. Como admirador de Henry Ford e Thomas Alva Edison, ele compartilhava com o sentimento comum de sua época: com determinação e trabalho duro, qualquer coisa era possível.

Carrier era um homem determinado e disciplinado. Sua sobrinha relembra uma das últimas ocasiões em que viu o tio enquanto ele descansava numa cadeira em seu espaçoso quintal com seus cães a seus pés. "Ele estava sentado ali, com seu bloco de anotações e sua sempre presente régua de cálculo", relembra. "Perguntei: 'O que o senhor está fazendo aí fora, tio Willis?' Ele olhou para mim e disse, com toda a seriedade: 'Tentando imaginar o tamanho de uma gota de água.'"

Aparentemente, Carrier sempre tentou imaginar como as coisas funcionavam. Quando as respostas não vinham facilmente, ele persistia na procura. Sua sobrinha, que morava com ele na época, lembra-se de sua persistência: "Num dos primeiros encontros com o rapaz que viria a se tornar meu marido, ficamos fora até bem tarde", relata. "Quando estávamos próximo à entrada da garagem, notamos que todas as luzes da casa estavam acesas e me lembro de ter dito: 'Hum, o tio Willis deve estar acordado. É melhor entrarmos e enfrentarmos a situação.'" Quando ela e o namorado se aproximaram de Carrier, ele estava trabalhando com um bloco de anotações e uma régua de cálculo. Ele levantou os olhos, perdido em seus pensamentos, e disse: "Ah, chegaram cedo, hein?"

"Na realidade ele nos perguntou que horas eram", disse ela. "Acho que eu disse que eram duas horas, mas, na realidade, eram três. Mas ele não tinha a mínima idéia das horas. Nós o havíamos deixado na mesma posição, trabalhando, imaginando e rabiscando, por volta das nove horas da noite, e então ele nos disse: 'Meu Deus, já passou da hora de eu ir para cama. Boa-noite.'"

Um ano após ter se formado na Universidade de Harvard, ele operava uma impressora colorida na Companhia Siderúrgica de Buffalo. Ele descobrira que a temperatura elevada da fábrica estava alterando o tamanho final das fotos coloridas, porque as flutuações no calor e na umidade faziam com que o papel da impressora sofresse pequenas alterações, suficientes para desalinhar a impressão.

Carrier chegou à conclusão de que era necessário um ambiente com temperatura estável e, posteriormente, conseguiu criar um. O seu sistema resfriava e desumidificava o ar que circulava na fábrica ao passá-lo por duas serpentinas, uma resfriada por água de poços artesianos (água fria) e outra resfriada por um compressor de refrigeração à base de amônia. O sistema mantinha a temperatura e umidade ideais com confiabilidade.

Sua invenção foi instalada pela primeira vez em 1902, na Companhia Editora e Litografia Sackett-Wilhelms, no Brooklyn. De acordo com Carrier, a máquina foi a primeira a cumprir as quatro funções de um ar-condicionado: limpar o ar, refrescá-lo, fazê-lo circular e manter sua umidade. Carrier obteve a patente para o seu "Aparelho para Tratamento do Ar" em 1906, no mesmo ano que

Stuart Cramer, um engenheiro do Estado da Carolina do Norte, criou o termo "ar-condicionado".

Em 1915, Carrier, juntamente com seis amigos, fundou a Companhia de Engenharia Carrier. Ele continuou seu trabalho de aperfeiçoamento e desenvolvimento de ares-condicionados, e por volta do início da década de 1930 o aparelho já podia ser encontrado numa grande variedade de prédios comerciais.

Ironicamente, no entanto, Carrier não acreditou que sua casa, nas cercanias da cidade de Syracuse, no Estado de Nova York, necessitasse de ar-condicionado. Construída com pedras e estuque, sua casa era grande e bonita, rodeada por árvores imensas cuja sombra fornecia um resfriamento natural.

A Ponte do Brooklyn, em Nova York. *Tom Philbin III*

50

A PONTE PÊNSIL

Pergunte a qualquer pessoa quais são as pontes mais famosas do mundo e não será nenhuma surpresa se a resposta for a Ponte do Brooklyn, a Ponte Golden Gate ou a Ponte George Washington. Não é por coincidência que essas três estruturas gigantescas sejam do tipo "pênsil". A ponte pênsil, com sua possibilidade de estender-se por grandes vales e rios, tornou-se verdadeiramente uma "ponte" para a nossa moderna maneira de viver e viajar.

    O Império Romano fez muito para o aprimoramento do projeto de pontes, de maneira semelhante ao que fizeram com outros projetos arquitetônicos, mas quase nenhuma evolução ocorreu durante a Idade Média e a Renascença. Por volta de meados do século

XVII, as coisas começaram a mudar. Uma escola de engenharia, a École des Fonts et Chaussees, foi fundada em 1747 e muito do trabalho desenvolvido ali se dedicava à teoria da construção de pontes. Os estudantes da escola aprimoraram o projeto da "ponte em arco" de maneira a produzir estruturas menores, mas com a mesma força. As novas pontes permitiam um espaço maior na água para o tráfego fluvial cada vez mais elevado em lugares como o rio Tâmisa, em Londres, onde foi construída a Ponte de Londres.

Por volta do final do século XVIII, as novas "pontes de arcos em treliça", que incorporavam tanto as pedras como o ferro, permitiam vãos de até 60 metros. Pontes de madeira ainda eram predominantes. Nos Estados Unidos, durante o primeiro quarto do século XIX, uma ponte com 103 metros de extensão foi construída sobre o rio Schuylkill, na Filadélfia.

Os Estados Unidos, na época, atravessavam um período de grande crescimento, tanto em tamanho quanto em população. Rapidamente, teve-se a impressão de que rios como o Hudson, o Ohio e o Mississippi mais cedo ou mais tarde teriam que ser atravessados por pontes. E essas verdadeiras artérias teriam que ser cruzadas por pontes com centenas de metros de extensão. Além disso, o surgimento das linhas férreas significou também a aposentadoria das frágeis pontes de madeira, que não suportariam o peso e a vibração de locomotivas e vagões. Até mesmo a primitiva locomotiva De Witt Clinton, de 1831, alcançava a incrível marca de 3,5 toneladas. No final do século XIX, as locomotivas pesavam mais de 70 toneladas e alcançavam velocidades de até 96 quilômetros por hora. As estruturas das pontes haviam sido testadas até seu limite. As pontes de "viga de ferro" e "com treliças" — algumas com mais de 450 metros de comprimento — tornaram-se comuns a partir da segunda metade do século XIX, e um grande número de falhas e desabamentos ocorreu. O princípio da suspensão estava apenas aguardando o momento certo para tomar o lugar de destaque na construção de pontes com grandes vãos.

As pontes pênseis suportam o fluxo do tráfego e o peso dos veículos por meio de cabos flexíveis presos em cada uma das pontas da estrutura. Os cabos são esticados entre torres altas que podem ser elevadas a uma distância muito superior à distância das pontes em arco ou em "viga em balanço". Os cabos de aço, apesar da aparente fragilidade, suportam um peso muito maior em proporção ao seu peso se os compararmos a estruturas sólidas. Assim, a ponte de concreto em arco mais extensa possui 304 metros de extensão, a ponte com treliças mais longa possui 365 metros, e a maior ponte com viga em balanço atinge 548 metros de comprimento. A Ponte Verrazano Narrows, em Nova York, possui um vão principal de 1.298 metros e um vão de suspensão total que chega a 2.039 metros.

O trabalho mais sério no desenvolvimento da ponte pênsil começou em 1801, quando James Finley utilizou um encadeamento de ferro forjado para suportar as estruturas de duas torres gêmeas com 21 metros de altura na cidade de Uniontown, no Estado da Pensilvânia. Em 1826, Thomas Telford projetou e construiu uma ponte com 177 metros de extensão atravessando o Estreito de Menai, no País de Gales. Essa ponte possuía duas torres de pedra e encadeamento de cabos de ferro forjado para suportar a estrutura de uma plataforma de madeira. A Ponte Menai ganhou fama mundial em pouco tempo e ainda está em uso após um trabalho intenso de reconstrução em 1940.

Os Estados Unidos tomaram a frente no processo de construção de pontes pênseis em meados do século XIX. Em 1849, uma ponte pênsil com cabos de aço de mais de 307 metros de comprimento foi construída por Charles Ellet na cidade de Wheeling, no Estado da Virgínia Ocidental. Quando a ponte ruiu, em 1854, após uma tempestade, John A. Roebling a reprojetou. Roebling viria a se tornar o maior defensor e projetista de pontes pênseis.

Nascido na Prússia, em 1806, Roebling formou-se em engenharia civil em Berlim, em 1826. Ele foi para os Estados Unidos em 1831 e ajudou a fundar um assentamento rural com outros engenheiros alemães próximo à cidade de Pittsburgh, no Estado da Pensilvânia. Roebling se tornou engenheiro civil a serviço do governo da Pensilvânia em 1837. Enquanto trabalhava projetando canais, ele sentiu a necessidade de que as cordas à base de cânhamo fossem substituídas por cabos de aço. Ele aperfeiçoou o processo de produção de um cabo de aço com fios trançados em 1841 e, graças à aceitação do produto, começou a produção comercial em Trenton, Nova Jersey, em 1849. Anteriormente, ele já havia construído um aqueduto pênsil, a Ponte Allegheny (uma ponte que transporta água) em maio de 1845, sobre o rio Allegheny, próximo a Pittsburgh. Num curto período, ele projetou e construiu pontes pênseis, como a ponte da linha férrea que atravessa as Cataratas do Niágara, em 1855, e, seu mais importante trabalho, a ponte de 322 metros sobre o rio Ohio, próximo a Cincinnati, em 1866.

Havia, na época, um crescimento na demanda por pontes para ligar Manhattan à então independente cidade do Brooklyn, em Nova York. As barcaças e balsas estavam se tornando cada vez mais inadequadas, caras e até mesmo perigosas. Mas uma ponte sobre o rio East teria que ter centenas de metros de extensão. Em 1867, Roebling foi indicado engenheiro-chefe da construção da Ponte do Brooklyn.

Seu projeto, que foi aprovado, era de uma ponte com 486,16 metros de comprimento, que se tornaria a maior ponte do mundo. A construção foi iniciada em 1869, mas, infelizmente, Roebling faleceu num acidente. Entretanto, o filho de Roebling, Washington, pôde ver o projeto de seu pai concluído.

Washington Roebling, assim como seu pai, havia se formado em engenharia civil. Nascido em Saxonburg, na Pensilvânia, em 1837, ele obteve sua graduação no Instituto Politécnico Rensselaer, em 1857. Trabalhou com o pai no desenvolvimento da fábrica de cabos de aço e auxiliou na construção da Ponte Allegheny.

Após ter atingido o posto de coronel no exército da União durante a Guerra de Secessão, Roebling se juntou a seu pai na elaboração do projeto da ponte sobre o rio Ohio. Em 1867, ele embarcou para a Europa para estudar a construção de fundações submersas. O método de se utilizarem "caixas" para permitir que os trabalhadores pudessem escavar e despejar as fundações da ponte se tornara vital na construção da Ponte do Brooklyn.

Depois da morte de John Roebling, em 1869, Washington assumiu o controle do projeto da Ponte do Brooklyn, que levou 14 anos para ser concluída. Em 1872, ele desmaiou após passar muitas horas na caixa de construção subaquática; sofreu uma "embolia", uma condição que era uma verdadeira praga e que por muitos anos afligiu todos que trabalhavam em construções submersas e com mergulho. A saúde de Washington foi afetada para sempre pela doença e ele permaneceu acamado no último estágio da construção da ponte. Ele viria a falecer em 1926.

A Ponte do Brooklyn — que era ao mesmo tempo prática e bonita — em pouco tempo viria a receber o tráfego não apenas de cavalos e carruagens, mas também de trens, automóveis e pedestres. Ela foi a precursora do rápido desenvolvimento de pontes pênseis no século XX. David Steinman desenvolveu um cabo trançado "protendido", que simplificava e reduzia o custo da sua produção. Essa nova técnica foi incorporada pela primeira vez na Ponte Grand Mère, em Quebec, no Canadá, em 1929. Além disso, outros projetistas, como Othmar Ammann, incorporam o uso de vigas de reforço sobre o vão da pista de automóveis para reduzir o número de cabos radiantes.

Em 1931, o projeto mais famoso de Ammann — a Ponte George Washington — uniu Nova York e Nova Jersey, atravessando o rio Hudson com seu vão de 1.066 metros.

Termômetro auricular digital. *Duracell*

51
O TERMÔMETRO

O termômetro é tão comum quanto o mais comum dos resfriados. Quase todos nós já tivemos contato com o instrumento — uma mãe, por exemplo, o coloca embaixo do braço (ou sob a língua) do filho quando ele está doente. É feito de vidro e possui algum fluido em seu interior — geralmente mercúrio.

À primeira vista, o termômetro parece uma invenção nada complexa. O seu funcionamento se baseia numa simples premissa: os líquidos mudam de volume proporcionalmente à temperatura a que são submetidos. Os líquidos ocupam menos espaço quando estão frios e mais espaço quando são aquecidos. Como a reação do líquido às diferenças de temperatura é acelerada caso o líquido seja confinado a um tubo estreito, criou-se o invólucro de vidro do termômetro. Essa é uma das vantagens de seu desenho: o líquido, reagindo rapidamente à temperatura, está acondicionado a um tubo que foi calibrado e que permite que a temperatura seja facilmente lida.

Os primeiros termômetros receberam o nome de "termoscópios" e utilizavam diversos tipos de líquidos. O inventor italiano Santorio foi o primeiro a colocar uma escala numérica no dispositivo. Galileu também inventou, em 1593, um termômetro rudimentar utilizando água, que servia para medir a variação de temperatura.

O termômetro mais antigo a se assemelhar com os termômetros modernos foi inventado pelo físico alemão Daniel Gabriel Fahrenheit, em 1714. Ele foi o primeiro inventor a utilizar o mercúrio em seu termômetro — um líquido de uso comum nos dias de hoje. Vedar o mercúrio num termômetro de vidro solucionou muitos dos problemas associados à utilização de água e outros líquidos. O uso do mercúrio evitou os problemas de congelamento e ebulição associados à água e também apresentava a vantagem de não evaporar.

Os termômetros modernos são calibrados em unidades de medida de temperatura padrão, como o Fahrenheit e o Celsius. Antes do século XVII, não havia uma maneira de se quantificar a temperatura. Em 1724, a primeira escala utilizada recebeu o nome de "Fahrenheit", em homenagem a Daniel Gabriel Fahrenheit, que também inventou o termômetro a álcool em 1709 e o termômetro de mercúrio em 1714.

Mais tarde, a "escala Celsius" foi inventada. Ela também é conhecida com a escala de "centígrados", que significa literalmente "constituída ou dividida em 100 graus". A escala, inventada pelo astrônomo sueco Anders Celsius, é dividida em 100 graus entre os pontos de solidificação e ebulição da água. Ele delineou a escala em centígrados ou escala Celsius em 1742. O termo "Celsius" foi adotado em 1948 por uma conferência internacional de pesos e medidas.

Uma outra escala foi inventada em 1848 para medir aquilo que seu inventor, William Thomas, que mais tarde se tornaria o barão Kelvin de Largs, chamou de "extremos absolutos de calor e frio". Thomas desenvolveu o conceito de temperatura absoluta, chamando-o de segunda lei da termodinâmica ou a teoria dinâmica do aquecimento.

Com o passar do tempo, os inventores de termômetros seguiram o mesmo caminho trilhado pela maioria dos inventores: encontrar diferentes aplicações para seus inventos. Os termômetros de então eram utilizados exclusivamente na aferição da temperatura da água e de gases.

O primeiro termômetro utilizado para medir a temperatura de um paciente foi inventado por Sir Thomas Allbutt, em 1867. Os termômetros antigos eram semelhantes aos modernos e somente mais tarde modelos diferentes foram desenvolvidos para medir a temperatura das pessoas, colocando-o sob a língua, a axila ou no ânus.

Theodore Hannes Benzinger, um cirurgião da aeronáutica servindo na Luftwaffe durante a Segunda Guerra Mundial, inventou o primeiro termômetro auricular. Em 1984, David Phillips inventou o termômetro auricular infravermelho. Ele permite a rápida determinação da temperatura. Jacob Fraden inventou o termômetro auricular mais vendido no mundo, que continua popular até hoje.

A determinação das duas mais populares escalas de temperatura representa uma história à parte. Apesar de aparentemente científica, a escala Fahrenheit foi estabelecida arbitrariamente. Segundo consta, o seu inventor, Daniel Gabriel Fahrenheit, decidiu arbitrariamente que os pontos de solidificação e ebulição da água podiam ser separados por 180 graus, colocou um termômetro na água em ponto de solidificação e marcou o nível de mercúrio como sendo de 32 graus. Posteriormente, ele colocou o mesmo termômetro na água em ponto de ebulição e marcou o nível de mercúrio como 212 graus. Finalmente, ele colocou 180 pontos identicamente espaçados entre os pontos de ebulição e solidificação.

Anders Celsius, também decidindo arbitrariamente os pontos de ebulição e solidificação da água, determinou que eles deveriam ser divididos em 100 graus e marcou o ponto de solidificação da água a 100 graus. Sua escala foi posteriormente invertida, de modo que o ponto de ebulição da água passou a determinar 100° Celsius, e o ponto de solidificação se tornou 0° Celsius.

Os líquidos não são as únicas substâncias a alterar suas características quando aquecidos ou resfriados. Assim como os termômetros encapsulados em vidro, que são apropriados para medir a temperatura com precisão, termômetros com tiras bimetálicas funcionam sob o princípio de que diferentes metais reagem de maneira diferente quando aquecidos ou resfriados. Diferentes metais se expandem em proporções diferentes quando aquecidos. Esses termômetros geralmente são utilizados em fornos.

O termômetro eletrônico, também conhecido como "termo-resistor", muda sua resistência de acordo com a variação de temperatura. Ele funciona como um computador, no qual circuitos medem a resistência elétrica e convertem os valores numa temperatura que é posteriormente exibida.

52

A INCUBADORA

Dois de meus seis netos nasceram prematuramente. Um deles pesava apenas 1.360 gramas, e o outro tinha menos de 910 gramas. Eu me lembro de que pareciam com frangos num supermercado. Eles eram umas coisinhas avermelhadas, magras e enrugadas, presos a uma série de tubos em suas incubadoras, e exigiam monitoramento constante.

Também me lembro de num determinado momento ter perguntado a uma das enfermeiras: "O que aconteceria aos bebês se não tivéssemos incubadoras?"

"Ah", respondeu ela, "eles fatalmente morreriam!"

Pesquisando o assunto, descobri que nem todos os bebês prematuros morriam, mas os números eram alarmantes. Em 1888, de todos os bebês nascidos prematuramente, cerca de 68% morriam. Mas a incubadora estava prestes a entrar em cena, e o começo de tudo, de todas as utilizações possíveis, está no galinheiro.

Em 1824, na Inglaterra, uma incubadora artificial havia sido utilizada, a fim de chocar alguns ovos de galinha, numa apresentação para a princesa Vitória, demonstrando que o calor podia fazer maravilhas na área animal, mas ninguém havia pensado em utilizá-lo para bebês.

Em 1878, Stephane Tarnier, médico de um hospital infantil em Paris, visitou um zoológico das proximidades, o Jardin d'Acclimation, e notou um aparato, projetado pelo zelador do zôo, Odile Martin, para chocar os ovos. Ocorreu a Tarnier a idéia de que o aparelho também poderia ser utilizado para manter os bebês prematuros aquecidos.

Tarnier conseguiu uma caixa projetada por um fazendeiro e, em 1883, apresentou seu projeto ao conceituado periódico britânico da área de medicina *The Lancet*. Após apreciação favorável, o periódico publicou um artigo completo a respeito da caixa de

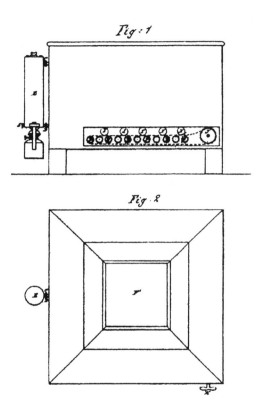

Desenho do projeto de patente, 1881, por Odile Martin.
Escritório de Registro de Patentes dos Estados Unidos

Tarnier com os desenhos utilizados no projeto de patente. Apesar de a caixa poder ser utilizada para chocar ovos de galinhas, o *The Lancet* observou que ela também poderia ser "aplicável" para outros propósitos, um dos quais, obviamente, era para bebês.

Produzida com paredes duplas e uma tampa de vidro, a incubadora permanecia a uma temperatura maior pela ação da água quente, que era aquecida por métodos dos mais variados e permanecia no vão entre as paredes. Ela tinha capacidade de abrigar duas crianças que podiam ser posicionadas pela lateral da caixa. A temperatura era mantida a 30° Celsius.

A incubadora era usada no Hospital-Maternidade de Paris, e o percentual de mortes entre crianças nascidas com menos de dois quilos caiu de 66% para 38%. Não era uma panacéia, mas, sem dúvida, representou um avanço. E esses resultados foram obtidos sem que nenhuma unidade especial tivesse sido criada. Em 1893, isso foi feito por Pierre Budin, um dos colegas de Tarnier.

Os franceses queriam de maneira enfática dividir o sucesso que estavam obtendo e, em 1896, enviaram seis de suas incubadoras para a Exposição de Berlim. Martin Couney, o assistente da exposição, solicitou e obteve seis bebês prematuros de um hospital próximo e os colocou nas incubadoras. Ele acreditou que não haveria nenhum risco para os bebês, já que não sobreviveriam quaisquer que fossem os esforços. Mas a avaliação dele estava errada. Todos os seis bebês sobreviveram e a incubadora teve um sucesso estrondoso.

No ano seguinte, o mesmo experimento foi conduzido numa exposição britânica, mas nenhum dos pais daquele país quis arriscar a vida dos filhos numa invenção francesa. De fato, para que pudessem demonstrar a incubadora, bebês prematuros franceses tiveram que ser "importados".

Em outras palavras, a popularidade das incubadoras não apresentou avanços. Em 1897, o *The Lancet* chegou a comentar que as incubadoras ainda não estavam "completamente difundidas na Inglaterra".

Uma das críticas a respeito das primeiras incubadoras é que exigiam monitoramento constante de temperatura, já que não havia um controle automático. Isso exigia que uma enfermeira ou outra pessoa verificasse se a temperatura da caixa não estaria muito elevada ou muito baixa. Outros reclamavam que as incubadoras eram somente utilizadas em bebês de pais ricos.

Mas alguns progressos estavam sendo realizados, principalmente na área de controle de temperatura. Uma incubadora exibida numa feira de produtos agrícolas apresentava uma tira bimetálica, como as utilizadas nos termostatos de aquecedores domésticos, que ajustaria a temperatura automaticamente.

Havia uma outra preocupação a respeito da exposição de bebês em feiras. Por exemplo, o *The Lancet*, em seu número de fevereiro de 1898, perguntava: "Será que está de acordo com a dignidade da ciência que incubadoras com bebês vivos sejam exibidas ao lado da correria de crianças brincando, do carrossel, do jogo de mão na mula, dos animais selvagens, dos palhaços, dos shows e de toda a iluminação e barulho de uma feira popular?"

Mesmo assim, havia um lado positivo: as incubadoras obtiveram propaganda gratuita e chamaram a atenção do mundo. Como se diz, não existe publicidade má. Mais de 90 anos após a Exposição de Berlim, alegrei-me por eles terem realizado o serviço de divulgação.

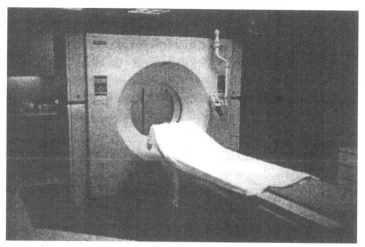

Moderno scanner de tomografia computadorizada.
Foto do autor

53

A TOMOGRAFIA COMPUTADORIZADA

A tomografia computadorizada (TC) permitiu que pela primeira vez os médicos pudessem verificar os tecidos de difícil visualização dentro de um corpo. Foi um salto gigantesco em relação ao seu predecessor, a máquina de raios X. Os raios X apenas permitiam delinear os ossos e órgãos a serem avaliados.

A tomografia computadorizada, também conhecida por "tomografia axial computadorizada", utiliza um computador que produz imagens detalhadas de cortes transversais do corpo. Desse modo, os médicos podem examinar pequenas "fatias" do corpo e determinar com precisão as áreas a exigirem cuidados.

A tomografia foi inventada em 1972 pelo engenheiro britânico Godfrey Hounsfield, dos Laboratórios EMI, na Inglaterra, e simultaneamente pelo físico sul-africano Allan Cormack, da Universidade de Tufts.

Os primeiros scanners de tomografia computadorizada foram instalados entre os anos de 1974 e 1976. Os sistemas originais foram projetados para fazer o escaneamento apenas da cabeça. Sistemas que permitissem a avaliação de todo o corpo se tornaram disponíveis em 1976.

O primeiro scanner de tomografia desenvolvido por Hounsfield levava várias horas para obter os primeiros dados para um escaneamento simples de uma única parte e levava dias para reconstruir esses dados. Os scanners de TC de hoje podem coletar até quatro cortes axiais de dados de imagens de milhões de pontos em menos de um segundo. Nos equipamentos mais recentes, o tórax de um paciente pode ser examinado num tempo que varia de 5 a 10 segundos utilizando o sistema mais avançado de multisseccionamento.

Na história da TC, muitos dos aprimoramentos levaram em conta o conforto do paciente, com uma maior parte do corpo analisada num menor espaço de tempo, e o aprimoramento da qualidade das imagens. Muitas das recentes pesquisas têm sido realizadas com o intuito de aprimorar a qualidade das imagens para um melhor diagnóstico com a menor exposição a doses de raios X possível. Desse modo, o paciente tem a possibilidade de obter a melhor qualidade possível de imagem para diagnóstico mantendo o risco de superexposição num nível mínimo.

Vistos do lado de fora, os scanners de TC são semelhantes a uma grande caixa. A abertura onde o paciente é posicionado mede entre 61 e 71 centímetros. Do lado de dentro, a máquina possui uma estrutura rotativa com um tubo de raios X fixado num dos lados e um detector no formato de uma meia-lua no lado oposto. Um feixe em leque de raios X é criado à medida que a estrutura gira o tubo de raios X e o detector em volta do paciente. A cada vez que o tubo de raios X e o detector fazem uma rotação de 360 graus, uma imagem completa, ou parte dela, é focada a uma espessura determinada utilizando um obturador de chumbo em frente do tubo de raios X e do detector.

Enquanto o tubo de raios X e detectores fazem uma série de rotações completas, o detector efetua uma série de capturas instantâneas do feixe de raios X. Ao longo de uma rotação completa, cerca de

1.000 secções verticais são obtidas. Cada amostra é subdividida espacialmente pelos detectores e alimenta cerca de 700 canais individuais e reconstruídos na ordem inversa por um computador especial numa imagem bidimensional da porção submetida ao escaneamento. A fim de controlar o escaneamento por completo, uma série de computadores é utilizada. Assim como um dançarino com vários parceiros, o computador "principal" conduz o processo e orquestra a operação de todo o sistema.

Incluído no sistema está um computador especial que reconstrói os "dados não trabalhados da TC" em forma de imagem. Num ponto específico, um técnico monitora o exame. Os computadores de TC possuem múltiplos microprocessadores que controlam a rotação do "guindaste rolante", do movimento da mesa e de outras funções, como ligar e desligar o feixe de raios X.

Uma diferença essencial entre o escaneamento da TC e os raios X é que a TC permite imagens diretas e a diferenciação de órgãos e estruturas internas, como o fígado, os pulmões e a gordura. Ela é especificamente útil na detecção de lesões, tumores e metástases. Para auxiliar no diagnóstico de tais elementos, a TC revela a presença, o tamanho, a localização espacial e a extensão do material. Um outro exemplo dos benefícios da TC é a possibilidade de se obterem imagens da cabeça e do cérebro para a detecção de tumores, coágulos, defeitos em artérias, ventrículos aumentados e outras anomalias como as dos nervos e músculos oculares.

Devido à pouca exposição durante o escaneamento, a TC pode ser usada em todas as regiões anatômicas. Algumas delas incluem estruturas ósseas, como os discos vertebrais, estruturas complexas das juntas como os ombros ou os quadris, como estrutura funcional, e fraturas, como as que afetam a coluna vertebral.

O benefício da TC pode ser observado nos centros traumatológicos. Isso porque a TC é rápida, fácil e permite uma visão geral e rápida das patologias que representam risco de morte e auxiliam os cirurgiões a tomarem decisões precisas quanto ao curso do tratamento a ser administrado. Com o surgimento da TC espiral, a aquisição contínua de volumes de TC completas pode ser utilizada para diagnosticar vasos sangüíneos com a angiografia de TC.

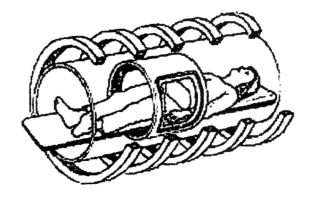

Escaneamento por ressonância magnética. *Instituto Nacional de Saúde*

54

O APARELHO DE RESSONÂNCIA MAGNÉTICA

A Imagem por Ressonância Magnética (IRM) chegou a princípio a ser chamada de imagem por ressonância nuclear magnética, mas a palavra "nuclear" foi retirada cerca de 15 anos atrás, por causa do receio que os pacientes tinham de que alguma coisa radioativa estava envolvida, o que não é verdade. A IRM é uma maneira de obter imagens de diferentes partes do corpo sem o uso de raios X ou da tomografia computadorizada (TC) e apresenta uma série de vantagens.

Assim como muitas invenções que envolvem alta tecnologia, a IRM teve uma longa gestação. Foram necessários vários anos de estudos, até que, em 3 de julho de 1977, a primeira IRM foi realizada em um ser humano. O evento teve pouca repercussão fora da comunidade médica, mas o efeito foi a produção de vários equipamentos a cada ano.

A primeira imagem levou quase cinco horas para ser obtida. Ela era, para os padrões de hoje, bastante primitiva. Mesmo assim, Raymond Damadian, médico e cientista, juntamente com Larry Minkoff e Michael Goldsmith, trabalharam com afinco por muitas horas para aperfeiçoar o equipamento. A princípio, batizaram a máquina original com o nome de *Indomável*.

Até 1982, havia um pequeno número de máquinas de IRM nos Estados Unidos. Mas hoje elas chegam aos milhares. Imagens que levavam horas para serem obtidas demoram agora segundos. As máquinas são geralmente menores — apesar de não parecerem menores quando são vistas —, têm mais opções e são mais silenciosas do que os primeiros modelos, mas a tecnologia em si permanece complexa.

Os aparelhos de IRM são semelhantes a um cubo gigante. Possuem dois metros de altura, dois de comprimento e três de profundidade. Existe um tubo horizontal que se desloca pela máquina, vindo do fundo até atingir a parte da frente. Esse tubo é chamado de vão do magneto, que por si só é a parte mais importante do aparelho. Enquanto o paciente se encontra deitado, com as costas sobre uma mesa, ele é deslocado para dentro do vão. O tipo de exame a ser executado determina se a cabeça do paciente será colocada primeiro ou seus pés e o quanto do corpo será introduzido na máquina.

A IRM funciona da seguinte maneira: uma antena de ondas de rádio é utilizada para enviar sinais para o corpo, e depois os sinais são recebidos de volta. Esses sinais recebidos são convertidos em imagens por um computador acoplado a um scanner. As imagens podem ser obtidas de qualquer parte do corpo e podem focar porções pequenas ou grandes do corpo.

Funcionando em conjunto com ondas de rádio, a IRM pode selecionar uma parte dentro do corpo do paciente e pedir para que o tipo de tecido seja identificado. O scanner apresenta grande precisão: o ponto ou secção pode ser de meio milímetro cúbico. O sistema de IRM então avança pelo corpo do paciente, ponto a ponto, construindo um mapa dos tipos de tecidos e, posteriormente, integra essas informações em forma de imagens bi ou tridimensionais. A qualidade das imagens é muito superior às obtidas com outros equipamentos, como os raios X e a TC.

Uma outra vantagem da IRM é que ela pode "olhar" os tecidos de difícil visualização do corpo. O cérebro, a espinha dorsal e os nervos em especial podem ser vistos com maior clareza com a IRM do que com os raios X e a TC. Além disso, como os músculos, tendões e ligamentos podem ser mais bem visualizados, os escaneamentos de IRM podem ser utilizados para diagnosticar joelhos e ombros após lesões. A segurança é um outro aspecto positivo da IRM. Diferentemente da radiação dos raios X e dos benefícios limitados da TC, uma IRM apresenta pouco risco à saúde e é segura para a maioria dos pacientes.

Uma desvantagem apresentada pelo exame é que alguns pacientes podem ser claustrofóbicos (que têm medo de lugares fechados) ou até mesmo apresentar algum grau de ansiedade associado aos barulhos como de um martelo que são emitidos enquanto o escaneamento está sendo realizado. Protetores auriculares são oferecidos aos pacientes por essa razão. Uma desvantagem para os técnicos — não para os pacientes — é que o ambiente na sala de exame precisa ser meticulosamente controlado. A força magnética dentro da máquina e em volta dela é muito forte, e qualquer objeto de metal pode ser sugado para dentro dela. Por esse motivo, os técnicos precisam se certificar de que não existem objetos metálicos no corpo do paciente (próteses metálicas dentro do corpo geralmente não apresentam riscos) ou na sala de exame. Isso inclui cartões de crédito, filmes ou qualquer outro dispositivo com uma tira metálica que possa ser afetado pelos efeitos do campo magnético.

O futuro da IRM parece ser ilimitado. Seu uso se disseminou em menos de 20 anos e já apresentou inestimáveis avanços para a medicina.

Fábrica de drywall. *U. S. Gypsum*

55

O DRYWALL (DIVISÓRIAS DE GESSO ACARTONADO)*

O milagre do drywall somente pode ser completamente apreciado ao sabermos que, antes de sua invenção, no final da década de 1890, as paredes recebiam uma camada de gesso, e esta era uma técnica muito

---

* As divisórias de gesso acartonado são muito utilizadas em países onde a construção atingiu elevados índices de industrialização. Essa tecnologia de vedações traz consigo o conceito de montagem a seco, com o emprego de componentes produzidos em fábrica, sem a necessidade de moldagem em obra. Entre nós, o uso do drywall — como ficaram conhecidas essas divisórias — ainda não é disseminado, mas já existem muitas obras que mostram sua viabilidade técnica e econômica (notadamente edifícios comerciais), e diversos fabricantes de grande porte instalaram suas fábricas no Brasil. (N.T.)

complexa. Apenas alguns profissionais altamente especializados podiam criar uma textura de parede plana de maneira impecável. Tal proeza pode ser alcançada facilmente pelo mais simples dos drywalls.

O gesso é uma mistura de materiais facilmente encontrados na natureza, como a gipsita (sulfato de cálcio hidratado), água, cal e, dependendo do uso do gesso, areia, cimento ou outro material. O uso desse material para o revestimento de interiores remonta aos tempos das pirâmides, em 2000 a.C., mas sua utilização na construção é muito anterior, tendo sido encontrados indícios na Anatólia (atual Turquia) por volta de 6000 a.C.

O mineral em si aparece na natureza tanto em forma de pó ou de rocha e sua composição concentra duas partículas de água para cada partícula de sulfato de cálcio. Quando a rocha é triturada e moída, uma porção considerável de água é liberada. Ao se introduzir a água e adicionar-se o óxido de cálcio à mistura seca de gipsita, o material torna-se plástico e maleável por aproximadamente 10 a 15 minutos antes que seque e adquira a forma semelhante a uma pedra macia.

Como a gipsita é encontrada abundantemente na maioria dos lugares da Terra, a descoberta dessas propriedades foi praticamente universal. No entanto, o processo de redução a pó por calor passou a ser conhecido como "gesso de Paris", devido aos modeladores da capital francesa que descobriram e trabalharam num grande depósito no distrito de Montmartre. O emplastramento, como já mencionamos, não é um trabalho fácil. Para emplastrar uma parede, uma "armação de sarrafos" é montada sobre um suporte da parede a ser erguida. Nos tempos antigos, a armação era feita de ripas de madeira fixadas com pregos ao suporte, mantendo-se um pequeno espaço entre cada uma das ripas, de modo que o gesso pudesse se fixar à superfície. Duas outras camadas de gesso eram aplicadas em seguida, um outro revestimento "raspado" e, posteriormente, uma outra camada chamada de revestimento com "massa de enchimento", que dependia completamente de quem manuseava a ferramenta de alisamento. Esse processo era conhecido como *wetwall*.

No final do século XIX, Augustine Sackett e Fred L. Kane tiveram a idéia de criar um novo material de construção: folhas de papel de palha pré-fabricadas e resina de alcatrão. Infelizmente (ou felizmente, dependendo do ponto de vista), a resina escorria em todo revestimento. Não sendo daqueles que desistem facilmente, Sackett e Kane substituíram o papel de palha por papel manilha e gesso calcinado (gesso de Paris) no lugar de resina. Quando seco, o resultado foi fenomenal — uma placa resistente e macia que podia ser aplicada diretamente ao suporte e apoiar qualquer tipo de revestimento. E era (e ainda é) fácil de utilizar.

As folhas normalmente são instaladas horizontalmente contra o suporte e fixadas com parafusos especialmente projetados para o drywall. As extremidades do drywall são afiladas de modo que quando a junção é vedada com "fita de junção" e *spackling* — três revestimentos — é difícil descobrir onde estão as emendas se o trabalho tiver sido executado por um bom profissional. Os parafusos utilizados na fixação também são recobertos.

O material é fácil de cortar. Quando se produz um sulco com uma faca, uma leve pressão aplicada contra a área sulcada permite que o drywall seja dividido em partes menores (conhecidas como folhas de gesso).

O drywall vem em diversas dimensões (de até 3,66 metros) e espessuras. Também está disponível na versão à prova d'água para uso em banheiros ou em outras áreas expostas à umidade.

Com todas essas características, o drywall também é um dos produtos mais baratos à disposição dos construtores, já que a matéria-prima utilizada em sua confecção é muito barata.

Quando o primeiro drywall surgiu, no entanto, não cativou o público de imediato. Foram necessários 10 anos de trabalho duro na promoção do produto entre construtores, mas, logo que perceberam a economia de tempo representada pelas Placas de Gesso Sackett, o produto passou a ser adotado em alta escala. Em 1909, Sackett e Kane estavam produzindo 47 milhões de metros quadrados de placas de gesso por ano. No mesmo ano, Sackett vendeu sua companhia para a U. S. Gypsum, que redesenhou sua invenção para torná-la mais leve e resistente. Em 1917, a U. S. Gypsum batizou o material com o nome que é utilizado até hoje: *sheetrock* (folha de rocha).

O drywall é uma invenção importante, porque sem ele as casas e outras construções levariam mais tempo para serem concluídas e custariam muito mais.

É notório que o trabalho com gesso ou wetwall é superior ao drywall. Se você der um murro num drywall, provavelmente seu punho atravessará a placa. Se tentar o mesmo procedimento numa parede de gesso, provavelmente terminará recebendo tratamento num hospital.

56
O MOTOR ELÉTRICO

Quando jovem, Michael Faraday trabalhava como mensageiro para uma loja de encadernação de livros em Londres. Nascido em 1791, numa família pobre, ele foi uma criança extremamente curiosa, que questionava tudo. Seu desejo por conhecimento o levou a ler todo livro que lhe caísse às mãos e chegara mesmo a prometer escrever seu próprio livro.

Faraday era um cientista, curioso por natureza, e sua curiosidade o levou à exploração de aparelhos mecânicos e eletromecânicos, particularmente a força motriz. Mas costumava sentir que o cientista estava sempre impedido ou de algum modo sufocado de tal modo que suas idéias jamais viriam a emergir. Como ele mesmo escreveu: "O mundo sabe muito pouco sobre quantos pensamentos e teorias que passaram pela cabeça do cientista pesquisador foram oprimidos em silêncio e segredo por conta de seu próprio senso crítico e análise desfavorável. Nos casos mais bem-sucedidos, nem um décimo das sugestões, das esperanças, dos desejos e das conclusões preliminares foi concretizado."

Assim, em 1831, ele obteve sucesso na construção do primeiro motor elétrico. Ao mesmo tempo, Joseph Henry estava trabalhando no mesmo tipo de motor e também obteve crédito pela invenção. Em 1837, o motor recebeu uma série de aperfeiçoamentos, mas somente em 1887 Nikola Tesla apresentou o motor de corrente alternada (AC). Todos os motores até então utilizavam corrente contínua (DC). O motor elétrico de corrente contínua havia sido inventado por Thomas Davenport, um ferreiro norte-americano.

A diferença entre a corrente alternada e a corrente contínua é importante para se compreender a razão pela qual utilizamos os motores com corrente alternada. A corrente contínua pode ser explicada pelas pilhas e baterias. As pilhas e baterias são preenchidas com fluidos eletrolíticos com dois diferentes tipos de metal. Esses

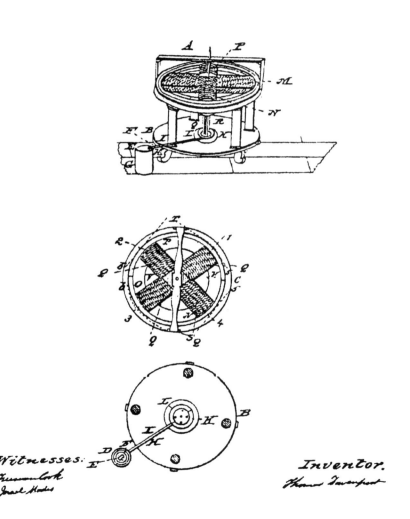

Desenho do projeto de patente do motor elétrico com corrente contínua, 1837, por Thomas Davenport. *Escritório de Registro de Patentes dos Estados Unidos*

metais apresentam diferentes propriedades elétricas; num lado da bateria, está o pólo negativo e no outro, o pólo positivo. A eletricidade circula de maneira direta, sempre obedecendo ao mesmo sentido.

A corrente alternada, por outro lado, envolve um tipo de corrente elétrica que flui alternadamente nas duas direções quando um campo magnético é aplicado a ela, isto é, quando um magneto é girado a 180 graus próximo à corrente de elétrons, estes fluem na direção oposta. Mas, quando o magneto é girado rapidamente, os elétrons fluem numa direção e para outra em ondas alternadas.

O sucesso inicial e anterior de Faraday com dois dispositivos levou ao motor elétrico, naquilo que ele chamou de "rotação eletromagnética contínua", isto é, o movimento circular contínuo da força motriz magnética circular ao redor de um fio. Mas somente 10 anos depois, em 1831, ele realizou seus famosos experimentos nos quais descobriu a indução eletromagnética. Seus experimentos formaram a base da moderna tecnologia eletromagnética.

Também em 1831, ele realizou uma de suas descobertas mais significativas: a "indução" ou "geração" de eletricidade num fio por meio do efeito eletromagnético da corrente em outro fio. Para determinar isso, utilizou um "anel de indução". Esse anel de indução foi considerado o primeiro transformador elétrico.

Mais tarde, Faraday completou outra série de experimentos e descobriu a indução eletromagnética. O resultado foi obtido graças à sua inteligência. Primeiro, ele começou amarrando dois fios ao longo de um contato deslizante e um disco de cobre. Ao girar o disco próximo a um ímã em forma de U, notou a presença de corrente elétrica contínua. Esse veio a ser conhecido como o primeiro gerador rudimentar. Originaram-se desses experimentos o motor elétrico moderno, o gerador e o transformador.

Faraday também descobriu a indução eletromagnética, as rotações eletromagnéticas, o efeito óptico-magnético, o diamagnetismo e a teoria do campo.

O motor elétrico lembra um cilindro dentro de um invólucro de metal. Dentro encontramos uma série de fios enrolados numa bobina e um ímã. A corrente alternada faz com que o eixo da bobina gire e, conseqüentemente, impulsione outras máquinas. Trocando em miúdos, o motor elétrico é projetado para converter energia elétrica em energia mecânica. Ele utiliza a eletricidade e a transforma em energia que pode ser utilizada por nós.

Para podermos avaliar melhor a invenção de Faraday, pense em todos os lugares onde o motor elétrico pode ser encontrado (apesar de a maioria das pessoas dizer que não vê o motor elétrico todo dia, como muitas outras invenções, todos ainda dependem e se beneficiam dele). Os motores elétricos são empregados em muitos aparelhos que usamos diariamente em nossas casas. Aparecem em todos os formatos e tamanhos e movimentam máquinas de lavar roupa, lava-louças, alternadores em nossos carros e incontáveis equipamentos.

Apesar de muitas pessoas não reconhecerem seu benefício e nem saberem como funciona, o motor elétrico se tornou uma das invenções mais importantes dos tempos modernos.

57

O ARAME FARPADO

Seja para evitar a invasão de estranhos ou a fuga de algum animal de criação de uma determinada área, não existe dúvida quanto à eficiência do arame farpado.

A confecção do arame farpado e sua utilização em cercas remontam ao ano 400 d.C. No início era um arame "não farpado". O ferro quente era puxado por uma fieira para produzir pequenas extensões de fio maleável, que podia ser encontrado em diversos calibres. Essa técnica foi sendo aperfeiçoada no decorrer dos séculos, e em 1870 era possível comprar fios de boa qualidade numa grande variedade de comprimentos e calibres. Embora sempre tivessem sido usados na confecção de cercas, os fios não conseguiam deter os animais do modo como os fazendeiros desejavam. E muitas plantações eram devoradas ou pisoteadas pelo gado.

Os fazendeiros tentaram diversos tipos de cerca: fios esticados entre postes de madeira tratados ou de cimento, grades de madeira, pedras e até mesmo arbustos com espinhos. Nada funcionou eficientemente.

Joseph Farwell Glidden, um professor de Nova York, comprou uma fazenda em Dekalb, no Estado de Illinois, em 1843. Poucos meses depois, ele estava numa feira local e viu o primeiro modelo de um "restringente" farpado. Ele consistia numa cerca de madeira com pregos afiados em intervalos regulares pendurados dentro de uma cerca com fios. O invento despertou sua criatividade e ele se dispôs a aprimorá-lo.

O problema de Glidden era criar um produto que pudesse espetar os animais a ponto de detê-los, mas que ao mesmo tempo não representasse perigo à vida deles. Ele se decidiu por farpas que podiam causar uma dor aguda, mas que não mutilavam. Em 1874, Glidden obteve sua primeira patente pelo invento.

238 AS 100 MAIORES INVENÇÕES DA HISTÓRIA

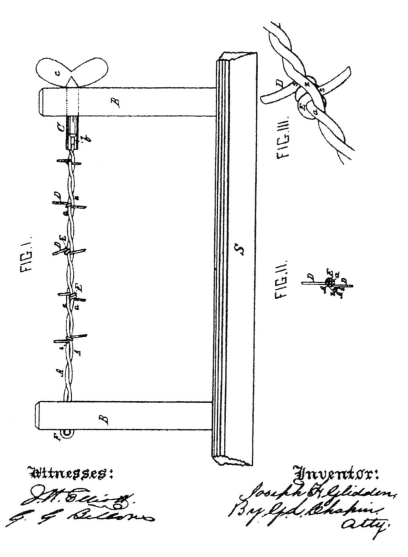

Desenho do projeto de patente da cerca de arame farpado, 1874, por Joseph Farwell Glidden. *Escritório de Registro de Patentes dos Estados Unidos*

Mas alguns problemas advieram de sua invenção. Quando o gado encontrava uma cerca de arame farpado pela primeira vez, avançava sem controle, o que acabava por causar alguns ferimentos.

Alguns grupos eram desfavoráveis à sua utilização. Por exemplo, as pessoas que desejavam que os pastos não tivessem cercas achavam que o uso do arame farpado significaria o fim de sua fonte de sustento. Os vaqueiros temiam que o rebanho fosse impedido de entrar nos mercados do Kansas por conta de todas as cercas que estavam sendo instaladas por colonos. Grupos religiosos chegaram até a chamar o invento de "trabalho do diabo" ou de "cabo do diabo".

Para evitarem que fossem instalados, alguns vândalos chegavam a cortar o arame farpado e até mesmo entraram em confronto com os proprietários. Posteriormente, essas ações levaram à adoção de leis que consideravam o corte de fios de arame um crime grave. Essas leis fizeram com que os atos de vandalismo parassem.

Apesar de todos esses confrontos terem feito com que as pessoas passassem a questionar a eficácia do arame farpado, nem Glidden, nem Hiram B. Scutt, que haviam criado companhias, sofreram com isso. Apesar de as pessoas temerem o uso do arame farpado, era necessário proteger os animais e as plantações. E não havia dúvida alguma quanto à sua eficiência.

Para reconquistar a opinião pública, num determinado momento John Gates, um caixeiro-viajante que vendia arame farpado, desafiou um grupo de fazendeiros do Centro de San Antonio, no Texas, a cercar um grupo de novilhos não domesticados num curral com arame farpado. A cerca funcionou sem ferir os animais. A façanha de Gates obteve uma repercussão estrondosa, ajudando a mudar a opinião pública, e o resultado foi a venda de centenas de quilômetros de arame farpado.

Apesar de apresentar uma aparência homogênea, o arame farpado é feito de uma grande variedade de metais e com desenho diferente. De fato, durante a vida de Glidden, foram solicitados 570 pedidos de patente para arames farpados. O número de pessoas tentando tirar proveito do novo filão era tão grande que somente após uma batalha legal com mais de três anos de duração é que se estabeleceu quem possuía os direitos sobre a patente.

Por fim, Glidden foi declarado vencedor, o que fez com que passasse a ser conhecido como o Pai do Arame Farpado. Essa decisão obrigou as companhias menores que vendiam direitos de patente a se unirem a companhias maiores de aço e fios.

Hoje, o arame farpado ainda é utilizado no confinamento de animais e nas plantações. O seu uso, no entanto, mudou e se ampliou com a sociedade e seus receios. Não é apenas utilizado para conter animais de criação, mas também para conter pessoas. Ele é estendido ao redor de prisões, instalações militares e até mesmo estabelecimentos comerciais e prédios. Dois de seus usos históricos mais notórios foram ao redor das terras estéreis durante a Primeira Guerra Mundial e dos campos de concentração nazistas.

Há também novos modelos de arame farpado, como o "obstáculo de arame em sanfona". Ele pode ser visto em grandes, altos e aparentemente intermináveis rolos ao redor de prisões. Por motivos óbvios, funciona melhor do que os muros de pedra.

58

O PRESERVATIVO

Apesar de ser geralmente objeto de humor malicioso, um segredinho obsceno, o preservativo foi uma invenção ao mesmo tempo simples e importante desenvolvida pela humanidade não somente para evitar a gravidez indesejada, mas também como método de prevenção de doenças.

É difícil estabelecer quando o primeiro preservativo foi inventado. A mais antiga imagem de um preservativo pode ser encontrada no Egito há mais de três mil anos. Não é fácil descobrir o que a pessoa que usava o preservativo tinha em mente. Ela pode ter usado por motivos sexuais ou ritualísticos, talvez até mesmo para evitar uma doença. Os romanos, de acordo com alguns historiadores, também estavam familiarizados com os preservativos e tinham o tenebroso hábito de confeccioná-los com o tecido muscular dos soldados que haviam derrotado em batalha. No século XVIII, o sedutor Casanova aparentemente utilizou preservativos confeccionados em linho, apesar de que a permeabilidade do material não podia protegê-lo de nada — nem da concepção nem de doenças.

Alguns preservativos sobreviveram surpreendentemente por centenas de anos. O mais antigo exemplar, confeccionado com intestinos de um animal desconhecido e de um peixe, foi descoberto no Castelo de Dudley, próximo à cidade inglesa de Birmingham. Supõe-se que eles foram utilizados para evitar a transmissão de doenças sexuais durante o período de guerra entre os exércitos do rei Carlos I e de Oliver Cromwell no século XVII.

Os preservativos de borracha foram sendo desenvolvidos gradualmente ao longo do século XIX, e após a invenção da borracha vulcanizada por Charles Goodyear, em 1899, passaram a ser produzidos em grande escala.

Mesmo com os preservativos de borracha tendo sido utilizados por muitos anos, houve uma suspensão na produção durante as décadas de 1940 e 1950, quando cresceu a preferência pelos preservativos feitos com intestinos de animais, já que estes podiam ser reutilizados. Após o uso, eles eram lavados, cobertos com gelatina de petróleo e guardados para uso no futuro. Os preservativos feitos com intestinos de animais são produzidos até hoje, mas não são reutilizáveis.

Os preservativos nem sempre gozaram da boa reputação que têm hoje entre os agentes de saúde. Na virada do século XX, uma entidade chamada Organização Americana de Higiene Social advogava que os homens não deveriam usar preservativos. Segundo a organização, as doenças sexualmente transmissíveis (DSTs) eram inevitáveis. Mesmo utilizando o preservativo, a pessoa estava propensa a contraí-las. Em outras palavras, a pessoa teria que arcar com as conseqüências de ter mantido relações sexuais, pouco importando se utilizasse ou não o preservativo.

Havia outras pessoas importantes que se opuseram aos preservativos, e durante a Primeira Guerra Mundial elas se manifestaram abertamente. Um certo número de líderes militares, incluindo ninguém menos que o secretário da Marinha, opôs-se ao uso dos preservativos, caracterizando-os como imorais e não-cristãos.

O resultado foi aflitivo. Durante a guerra, somente as forças americanas foram proibidas de utilizá-los, e estima-se que mais de 70% dos militares precisavam ter recebido preservativos. Como resultado, além dos nascimentos ilegítimos, os soldados americanos apresentaram maior número de casos de DSTs do que qualquer outro país participante do conflito.

Nem todas as pessoas importantes se opuseram à distribuição de preservativos. Na realidade, um jovem secretário-assistente da Marinha chamado Franklin D. Roosevelt teve a oportunidade de solicitar, na ausência do secretário, que todos os marinheiros recebessem um suprimento de preservativos.

Margaret Sanger, fundadora da Paternidade Planejada e provavelmente a pessoa mais importante na promoção do controle de natalidade, notou que havia dois padrões de conduta com relação à utilização de preservativos. Ela observou que aos homens era sugerida a utilização de preservativos para que se protegessem das

DSTs, mas às mulheres não era dada a possibilidade de receberem os preservativos para oferecer a seus parceiros e protegê-las de uma gravidez indesejada. De fato, no decorrer da vida de Sanger, muitas mulheres, não dispondo de métodos de controle de natalidade, tinham muitos filhos, o que as levava a passarem não somente por dificuldades financeiras, mas também por riscos físicos, sendo que muitas morriam no parto. Sanger acreditava que a razão real pela qual sua mãe havia falecido aos 40 anos não tinha sido a tuberculose, que ela havia contraído, mas por causa dos 11 filhos que havia gerado.

Os Estados Unidos não eram o único país com falta de visão em relação aos preservativos. A Alemanha nazista, obcecada com a idéia de se criar uma raça superior, proibia o uso de preservativos em casa para que o mundo viesse a ser povoado com arianos fortes, loiros e de olhos azuis. A preocupação do III Reich, no entanto, não se estendia aos soldados lutando longe de suas namoradas e esposas alemãs. Eles recebiam suprimentos de preservativos para protegê-los de doenças: é difícil vencer uma guerra quando se luta contra DSTs.

Com o início da Segunda Guerra Mundial, muitos líderes militares adotaram um ponto de vista diferente com relação aos preservativos. Eles sabiam que os soldados poderiam trazer as DSTs para seus lares quando retornassem dos campos de batalha em terras estrangeiras e infectar suas esposas e namoradas, e por isso encorajaram abertamente o uso de preservativos. Os Estados Unidos, por exemplo, realizaram diversos filmes de prevenção sobre as DSTs e o uso de preservativos; algumas vezes, utilizaram slogans que eram bastante explícitos e até mesmo obscenos: "Don't forget, put it on before you put it in" ("Não se esqueça, coloque antes de introduzir").

O preservativo quase caiu no esquecimento na década de 1960. Era a época da revolução sexual, quando os jovens tinham relações sexuais num contexto de "amor livre" e com outros métodos de controle de natalidade, como a pílula e dispositivos intra-uterinos.

Mas o surgimento da AIDS mudou tal perspectiva, porque os cientistas rapidamente determinaram que quando o preservativo era utilizado raramente havia a transferência de fluidos corpóreos e, conseqüentemente, pouquíssimo risco de contaminação pelo HIV.

Hoje, os preservativos ainda são largamente utilizados e com diversos modelos, tamanhos e cores. Mas o princípio fundamental que os tornou conhecidos continua inalterado: evitar que o esperma entre em contato com o corpo feminino.

O telescópio é uma janela para o Universo.
Foto do autor

59

O TELESCÓPIO

Muitas pessoas pensam no telescópio como um instrumento que pode ser utilizado para trazer a imagem de vários objetos — e pessoas — para mais próximo do olho humano. Esse é um de seus usos, mas o instrumento se desenvolveu e é utilizado para a observação de planetas — e mais além.

Ironicamente, apesar de o telescópio ter sido aperfeiçoado e conhecido por Galileu e outros cientistas, a invenção foi na realidade produto do trabalho de um artesão, e sua história é particularmente um mistério, em grande parte pelo fato de que a maioria dos artesãos era analfabeta; eles simplesmente eram incapazes — e talvez nem desejassem — de registrar seu trabalho.

Algumas partes do telescópio — as lentes côncavas e convexas — estavam disponíveis desde a Antiguidade. Mas somente quando o vidro de boa qualidade se tornou disponível nos grandes centros de confecção de vidro, como Veneza e Florença, é que começou a se considerar a sua utilidade. As lentes utilizadas em telescópios também tinham outros propósitos, como lentes de aumento portáteis, que as pessoas utilizavam no lugar de óculos por volta do século XIII.

Foi então que os artesãos começaram a confeccionar lentes convexas menores, arredondadas e polidas, que passaram a ser instaladas em armações. Posteriormente, por volta do ano de 1350, o primeiro par de óculos surgiu e na realidade se tornou símbolo de erudição: você não precisaria de óculos, a não ser que soubesse ler.

Estima-se que por volta de 1450 as lentes (tanto côncavas quanto convexas) e os espelhos necessários para a produção de um telescópio estivessem disponíveis, mas ninguém o havia produzido até então. Na realidade, essa ainda é uma questão polêmica para historiadores. Alguns acreditam que as lentes e os espelhos com a durabilidade necessária ainda não estavam disponíveis.

Especula-se que, por volta da década de 1570, na Inglaterra, Leonard Digges e Thomas Digges já haviam feito um "telescópio" com lentes convexas e um espelho, mas aparentemente a confecção do aparelho experimental nunca chegou ao conhecimento público.

Portanto, o primeiro telescópio a ter repercussão foi apresentado a público em outubro de 1608, na Holanda. O governo holandês havia considerado fornecer a patente para Hans Lipperhey de Middleburg, e então para Jacob Metius de Alkmaar para um aparelho "para ver objetos a distância como se estivessem próximos". Mas algo os impediu.

Não havia nada de errado com o aparelho. Era bastante simples e aparentemente funcionava. Era feito com lentes côncavas e convexas posicionadas num tubo, e o conjunto obtinha ampliações de três ou quatro vezes. Mas algo surpreendente aconteceu enquanto os inventores solicitavam o registro de patente: o governo holandês achou que o aparelho era muito simples para ser patenteado e, em vez disso, premiou os inventores com uma soma em dinheiro e solicitou que construíssem diversas versões de binóculos. A notícia da invenção se espalhou rapidamente pela Europa, e, por volta de abril de 1609, pequenas lunetas aumentavam as imagens em três vezes e podiam ser compradas nas lojas de confecção de óculos em Paris.

A primeira apresentação conhecida de um telescópio foi feita por Thomas Harriot, que, em agosto de 1609, observou a lua com um instrumento que ampliava a sua imagem em até seis vezes. No entanto, somente quando Galileu fez sua apresentação é que a fama do telescópio cresceu.

Galileu construiu e apresentou seu telescópio com capacidade de ampliar a imagem em oito vezes ao Senado de Veneza em agosto de 1609, e, posteriormente, nesse mesmo ano, observou o céu com um aparelho que conseguia ampliar a imagem em 20 vezes. Com esse instrumento, ele viu a lua, os satélites de Júpiter e muitas outras estrelas com maior clareza. Ele publicou sua obra *Sidereus Nuncius* em março de 1610.

No começo da década de 1640, o comprimento dos telescópios começou a aumentar e as lentes ficaram mais sofisticadas e poderosas. No decorrer da vida de Galileu, o telescópio conseguiu ampliar a imagem em mais ou menos 30 vezes.

Em 1704, Isaac Newton havia inventado um novo tipo de telescópio. Em vez de lentes de vidro, um espelho curvado era utilizado para reunir a luz e refleti-la para um ponto de foco. O espelho reflexivo agia como um balde para coletar a luz. A idéia era que, quanto maior fosse o balde, maior quantidade de luz poderia ser coletada. O "telescópio refletor", como ficou conhecido, permitia ampliar a imagem de um objeto milhões de vezes. O tipo de espelho utilizado é gigantesco (seis metros de diâmetro) e é utilizado hoje no Observatório Astrofísico Especial na Rússia, que foi aberto em 1974.

O maior e mais recente telescópio é o Telescópio Espacial Hubble. Projetado originalmente em 1974 e finalmente lançado em 1990, o Hubble orbita a mais de 600 quilômetros de altitude, fotografando e observando continuamente o espaço e enviando seus dados para cientistas de todas as partes do mundo. Ele utiliza posicionamento preciso, óptica potente e instrumentos de última geração para fornecer imagens formidáveis do Universo que jamais poderiam ser obtidas de telescópios posicionados na Terra.

Graças a intervenções e atualizações promovidas por astronautas dos ônibus espaciais, o Hubble tem se mantido atualizado com o que há de mais moderno em tecnologia. O Hubble é o primeiro satélite especialmente projetado por uma missão científica para receber serviços de reparos em órbita por astronautas.

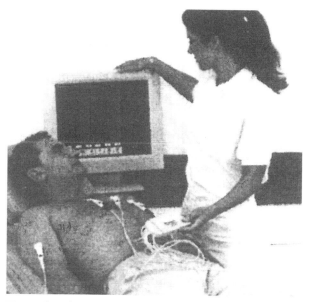

Uma das ferramentas mais importantes na prevenção e no tratamento de doenças cardíacas. *Midmark*

60

O ELETROCARDIÓGRAFO

Você já parou para pensar o que faz com que seu coração bata, horas a fio, dia após dia? A resposta está num grupo seleto de células cardíacas ou "marca-passo" que podem gerar energia elétrica.

    Localizadas numa câmara específica do coração, essas células marca-passo permitem que partículas com carga elétrica penetrem na sua membrana plasmática. Essas partículas ativam as células de marca-passo, fazendo com que o coração se contraia. Isso, por sua vez, produz um padrão de atividade previsível, que pode ser medido por um aparelho de eletrocardiograma (ECG); se o padrão não for correspondente aos critérios de normalidade, um médico pode verificar o que está ocorrendo imediatamente.

Para que possamos compreender como é a atividade cardíaca, as células marca-passo estão situadas na aurícula direita, que é uma das duas câmaras da parte superior do coração, e essas células viajam para a aurícula esquerda, causando a contração das aurículas. Após um curto período, permitindo que as aurículas se contraiam, as duas câmaras inferiores do coração, ou ventrículos, recebem o sangue. O sinal elétrico então atravessa o que é conhecido como os feixes de fibras à esquerda e à direita, que, por sua vez, fazem com que o ventrículo se contraia, bombeando o sangue.

Toda essa atividade elétrica produz ondas que, como mencionamos anteriormente, são medidas pelo ECG. Ele monitora três partes distintas dos batimentos cardíacos. Elas são as "ondas P", quando a atividade elétrica se propaga pelas aurículas, o "complexo QRS", quando a atividade elétrica se propaga pelos ventrículos, e as "ondas T", que é a fase de recuperação dos ventrículos.

Hoje, o eletrocardiógrafo, como outras invenções, é resultado de um longo processo de desenvolvimento e refinamento. O primeiro equipamento desenvolvido ficou conhecido como "galvanômetro", em 1794. O equipamento registrava a eletricidade do coração humano, mas não media sua corrente. Somente em 1849 o equipamento primitivo foi aprimorado por Emil Du Bois-Reymond. A corrente elétrica podia ser medida por meio de um interruptor com duas posições. O aparelho passou a ser chamado de "reótomo" (interruptor de fluxo).

Em 1868, Julius Bernstein, um aluno de Du Bois-Reymond, aperfeiçoou o reótomo, permitindo que o tempo entre o estímulo e a amostragem pudesse ser variado. Conhecido como "reótomo diferencial", esse foi o primeiro instrumento a medir a atividade cardíaca. Na época, a maioria dos eletrocardiogramas era realizada em rãs e os eletrodos eram colocados diretamente no coração.

Já que uma maior sensibilidade era necessária para medir os impulsos elétricos do coração, o "eletrômetro capilar" foi inventado. Ele foi desenvolvido por Gabriel Lippman em 1872. Mesmo assim, um outro problema foi levantado: a atividade elétrica somente poderia ser medida com precisão com a cavidade torácica aberta.

Augustus Desiré Waller foi o primeiro a descobrir isso e a gravar, em 1887, com sucesso a atividade elétrica de um coração humano. Ele chamou o procedimento, em seu primeiro relatório, de "eletrograma". Posteriormente, deu o nome de "cardiograma". Somente depois de algum tempo, o termo pelo qual hoje conhecemos o exame foi cunhado: "eletrocardiograma".

Willem Einthoven começou a desenvolver seu próprio galvanômetro em 1900. Seu trabalho era mais sofisticado do que o que Du Bois-Reymond havia realizado mais de meio século antes. O trabalho de Einthoven foi motivado pelo fato de ele não apreciar o eletrômetro capilar. Assim, ele criou o "galvanômetro de corda", que foi apresentado em 1903.

Seu eletrocardiógrafo foi inicialmente produzido na Alemanha, por Edelmann e Filhos, de Munique. Posteriormente, o equipamento passaria a ser produzido pela Companhia de Instrumentos Científicos de Cambridge.

O primeiro eletrocardiógrafo a surgir nos Estados Unidos foi um aparelho de corda Edelmann trazido por Alfred Cohn em 1909. O primeiro equipamento produzido nos Estados Unidos foi projetado pelo professor Horatio Williams e construído em 1914 por Charles Hindle. Cohn recebeu o primeiro eletrocardiógrafo Hindle em maio de 1915.

Um fato interessante e ao mesmo tempo dramático ocorreu no dia 20 de maio de 1915, quando, numa demonstração de um dos equipamentos de Cohn, verificou-se que o paciente estava tendo um ataque cardíaco.

Durante a evolução do galvanômetro de corda, seu peso diminuiu de 272,16 quilos em 1903 para 13,61 quilos em 1928. Um outro aperfeiçoamento foi a diminuição do tamanho dos eletrodos.

Em 1920, Cohn introduziu, nos Estados Unidos, o eletrodo fixado a uma correia. Dez anos mais tarde, a Companhia de Instrumentos Científicos Cambridge, de Nova York, introduziu os eletrodos com placas de contato direto em prata produzidos na Alemanha. Um eletrodo por sucção foi desenvolvido por Rudolph Burger em 1932 para as sondas precordiais. Posteriormente, eles foram modificados para o formato de uma ventosa, que chegou a ser padrão por algum tempo.

A fase seguinte no desenvolvimento de eletrocardiógrafos foi a utilização de tubos a vácuo para amplificação. O primeiro aparelho desse tipo foi desenvolvido nos Estados Unidos pela General Electric. Uma vez introduzido o tubo de raios catódicos, as características físicas do gravador de ECG foram aperfeiçoadas.

O passo seguinte foi a introdução de um eletrocardiógrafo do tipo amplificador que levou ao desenvolvimento de instrumentos de registro escrito direto. Esses instrumentos eram capazes de traduzir os impulsos elétricos em marcas de tinta numa folha e, assim, uma representação contínua da atividade cardíaca do paciente se tornou disponível.

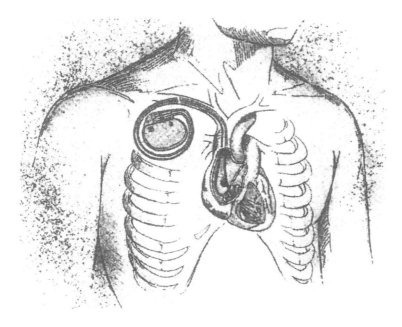

Diagrama da instalação de um marca-passo. *Medtronic*

61

O MARCA-PASSO

O coração deve funcionar com precisão em todas as suas funções. Cada batimento tem que ser perfeito e mesmo o menor problema pode causar a morte. Muitos problemas cardíacos podem ser detectados pelo eletrocardiógrafo, e, caso haja necessidade, pode-se instalar um marca-passo.

Um dos maiores problemas é a arritmia, quando o coração não apresenta batimentos como deveria. Existem dois tipos de arritmia: a taquicardia (o coração bate numa freqüência acima da normal) e a bradicardia (batimentos cardíacos abaixo do normal). O tratamento para a taquicardia consiste na cardioversão (aplicação de choques despolarizadores amplos numa área restrita do coração). Uma série de impulsos enviados por um marca-passo que esteja apropriadamente regulado pode geralmente parar uma taquicardia. Um marca-passo implantado pode também restaurar a baixa taxa de batimentos cardíacos para valores mais fisiológicos, que irão restabelecer as funções cardiovasculares, como já ocorreu com milhões de pessoas.

A fibrilação também é um dos principais problemas que podem ocorrer no coração. Ela ocorre quando há batimentos descontrolados em diferentes partes do coração. A fibrilação ventricular é uma arritmia fatal na qual a vítima pode morrer em minutos se o problema não for controlado. A fibrilação auricular é uma forma menos séria de arritmia, porque os ventrículos ainda estão bombeando o sangue. No entanto, ela poderá, mesmo assim, causar problemas se não for controlada. O bloqueio cardíaco é um outro problema causado pela interrupção da eletrocondução interna do sistema do coração. Estes são alguns problemas cardíacos que as pessoas podem apresentar e que podem ser superados com o auxílio de marca-passos, desfibriladores e tecnologia moderna.

A pesquisa cardíaca não é nova: a eletricidade foi utilizada como estimuladora do coração já no final do século XVIII e início do XIX. Acredita-se que Albert S. Hyman tenha sido o precursor do marca-passo artificial, mas é provável que ele não tenha sido o primeiro. Mark C. Lidwill, um médico australiano, e um físico, o major Edgar Booth, demonstraram sua unidade de marca-passo portátil em 1931: um aparato com um pólo aplicado na pele e outro na câmara cardíaca apropriada.

Os créditos pelo marca-passo foram dados a Paul Maurice Zoll. Zoll havia estudado a relação entre alcoolismo e doenças cardíacas enquanto estudante de medicina. Posteriormente, ele se tornou cardiologista e trabalhou com Dwight Harken, um associado da Universidade de Harvard que havia realizado com sucesso cirurgias para a remoção de objetos estranhos do coração. A irritabilidade do coração durante o processo cirúrgico impressionou Zoll.

De volta a Boston, Zoll concluiu sua pesquisa em 1945 e, no final da década de 1940, teve contato com uma senhora de 60 anos com doença de Stokes-Adams (um bloqueio da condutividade). Quando ela morreu, Zoll, ciente do trabalho desenvolvido na década de 1930, que demonstrava o uso de estímulos elétricos em coelhos e cães, decidiu que era possível estimular o coração. Ele pediu emprestado um estimulador a Otto Krayer e, em 1950, utilizou um fio esofagiano para estimular o coração de cães. Mais tarde, ele obteve o mesmo resultado com estímulo externo aplicado ao peito de um humano. Em 1952, submeteu a esse tratamento clínico um homem com 65 anos que sofria de uma doença coronária terminal, bloqueio cardíaco completo e paradas cardíacas recorrentes. O estímulo externo funcionou e o paciente sobreviveu por seis meses.

Seu trabalho foi publicado no *New England Journal of Medicine* em 1952. Apesar de o trabalho ter recebido elogios dos editores, alguns dos colegas de Zoll acreditavam que seu trabalho ia "contra os desígnios de Deus". *The Pilot*, um jornal católico, interveio dizendo aos seus paroquianos que não se preocupassem com o "tratamento estranho" desenvolvido no Hospital Beth Israel, já que "Deus age de muitas maneiras estranhas; e essa pode ser uma das maneiras de se expressar a Vontade Divina".

A estimulação elétrica do coração para ressuscitação de parada ventricular foi a descoberta fundamental de Zoll. Ele introduziu o uso de contrachoques elétricos externos como método básico de ressuscitação de parada cardíaca em decorrência de fibrilação ventricular.

Em seu artigo científico de 1952 a respeito da estimulação elétrica, ele sugeriu que fosse possível ressuscitar um paciente de parada cardíaca pela aplicação externa de um contrachoque forte. Em 1956, ele desenvolveu uma técnica clinicamente prática e segura para aplicação em humanos. Entre 1960 e 1964, um método foi desenvolvido por Zoll e seus colegas para o estímulo elétrico do coração por meio de um marca-passo implantado. Os marca-passos implantados também foram empregados para sanar problemas de coração congestivo com uma baixa taxa ventricular.

Por volta de meados da década de 1950, marca-passos cardíacos com eletrodos sobre a pele foram utilizados para estimular o coração. Esses dispositivos, no entanto, causavam desconforto por causa das queimaduras que deixavam seqüelas por muitos dias. A colocação de eletrodos por baixo da pele foi tentada, mas as infecções devido aos fios causavam problemas. Ake Senning sugeriu que o marca-passo fosse completamente implantado no paciente.

A sugestão de Senning fez com que Rune Elmqvist projetasse o primeiro marca-passo interno, que incluía um gerador de pulso que liberava cerca de dois volts com um período de impulso de dois milissegundos. Os transistores originais apresentavam um vazamento de corrente e foram considerados inadequados. Dois transistores recém-desenvolvidos foram utilizados em seu lugar. A carga da corrente era obtida de um gerador de freqüências de rádio, num tubo a vácuo, conectado em linha e com freqüência de 150 kilohertz. Teoricamente, uma carga noturna seria suficiente para quatro meses de funcionamento, mas, na realidade, o aparelho funcionava por um mês.

Arn Larsson, um paciente com 43 anos que corria risco de morte em decorrência das seqüelas provocadas pela doença de Stokes-Adams, chegando a ser submetido a 30 ressuscitações por dia, foi escolhido para receber o primeiro implante de um marca-passo. Senning implantou seu marca-passo em 1958. Larsson não apresentou complicações e pôde levar uma vida ativa.

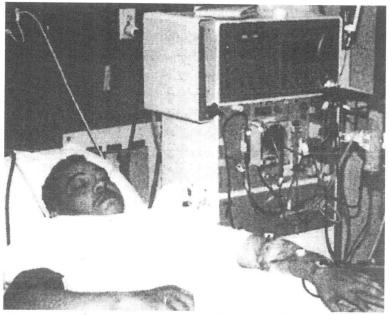

As pessoas vivem mais por causa desse aparelho.
Fundação Nacional dos Rins

62

A MÁQUINA DE DIÁLISE RENAL

Apesar de o aparelho de diálise renal não poder substituir os rins de uma pessoa, ele pode dar ao paciente meios de se manter vivo e saudável enquanto aguarda por um transplante e, ao mesmo tempo, levar uma vida normal.

Quando os rins falham, existem dois tipos de tratamento disponíveis. A maioria das pessoas se submete àquilo conhecido como hemodiálise. O procedimento começa com o médico realizando o que se chama acesso aos vasos sangüíneos do paciente. Isso pode ser obtido com uma cirurgia pequena na perna, no braço ou algumas vezes no pescoço. Um método comum consiste numa pequena cirurgia que une uma artéria a uma veia sob a pele de maneira a formar um vaso sangüíneo mais largo; este procedimento é chamado de fístula arteriovenosa (FAV).

Duas agulhas então são inseridas na FAV, uma no lado da veia e outra no lado da artéria. O sangue é então bombeado para a máquina de diálise para ser limpo. A máquina possui duas partes. Uma é para um fluido chamado líquido de diálise, e outra é para o sangue. As duas partes são separadas por uma fina membrana semipermeável. À medida que o sangue passa por um lado da membrana e o líquido de diálise pelo outro, partículas residuais que estão na corrente sangüínea passam pelos buracos microscópicos na membrana e são retiradas pelo líquido de diálise. As células do sangue são muito grandes para passar pela membrana e retornam para a corrente sangüínea.

A diálise peritoneal é uma outra forma de tratamento, apesar de menos freqüente, que utiliza a própria membrana peritoneal do paciente como filtro. O peritônio é uma membrana que reveste os órgãos abdominais. Essa membrana — do mesmo modo que a membrana da máquina de diálise — é semipermeável. Os resíduos passam por ela, mas as células do sangue são bloqueadas.

Primeiro, um tubo plástico chamado cateter peritoneal é cirurgicamente implantado na barriga do paciente. Cerca de dois litros de fluido de diálise são introduzidos no abdômen através do cateter. Quando o sangue do paciente entra em contato com o líquido de diálise através do peritônio, as impurezas do sangue são retiradas passando pela membrana e entrando no líquido de diálise. Após três ou quatro horas, o líquido de diálise é retirado e um fluido novo é introduzido. Esse procedimento demora cerca de meia hora e pode ser repetido até cinco vezes por dia.

O benefício da hemodiálise é que não há necessidade de que o paciente receba qualquer treinamento especial e o procedimento é monitorado regularmente por alguém especializado em diálise. O principal benefício da diálise é a liberdade — o paciente não precisa permanecer na clínica de diálise muitas horas por dia, três vezes por semana. O líquido de diálise pode ser substituído em qualquer ambiente limpo e bem iluminado, e o processo não é doloroso. O único risco potencial é o de uma infecção no peritônio.

As crianças são geralmente submetidas a um tipo semelhante de diálise, chamado diálise peritoneal cíclica. O tratamento pode ser executado à noite, enquanto elas dormem. Uma máquina simplesmente aquece e mede o líquido de diálise que entra e sai do abdômen do paciente por 10 horas seguidas. O procedimento permite que as crianças permaneçam livres para outros tratamentos durante o dia.

Apesar de a diálise ainda não significar uma cura para as doenças renais e de a tecnologia da diálise ter permanecido inalterada, grandes avanços têm sido alcançados com o intuito de fazer com que o paciente submetido à diálise possa ter maior conforto e liberdade de movimento.

Caso um paciente esteja sofrendo de uma doença renal crônica e terminal, o transplante de rins é a única solução para que ele esteja livre da diálise. Parentes podem doar um dos rins caso o outro seja saudável. Mesmo com um rim de um parente próximo, no entanto, o paciente que recebeu o órgão transplantado deverá tomar medicamentos que façam com que o sistema imunológico não rejeite o órgão. Atualmente, o número de pessoas aguardando um órgão é três vezes superior à quantidade de rins disponíveis. Isso significa que há um número enorme de pessoas que dependem de diálise para sobreviver.

Alguns pacientes, no entanto, se recusam a se submeter a um transplante e vêem na diálise uma forma de reunião social e uma maneira de ser monitorado e cuidado por um grupo de funcionários da saúde que acabam virando amigos.

Se uma pessoa escolhe ter um transplante ou se submeter à diálise, as estatísticas sobre a diálise e os benefícios advindos das máquinas modernas são inquestionáveis. O índice de sobrevivência nos Estados Unidos após um ano de diálise é de 77%, de acordo com dados do Centro Nacional de Estatísticas de Saúde. Após cinco anos, é de 28% e, após 10 anos, é de cerca de 10%. O índice de sobrevivência após um transplante renal é ainda superior: 77% dos pacientes sobrevivem 10 anos após receber o órgão de um doador vivo. Muitos especialistas acreditam que haja a possibilidade de aprimoramento do índice de sobrevivência e da qualidade de vida dos pacientes. Máquinas de diálise aprimoradas surgirão em breve.

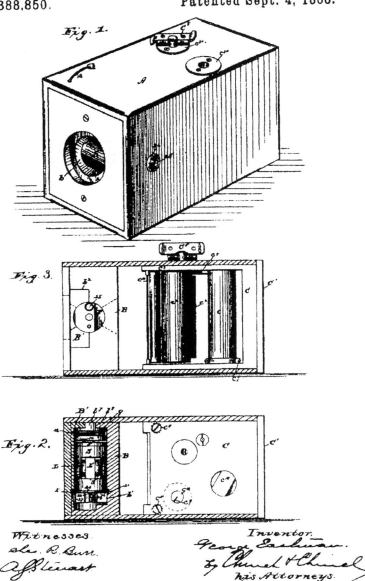

Desenho do projeto de patente de caixa de câmera, 1888, por George Eastman. *Escritório de Registro de Patentes dos Estados Unidos*

63
A CÂMERA FOTOGRÁFICA

A história da invenção da câmera fotográfica começou com o desejo de se registrarem coisas — cenas, paisagens e pessoas — com precisão. Surge o dispositivo chamado *camera obscura*. O termo significa literalmente "câmara escura", nome advindo de uma sala ou espaço escuro onde um pequeno orifício era aberto. A luz entrava pelo buraco e projetava uma imagem invertida numa parede reflexiva. Essa era, e continua sendo, uma das maneiras mais comuns de se observar um eclipse solar sem oferecer riscos à visão, mas passou a ser utilizada na época por artistas que desejavam retratar um objeto com exatidão.

Quem observasse por muito tempo a imagem obtida por uma *camera obscura* certamente desejaria preservar a imagem projetada. O primeiro a manifestar esse anseio foi Joseph-Nicéphore Niepce, um litógrafo amador (a litografia é um processo de pintura artística).

Embora não fosse um artista, Niepce possuía uma mente inventiva. Em 1822, utilizando um tipo de asfalto chamado de betume-da-judéia combinado com óleo de lavanda, ele expôs uma placa à luz do sol filtrada por uma gravura transparente. Nos pontos onde a luz do sol atingiu o betume, ele se tornou sólido e fixo. As partes mais escuras, que não haviam recebido muita luz, simplesmente não permaneceram fixas.

Niepce trabalhou no aperfeiçoamento do processo. Ele então pegou sua *camera obscura* e a combinou com o processo. Ao juntar uma placa de estanho à câmera, ele conseguiu registrar a imagem de seu quintal em 1826. Foram necessárias mais de oito horas de exposição para se obterem as imagens, mas, quando concluído o trabalho, ele obteve o primeiro registro fotográfico da história. Com o aperfeiçoamento do processo, Niepce pôde fixar as imagens em pedra de litografia, vidro, zinco e estanho e chamou o processo de "heliografia" ou "desenhado pelo sol".

Uma outra pessoa que ansiava por registrar as imagens foi Louis-Jacques-Mandé Daguerre, um proeminente pintor de cenários teatrais extremamente talentoso que utilizava com muita freqüência a *camera obscura* em seu trabalho. Assim que Daguerre ficou sabendo do sucesso de Niepce e seu heliógrafo, ele o procurou. Daguerre já havia tentado por anos fixar imagens, sem sucesso, e sabia que precisava de ajuda.

Já se sabia desde 1727 que os "sais de prata" reagiam à exposição ao sol escurecendo. Johann Heinrich Schulze, naquele ano, havia demonstrado o fenômeno gravando palavras com a luz do sol, mas ninguém havia conseguido manter a imagem gravada.

Daguerre havia realizado inúmeras experiências, mas sem sucesso, até que Niepce concordou em encontrá-lo. Niepce havia aperfeiçoado o heliógrafo ao máximo, e seu sonho de produzir o mesmo efeito em papel parecia inatingível, já que as imagens recebiam pouca quantidade de luz e não podiam ser fixadas.

A partir de uma parceria, os dois continuaram o trabalho, até a morte de Niepce em 1833. Sozinho depois, Daguerre utilizou a última tecnologia desenvolvida por seu parceiro, que incluía placas de cobre revestidas de prata. Por acidente, em 1835, Daguerre descobriu que uma imagem poderia ser vista numa placa de prata iodada quando submetida a vapor de mercúrio. Infelizmente, a imagem era transitória, já que as áreas não expostas escureciam com o passar do tempo. Com grande persistência, dois anos mais tarde Daguerre conseguiu remover a prata iodada da placa de cobre, mergulhando-a numa solução comum de sal de cozinha, de modo a fixar a imagem permanentemente.

A qualidade da imagem era impressionante. De fato, nunca uma imagem havia sido obtida com tamanha riqueza de detalhes! E seu inventor resolveu batizar a descoberta com seu nome: surgia o "daguerreótipo".

Mas esse era apenas o início: enquanto Niepce e Daguerre estavam desenvolvendo seu processo, muitos outros inventores tentavam alcançar o mesmo objetivo. Duas figuras notáveis eram da

Grã-Bretanha: Thomas Wedgwood, filho de um grande ceramista, e William Henry Fox Talbot.

Wedgwood trabalhou extensivamente com papéis embebidos em nitrato de prata e em couro, mas apenas conseguiu registrar vultos. Talbot, por outro lado, um cientista profissional, também observava imagens numa *camera obscura* e buscava um método para registrar as imagens sem saber dos esforços dos franceses e de seu conterrâneo Wedgwood.

Então, Talbot realmente levou a fotografia um passo mais próximo do sonho de Niepce ao criar um papel fotossensível que havia sido mergulhado alternadamente em soluções de nitrato de prata e cloreto de sódio, criando o cloreto de prata. Quando exposto à luz, o cloreto de prata criava uma imagem "negativa", que podia ser exposta novamente e impressa numa imagem "positiva".

A inovação no processo de Talbot foi o fato de que um mesmo negativo podia ser utilizado para imprimir múltiplas imagens positivas, diferentemente do daguerreótipo, que criava uma única cópia, impossível de ser duplicada. O inconveniente era que, comparado à imagem gerada pelo daguerreótipo, o resultado do "desenho fotogênico" criado por Talbot era distintamente inferior, pois os negativos produziam imagens com qualidade inferior, já que os detalhes eram afetados pela fibra do papel, algo que não ocorria com os negativos.

Apesar disso, esses foram os dois processos que resultaram na fotografia. O daguerreótipo ainda permaneceu sendo utilizado por muitos anos, mas gradualmente a fotografia se alastrou e passou a ser aceita para retratos.

As pessoas que viajavam adoravam tirar fotografias. E elas não apenas viajavam para o inóspito Oeste dos Estados Unidos, como também retornavam à Costa Leste com registros fotográficos da nova fronteira, dos nativos, dos colonizadores e da amplidão das pradarias, montanhas e desertos, com precisão nunca vista.

Não existe maneira melhor de descrever o impacto jornalístico da descoberta a não ser mencionando um de seus maiores pioneiros, Matthew Brady, que fez o registro fotográfico da Guerra de Secessão. Suas imagens, hoje presentes nos livros de História, trouxeram o massacre de uma guerra distante para dentro dos lares de uma maneira nunca vista, a guerra registrada de forma desglamourizada e sem romantismo. O processo de "colódio" foi o desenvolvimento tecnológico seguinte que permitiu a redução no tempo que se levava para tirar uma fotografia. Ela apresentava uma qualidade muito próxima à do daguerreótipo e podia ser impressa em papel Talbot, e posteriormente passou a ser substituída por "albume". O único problema era que as placas fotográficas eram feitas de vidro, que precisava ser preparado pouco antes da exposição, e reveladas imediatamente após; daí o nome original de fotografia com "placa úmida".

A revolução da imagem estava em ritmo acelerado na década de 1870. Todos queriam fotografias, e elas se tornaram cada vez mais fáceis de obter, seja para representação e para documentos ou para exploração artística desse novo meio. Os inventores se dedicaram ao aprimoramento de diversos aspectos da fotografia, e o ponto mais importante era o desenvolvimento de um processo de "chapa seca", no qual as chapas poderiam ser preparadas muito antes da exposição e reveladas muito depois. A resposta para o problema veio na forma de uma suspensão gelatinosa de brometo de prata cujo resultado foi espantoso. Não apenas era mais adequado para usar, mas também a gelatina mostrou ser nada menos do que 60 vezes mais rápida do que o processo com colódio. Um fotógrafo era capaz de permanecer em pé, segurar a câmera sem o auxílio de um tripé e registrar uma imagem instantaneamente.

Um dos pioneiros na utilização do processo com chapa seca foi George Eastman. Em 1888, a máquina mais popular era a Kodak, que era produzida por Eastman. Ele cunhou a frase "Aperte o botão e deixe que faremos o resto", e era exatamente o que acontecia. O que todos os proprietários de uma câmera Kodak tinham que fazer era utilizar todos os negativos e encaminhar a câmera de volta para a fábrica, onde os técnicos iriam revelar as fotografias. O resto é história, já que a evolução tecnológica permitiu que todos pudessem comprar e utilizar uma câmera fotográfica.

Um receptor de GPS portátil. *Standard Horizon*

64

O SISTEMA DE POSICIONAMENTO GLOBAL

Fernão de Magalhães e Cristóvão Colombo teriam muito mais facilidade, e a História teria sido escrita de modo diferente, se no século XV o Sistema de Posicionamento Global (GPS) estivesse disponível.

O GPS consiste em satélites na órbita da Terra em período integral que permitem que qualquer pessoa com um receptor de GPS possa determinar sua latitude, longitude e altitude de maneira exata em qualquer ponto do planeta. Essa invenção modificou permanentemente o modo como as pessoas viajam.

Vic Beck, um oficial reformado da marinha e piloto de helicóptero, utiliza um receptor de GPS em seu barco para encontrar o caminho de casa quando o tempo está nublado e, no dia seguinte, utiliza um aparelho semelhante em seu carro para calcular o avanço do veículo e a distância que falta até que chegue à casa da filha nas colinas de New Hampshire. Como um piloto habituado a utilizar bússolas, ele aprecia o milagre do GPS. Futuramente, o equipamento se tornará parte integrante de muitos carros produzidos.

O GPS utiliza a "triangulação", um princípio da geometria que permite que a localização seja obtida a partir de três outros pontos já localizados. Um exemplo de como o GPS funciona poderia começar com um questionamento. Imagine que você esteja completamente perdido num ponto qualquer dos Estados Unidos. Quando você pergunta a alguém onde está, essa pessoa responde que sua localização é a 1.000 quilômetros de Minneapolis, no Estado de Minnesota. Apesar do auxílio, a informação não será muito útil para você. Ela simplesmente indica que você está em qualquer ponto a 1.000 quilômetros de Minneapolis. Você pergunta novamente. Dessa vez, recebe a informação de que está a 1.100 quilômetros da cidade de Boise, em Idaho. Quando encontra nos mapas as duas cidades e assinala as duas circunferências ao redor delas, encontra dois pontos de interseção. Você saberia que sua localização estaria num desses pontos de interseção, mas não conseguiria definir em qual deles. Se você perguntasse novamente, seria informado de que sua posição estava a 900 quilômetros de Tucson, no Arizona. Com essa informação, você seria capaz de determinar em qual dos dois pontos se encontra. Com as três informações, você descobriria que estava na cidade de Denver, no Colorado. É nesse ponto do mapa que os três círculos se encontram.

Apesar de a idéia ser facilmente compreensível no espaço bidimensional (latitude e longitude), o mesmo conceito funciona para o espaço tridimensional (latitude, longitude e altitude). Em três dimensões, o sistema funciona com esferas em vez de círculos. No lugar de três círculos, quatro esferas são necessárias para determinar uma localização exata.

A essência do receptor de GPS está na habilidade de descobrir a distância entre a sua posição e a de quatro (ou mais) satélites. Assim, uma vez que o receptor determine essa distância, ele pode calcular sua localização exata e altitude na Terra. Em outras palavras, para estabelecer a posição, o receptor GPS deve determinar os quatro satélites acima dele e calcular a distância entre onde ele se encontra e cada um dos satélites. O receptor calcula a quantidade de tempo que leva para que um sinal viaje do satélite até o receptor. Já que é conhecida a velocidade na qual as ondas de rádio se movem — na velocidade da luz (300 mil quilômetros por segundo) —, o receptor pode calcular a distância que o sinal percorreu.

Um elemento muito importante para o cálculo do GPS é estabelecer onde os satélites estão. Os satélites viajam numa órbita muito elevada e precisa. O receptor de GPS armazena informações, como um almanaque, que informa onde cada satélite deve estar a cada hora específica. Um aspecto essencial para o funcionamento do sistema é o fato de o Departamento de Defesa norte-americano monitorar constantemente a posição exata dos satélites e transmitir qualquer ajuste a todos os receptores de GPS juntamente com os sinais do satélite. A principal função do aparelho de GPS é receber a transmissão de pelo menos quatro satélites e combinar as informações obtidas com as informações armazenadas no "almanaque" e assim poder determinar precisamente a posição do receptor.

As informações básicas que um receptor fornece são a latitude, a longitude e a altitude de sua posição atual. A situação ideal ocorre quando o receptor combina esses dados com outras informações, como a de mapas armazenados na memória do receptor. Essas informações são essenciais para todos os tipos de viajantes, já que não existe um ponto em nosso planeta que não tenha sido mapeado, e você pode determinar exatamente onde se encontra. Colocando de maneira simples, ao justapor os dados de localização geográfica à posição atual do receptor, o usuário pode calcular a velocidade, a distância e o tempo estimado de chegada enquanto viaja.

Apesar de a tecnologia de GPS já estar disponível há algum tempo, o sistema foi originalmente projetado e operado pelas Forças Armadas americanas. Para ser mais exato, pelo Departamento de Defesa. Estima-se que o número de usuários não militares de aparelhos GPS chegou aos milhares por volta de 1999, e o número vem crescendo desde então.

Atualmente, os receptores de GPS são utilizados para navegação, posicionamento, difusão do horário e em outras pesquisas. Eles também podem ser encontrados em aviões, trens, carros, embarcações marítimas e em muitos outros tipos de veículos (incluindo-se também os dispositivos manuais).

65
A MÁQUINA DE COSTURA

É possível que a máquina de costura possua o recorde de invenção que levou mais tempo para ser desenvolvida. A primeira patente de uma máquina de costura mecânica conhecida foi obtida na Grã-Bretanha por um alemão chamado Charles Weisenthal, em 1755, mas os arqueólogos estimam que a humanidade costure à mão há 20 mil anos.

As primeiras agulhas de costura foram confeccionadas com ossos de animais, e as linhas de coser foram feitas dos nervos extraídos de animais. Mais tarde, no século XIV, as agulhas feitas de metal foram introduzidas. As agulhas com buraco que hoje conhecemos somente foram inventadas no século XV.

Apesar de Weisenthal ter obtido a patente, pouco se sabe a respeito de sua máquina, a não ser que havia sido projetada com uma agulha para uso na costura mecânica.

O mesmo aconteceu com o inventor e marceneiro Thomas Saint. Apesar de ter obtido a patente para uma máquina de costura em 1790, não se sabe se Saint desenvolveu um protótipo de sua máquina. A patente descreve uma sovela que perfurava o coro e passava uma agulha através do buraco. Mais tarde, já que existia a descrição da máquina, mas nenhuma evidência de que ela houvesse verdadeiramente existido, outros inventores se dedicaram a construí-la. Os modelos, baseados em seus projetos, não funcionaram.

A aventura seguinte ocorreu em 1804, quando uma patente francesa para máquina de costura foi concedida a Thomas Stone e James Henderson para um aparelho que dizia "reproduzir" a costura à mão. A invenção teve pouco sucesso e tempo depois foi esquecida.

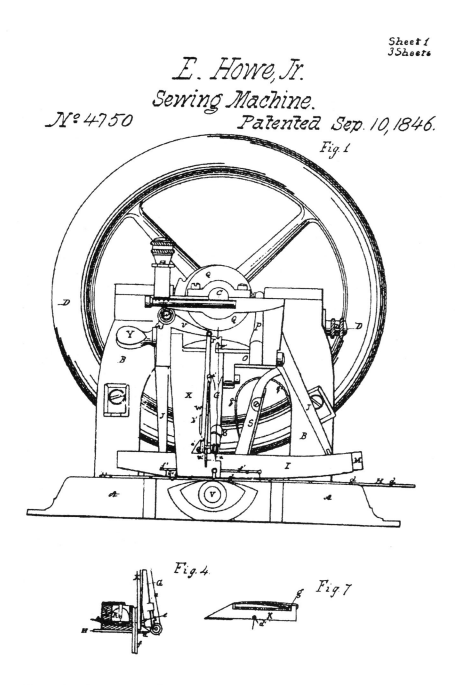

Desenho do projeto de patente, 1846, por Elias Howe. *Escritório de Registro de Patentes dos Estados Unidos*

Em 1818, a primeira máquina de costura americana foi inventada por John Doge e John Knowles. O inconveniente da máquina eram os problemas no funcionamento serem tão freqüentes (até mesmo quando se utilizavam diferentes tipos de tecido) que ela ficou mais conhecida como "máquina de reparos" do que como máquina de costura.

Pouco tempo depois, em 1830, a primeira máquina de costura foi inventada por um alfaiate francês. O problema de seu inventor, no entanto, não era mecânico e sim o de permanecer vivo por tempo suficiente para desfrutar do sucesso de sua invenção. Seus colegas de profissão, os alfaiates, quase mataram o inventor ao atearem fogo à fábrica de máquinas de costura, porque temiam que a invenção acarretasse a perda do emprego.

O mesmo receio — de que a invenção viesse a causar desemprego entre os alfaiates — influenciou o inventor americano Walter Hunt em 1834. Uma pena. A máquina inventada por Hunt podia costurar em linha reta e era bastante confiável.

Finalmente, o destino da máquina de costura mudou. A primeira patente americana foi concedida em 1846 a Elias Howe. Seu processo exclusivo de solicitação de patente fazia algo que nenhuma máquina havia feito até então: possuía uma agulha com um buraco na ponta e utilizava linhas de dois carretéis diferentes. A agulha passava pelo tecido e criava um laço do outro lado. Uma lançadeira num trilho então fazia passar a segunda linha através do laço. Esse processo criou o que passou a ser conhecido por "pesponto".

Apesar de a máquina ser útil e prática, sua invenção inicialmente não despertou muito interesse. Howe lutou nos nove anos seguintes, primeiro para criar interesse do público para sua invenção e, posteriormente, para proteger o mecanismo de pesponto dos imitadores. Seu método foi copiado e utilizado por outros inventores, que o aperfeiçoaram. Do mecanismo original criado por Howe, um mecanismo para cima e para baixo foi aperfeiçoado por Isaac Singer, enquanto Allen Wilson desenvolveu o sistema de lançadeira de gancho rotatório.

O modelo desenvolvido por Singer levou à primeira máquina de costura comercialmente bem-sucedida. Howe, por sua vez, achou que sua idéia havia sido roubada e processou Singer, porque, de acordo com ele, Singer havia usado o mesmo sistema de pesponto que ele havia criado.

Enquanto isso, Singer havia aprimorado sua invenção substituindo a manivela por um sistema de pedal. A vantagem evidente do novo sistema permitia que as mãos do operador permanecessem livres para trabalhar. Um outro aprimoramento fez com que a agulha se movesse verticalmente, perfurando o tecido a ser costurado para cima e para baixo.

Apesar de Howe ter sido vitorioso em seu processo contra Singer em 1854, as máquinas de costura entraram em processo de produção em massa somente anos mais tarde. As primeiras máquinas de costura foram utilizadas nas linhas de produção das confecções e somente a partir de 1889 uma máquina de costura para uso doméstico foi projetada e produzida em grande escala. Em 1905, a máquina de costura movida a eletricidade passou a ser largamente utilizada.

Pouco tempo depois, após defender com sucesso o direito de compartilhar os lucros de sua invenção, Howe viu sua fortuna saltar para mais de 200 mil dólares anuais. De 1854 a 1867, Howe ganhou perto de dois milhões de dólares com sua invenção. Durante a Guerra de Secessão, ele doou grandes quantidades de dinheiro para equipar as tropas da União e serviu num regimento como soldado.

A influência da máquina de costura é evidente. Da noite para o dia, ela mudou a indústria de confecção e muitas outras relacionadas à costura, e conseqüentemente mudou a vida de milhões de pessoas que de uma forma ou de outra faziam parte dessa indústria.

Rolos de filme fotográfico. *Foto do autor*

66

O FILME FOTOGRÁFICO

O filme fotográfico é uma daquelas invenções cuja verdadeira importância acaba sendo ofuscada nos dias de hoje. Há uma tendência a não se dar a ele o devido valor, sendo considerado apenas algo que existe. Quando contemplamos as diversas coisas que o filme fotográfico pode realizar (com o auxílio de uma câmera, obviamente), o resultado é impressionante.

Imagine, por exemplo, o serviço dos peritos da polícia na cena de um crime sem que pudessem registrar utilizando fotos. Ou então considere o uso científico ou militar na preservação dos fatos num instante preciso que de outro modo seria impossível de registrar. Também pense em seu papel na criação de livros e revistas. É simplesmente inimaginável pensar neles sem as fotografias. E, finalmente, quanto a nossas lembranças? Pense no prazer e alegria de quando vemos as fotos de nossos amigos, familiares e animais de estimação.

Os filmes funcionam por causa das substâncias químicas que são sensíveis à luz, que é a parte visível de uma vasta gama de radiação eletromagnética que, na realidade, inclui a energia invisível na forma de ondas de rádio, raios gama e raios X, assim como as radiações ultravioleta e infravermelha. A faixa relativamente estreita de ondas eletromagnéticas que o olho humano pode detectar é chamada espectro visível, que conhecemos por cores. O olho humano distingue as ondas mais longas como vermelho e as ondas mais curtas como violeta, estando o laranja, amarelo, verde e azul entre elas. Os prismas e arco-íris exibem todas as cores do espectro visível.

A fotossensibilidade de alguns compostos de prata, particularmente o nitrato de prata e o cloreto de prata, foi estabelecida por volta do século XVIII. Na Inglaterra, no início do século XIX, Thomas Wedgwood e Sir Humphry Davy tentaram utilizar o nitrato de prata para transferir a imagem pintada em papel ou couro. Eles conseguiram produzir uma imagem, mas não em forma permanente; a superfície escurecia quando era exposta a uma luz contínua.

Na França, Joseph-Nicéphore Niepce obteve a primeira foto com sucesso em 1826, ao colocar uma chapa de estanho revestida com betume (um material sensível à luz) no fundo de uma *camera obscura*. Niepce posteriormente viria a utilizar chapas de cobre e cloreto de prata em substituição à chapa de estanho e ao betume. Em 1839, após a morte de Niepce, Louis-Jacques-Mandé Daguerre exibiu uma versão aperfeiçoada do processo e batizou-a com o nome de "daguerreótipo".

O daguerreótipo produzia imagens numa chapa de cobre brilhante. Apesar de popular, o equipamento foi substituído pelo processo negativo-positivo desenvolvido na Inglaterra por William Henry Fox Talbot. Talbot expunha um papel revestido com prata fotossensível e, posteriormente, o tratava com outros elementos químicos para produzir uma imagem visível; a partir desse negativo, várias imagens positivas podiam ser produzidas. A partir de 1850, o vidro passou a substituir o papel como anteparo para o negativo. Os sais de prata permaneciam suspensos em "colódio", um líquido espesso. Os negativos em vidro produziam imagens mais precisas do que as em papel, porque os detalhes da imagem não se perdiam com a textura do papel. (Este processo passou a ser conhecido como "chapa úmida" ou "colódio úmido".)

Como o processo de chapa úmida exigia que o suporte de vidro recebesse o revestimento pouco antes de a foto ser tirada e que a revelação fosse feita logo depois da exposição, procurou-se descobrir uma versão em "chapa seca" para o processo. As chapas secas, peças de vidro revestidas com uma emulsão gelatinosa de brometo de prata, foram inventadas em 1878. Pouco depois, o americano George Eastman desenvolveu um sistema flexível: uma longa tira de papel substituiu a chapa de vidro. Em 1889, Eastman utilizou um plástico chamado celulóide no lugar do papel: este foi o primeiro filme fotográfico. Eastman abriu caminho para todos os filmes que nos dias de hoje são feitos em poliéster ou acetato, plásticos não tão inflamáveis como o celulóide.

Com exceção de algumas experiências isoladas, os filmes coloridos somente começaram a se tornar viáveis no século XX. O *autochrome*, material que obteve sucesso comercial para a produção de fotos coloridas, tornou-se disponível a partir de 1907, baseado num processo desenvolvido na França pelos inventores Louis e Auguste Lumière, mas a era da fotografia colorida começaria com o advento do filme colorido Kodachrome em 1935 e Agfacolor em 1936. Ambos produziam transparências coloridas ou slides. Eastman-Kodak introduziu o filme Kodacolor para negativos coloridos em 1942, que permitiu o acesso de amadores a um processo de cores com negativo-positivo.

O filme fotográfico utiliza substâncias químicas que reagem de maneira distinta às diferentes extensões de onda da luz visível. Os primeiros filmes em preto-e-branco utilizavam substâncias químicas sensíveis a comprimentos de onda mais curtos do espectro visível, a luz primitiva percebida como azul. Nas primeiras fotografias coloridas de flores, as azuis apareciam claras, enquanto as vermelhas e as alaranjadas apareciam muito escuras. Para corrigir isso, compostos especialmente desenvolvidos, chamados sintetizadores de cor, foram incorporados à emulsão, fazendo com que as cores registradas aparecessem com diferentes tons de cinza. Hoje, com exceção de alguns filmes específicos, todos os outros são sensíveis a todas as cores do espectro visível.

Quando a máquina de fiar foi inventada, muitos quiseram matar seu inventor. *Desenho de Lilith Jones*

67
A MÁQUINA DE FIAR

Conta a lenda que quando Jenny Hargreaves caiu sobre a roda de fiar da família, na metade do século XVIII, duas coisas importantes aconteceram. Primeiramente, seu pai, James Hargreaves, ao observar a roda ainda girando, passou por um daqueles momentos de inspiração pouco comuns até para inventores profissionais. O segundo acontecimento importante ocorreu quando o momento de inspiração pôde se traduzir no aperfeiçoamento de uma máquina e sistema que acompanharam praticamente todo o desenvolvimento da humanidade: o processo de confeccionar "fios".

A princípio, as fibras individuais eram puxadas de um chumaço de lã colocado numa vareta bifurcada chamada de "roca de fiar" e retorcido numa outra vareta chamada "fuso". O fio criado por esse processo podia então tomar o formato de tecido num "tear".

Ao longo dos anos, vieram os aperfeiçoamentos. Um deles consistia em encaixar o fuso de modo que ele se movimentasse num mancal, movido por um cordão preso a uma roda girada à mão, eliminando a necessidade de duas pessoas operarem o equipamento. O aparelho acabou recebendo o nome de "roda de fiar". Com o passar dos séculos, a "roda de fiar" se difundiu pelo mundo todo e o único aprimoramento no projeto original foi a adoção de um pedal e de um fuso acoplado que permitiam girar a roda sem utilização das mãos. Esse tipo de máquina em especial recebeu o nome de "roda saxã" ou "roda da Saxônia" e apareceu pela primeira vez na Europa no início do século XVI. Apesar de o modelo saxão de fiar permitir a produção de lã e algodão de boa qualidade, ainda eram necessárias três a cinco rodas para que uma tecelagem continuasse funcionando. Até o surgimento de John Kay.

Kay ficou conhecido por ter inventado a "lançadeira volante", uma importante inovação no desenvolvimento do tear. Em resumo, o tear funciona mantendo dois conjuntos de linhas esticadas. Isso é chamado de "urdidura". O conjunto de urdiduras é mantido separado num tear enquanto uma "lançadeira" passa no meio delas transversalmente, soltando um fio enquanto avança. Esse fio é chamado de "trama". Desde o tempo em que as artes antigas de fiação e tecelagem foram concebidas, a lançadeira, ou peça com função equivalente, era passada manualmente entre as linhas da urdidura até que a lançadeira volante criada por Kay surgiu, de modo que o trabalho era executado mecanicamente, lançando o fio da trama num comprimento duas vezes maior e numa velocidade superior. Esse aprimoramento permitiu que os tecidos fossem confeccionados numa largura duas vezes maior do que a convencional e muito mais rapidamente. Como conseqüência da maior demanda por fios, seguiu-se um período de escassez de matéria-prima.

James Hargreaves era um homem simples, vivendo no despertar da Revolução Industrial. Ele e sua família faziam parte da "indústria do algodão", o que significava que a família inteira se sustentava com a produção têxtil. Em sua casa, os Hargreaves transformavam as fibras em linha e, posteriormente, transformavam as linhas em tecidos. Um comerciante de tecidos vendia a matéria-prima aos Hargreaves — velos de lã e algodão — e retornava algum tempo mais tarde para comprar o tecido confeccionado e vender mais matéria-prima para a família.

Hargreaves construiu uma máquina que podia produzir diversos fios de uma vez só. No início, em 1764, ela utilizava oito fusos, e o potencial do novo equipamento foi imediatamente reconhecido, traduzindo-se em sucesso imediato, pelos menos para os comerciantes e empresários. Hargreaves começou a suplementar os escassos recursos da família com dinheiro obtido na produção e venda das máquinas de fiar.

Quando inovações tecnológicas como a lançadeira volante e a máquina de fiar permitem uma produção maior com menos trabalho, os resultados podem ser devastadores para os trabalhadores mais rústicos. Por essa razão, os vizinhos dos Hargreaves que também trabalhavam na indústria da fiação tinham pouco com que se alegrar e muito a recear. Em 1768, a casa dos Hargreaves foi atacada e todas as máquinas destruídas.

A destemida família mudou-se para Nottingham e fundou uma modesta fiação baseada em sua máquina. Porém, num período de rápidos avanços tecnológicos e invenções, James Hargreaves, um humilde tecelão do vilarejo de Stanhill, não obteve o reconhecimento que merecia.

Ele tinha razões de sobra para se orgulhar do progresso alcançado com seu invento — o primeiro avanço em séculos —, mas, entre 1764 e 1770, as cortes se recusaram a conceder-lhe a patente pelo invento, que só foi obtida quando ele produziu uma versão com 16 fusos. Infelizmente, Hargreaves havia produzido e vendido uma quantidade enorme de máquinas de fiar de oito fusos, e, no momento em que ele se decidiu a solicitar a patente, uma quantidade enorme de cópias de seu invento já havia surgido. Estima-se que no ano de sua morte, 1778, mais de 20 mil máquinas de fiar estavam em uso somente na Grã-Bretanha, algumas até com 120 fusos.

A história da máquina de fiar e dos progressos alcançados para a indústria têxtil na década de 1770 estava longe do final. Para a indústria de confecção e fiação, a máquina de fiar e a lançadeira volante foram só o princípio. Avanços significativos na fiação e tecelagem acompanharam a década seguinte, e foram tão importantes que mudaram para sempre a sociedade e a sua forma de trabalhar.

Sir Richard Arkwright começou sua vida produzindo perucas, mas, posteriormente, viria a trabalhar com a tecelagem. Com uma história de vida completamente diferente da de Hargreaves, Arkwright idealizou algo diferente para girar a máquina. Essa inovação, patenteada em 1769, ficou conhecida como *water frame*, uma máquina têxtil que utilizava a água como força motriz em substituição à força humana. Sir Arkwright empregou uma equipe de engenheiros, incluindo John Kay, com o intuito de mecanizar e aperfeiçoar toda a indústria, desde o cardar até o tecer.

Com a intenção de aumentar a produção e diminuir os custos, Arkwright levou todo o maquinário pesado para grandes construções próximas a rios para que as rodas-d'água movessem as máquinas. Isso fez com que a força de trabalho, em grande parte composta de mulheres, tivesse que se deslocar de casa para as fábricas. Assim surgiram as primeiras "fábricas" ou "tecelagens,"* e, posteriormente, as fábricas receberam o nome de *sweatshops*, que designam uma fábrica que explora os empregados com horas excessivas de trabalho por baixo salário e em más condições ambientais.

O que Arkwright e outros que vieram depois dele, como Samuel Crompton, também conseguiram fazer foi corrigir um grande defeito da máquina de fiar criada por Hargreaves que fazia com que o fio produzido se tornasse quebradiço. Os fios criados com a máquina de fiar de Hargreaves, especialmente os de lã, podiam ser utilizados para a trama do tear, mas eram frágeis demais para o urdimento. A máquina criada por Arkwright, no entanto, não apresentava o mesmo problema e foi utilizada até que Crompton, um trabalhador de tecelagem sem educação formal, construiu uma máquina de tear aperfeiçoada em 1779, a *spinning mule*. Crompton nunca patenteou sua máquina e apenas recebeu uma pequena quantia de dinheiro de fabricantes quando vendeu o projeto da máquina para eles. Em março de 1792, no mesmo ano em que Eli Whitney inventou sua "máquina descaroçadora de algodão", um

---

* O termo em inglês é "mill", que significa tanto o moinho quanto a tecelagem que utiliza a roda-d'água como força motriz. (N.T.)

grupo de fiandeiros invadiu a Fábrica Grimshaw, em Manchester, e destruiu todas as máquinas ali instaladas.

Hoje, a máquina de fiar parece estar superada por tantas outras invenções da indústria têxtil que ocorreram no século XVIII; mesmo assim, ela ainda permanece como o elo que encerrou um período e deu início a uma nova era. Além disso, onde quer que a indústria algodoeira estivesse florescendo, até meados do século XIX ainda se podia ouvir o giro da roca da máquina de fiar.

O tijolo: conveniência, força e beleza. *Foto do autor*

68

O TIJOLO

Observemos o tijolo: muito pouco sobre ele ou nele pode ser notado. Geralmente retangular, pode variar em tamanho, desde aqueles que cabem na mão (e muito comuns em tumultos de rua) até os gigantescos tijolos da Antigüidade, que necessitavam de centenas de escravos para serem deslocados. Não é muito para se observar, e uma metáfora muito recorrente associa o tijolo a alguma coisa pesada ou desajeitada. Mas ao longo da História, quando agrupado com o intuito de formar grandes estruturas e principalmente quando utilizados por pedreiros talentosos, o tijolo foi uma das invenções mais deslumbrantes de todos os tempos.

Supõe-se que a história do tijolo tenha começado no berço da civilização, ao longo dos bancos de areia entre os rios Tigre e

Eufrates, apesar de a cena poder ter sido facilmente ambientada na China, na África ou na Europa, ou em qualquer lugar onde os primeiros humanos passaram a adotar uma vida sedentária. Quando as águas dos rios nos períodos de cheia recuavam, depósitos de limo e sedimentos eram deixados para trás e ficavam expostos ao sol. À medida que essa "argila" secava, ela endurecia e rachava, permitindo que fosse moldada em diversas formas, como em estátuas, tigelas e tijolos (e que posteriormente podiam ser empilhados na forma de cabanas rudimentares, fornecendo abrigo para as pessoas). Podemos nos surpreender pensando como esses objetos simples e até mesmo toscos — esculturas, utensílios domésticos e tijolos, todos extraídos da terra, da beira dos rios e secos ao sol — seguiram a mesma linha de evolução tecnológica.

Existe um relato ancestral que descreve o primeiro "arco" verdadeiro feito com esses tijolos que remonta a 4000 a.C., na antiga cidade de Ur, na Mesopotâmia, atual Iraque. O próprio arco é um elemento crítico na evolução da construção e da arquitetura, que só foi possível com a invenção do tijolo. Ao moldarem o tijolo em formato de uma "cunha" e reunindo uma grande quantidade delas, o pedreiro conseguia distribuir o peso da estrutura uniformemente entre os tijolos. Essa combinação de engenhosidade, física e da própria força do tijolo literalmente permitiu a construção de qualquer coisa, desde um simples vão de porta até as pontes, os aquedutos, o Coliseu romano e mesmo as abóbadas das catedrais góticas. O tijolo veio a substituir o pesado e instável "lintel", feito de uma laje horizontal desajeitadamente posicionada sobre duas lajes verticais.

Apesar de o primeiro arco construído na Mesopotâmia há muito ter virado pó, a descrição do feito incluiu a primeira referência conhecida daquilo que se tornou ao longo do tempo o mais importante material de construção moderno. Aqueles tijolos eram mantidos juntos com uma resina alcatroada, o betume, um ancestral do asfalto de hoje.

Os tijolos utilizados no assoalho das lareiras e fornos foram responsáveis pela etapa seguinte na sua evolução. Descobriu-se que a argila, quando exposta ao calor das chamas, adquiria uma consistência muito semelhante à das rochas. Na cidade de Ur, na Mesopotâmia, descobriu-se que muitos tijolos rudimentares secos ao sol utilizados na construção da muralha da cidade foram substituídos por tijolos queimados no forno. Os oleiros daquela cultura antiga haviam desenvolvido um forno capaz de produzir temperaturas elevadas, chamado de "estufa", que permitia calcinar seus produtos. A estufa permitia que os oleiros tivessem um método de cozimento e calcinação mais controlado e uniforme, fazendo com que o barro pudesse ser transformado numa cerâmica forte e resistente ao fogo. As temperaturas dos fornos que permitiam a confecção desses tijolos variavam de 870°C a 1.000°C, ou até mesmo mais. Portanto, o tijolo, no sentido em que o conhecemos, surgiu por volta de 1500 a.C.

Os tijolos, por sua vez, mantendo um relacionamento estreito entre o trabalho do oleiro e o do escultor, foram e continuam sendo utilizados na confecção dos fornos. Na medida em que o tijolo evoluía ao longo da História, também evoluíam os métodos das esculturas e cerâmicas de argila. O passo evolutivo seguinte para o tijolo, de fato, foi o "azulejo", que empregou técnicas rebuscadas de cerâmica, como a "vitrificação", que permite que a superfície apresente não só uma grande variedade de cores, mas também uma textura suave, brilhante e não porosa. Mesmo hoje não existe material que se equipare ao tijolo e ao azulejo nos aspectos de durabilidade, força e resistência, até mesmo ao mais forte dos ácidos. Como foi demonstrado na história dos "Três Porquinhos", nada é superior ao tijolo para a construção de um abrigo seguro.

Na medida em que a fabricação do tijolo partia do berço da civilização e alcançava outras partes do mundo, os materiais, estilos e técnicas se tornavam tão variados quanto os povos e culturas que se puseram a confeccioná-lo. Da terra puderam ser extraídos os mais variados tipos de argila que deram a coloração específica a cada tipo de arquitetura. Os três tipos básicos de argila são: 1) a argila de superfície, que geralmente pode ser encontrada no leito dos rios e utilizada com facilidade; 2) o xisto, que é uma rocha altamente pressurizada, como a ardósia, encontrado em diversos estágios de firmeza; 3) finalmente, a argila refratária, que precisa ser extraída do subsolo e que apresenta um grau de pureza superior às outras duas.

Por toda a área do Mediterrâneo, os tijolos tiveram o seu apogeu na forma de terra cota, cujo significado literal é "terra cozida". Os tijolos eram usados extensivamente nas construções romanas juntamente com seu primo, o cimento, e permitiram a criação de maravilhas, como o Panteão, em 123 d.C., que apresenta um domo construído com cimento e tijolos, e que atingiu inimagináveis 43 metros de altura.

Na medida em que a Europa emergia da Idade Média e as cidades cresciam em população e em casas de madeira para abrigá-la (e é difícil imaginar a quantidade de florestas densas que recobriam o continente europeu), um incêndio podia ser devastador, como o Grande Incêndio de Londres, em 1666. A resistência natural dos tijolos ao fogo fez com que fossem escolhidos como o material natural com que as cidades seriam erguidas.

No Oriente podemos encontrar estruturas imensas, como a Grande Muralha da China, uma estrutura de defesa monumental cuja construção foi iniciada no século VII e concluída no século IV a.C. Por volta do século III, Shih huang-Ti, o primeiro imperador chinês, conectou grupos esparsos de muros, formando uma fortificação maciça que se estendia por 6.694 quilômetros e visava a proteger o povo de sua terra de invasões, permitindo que as várias províncias atrás dos muros se unissem para formar a China. O interessante a respeito da Grande Muralha, que pode ser avistada do espaço, é que na realidade é uma engenhosa combinação de tijolos cozidos e secos ao sol.

Mesmo que toda essa imponência nos desvie do eixo principal da história do tijolo como sendo o componente estrutural central, cabe salientar que, mesmo em sua forma mais simples, o básico tijolo vermelho medindo 5,75 por 9,5 por 20,25 centímetros ainda é o material de construção preferido e mais atraente, e uma metáfora excelente para a resistência da humanidade.

69

A CÂMERA FILMADORA

O impacto que o filme cinematográfico ocasionou nos Estados Unidos e no mundo é impossível de ser calculado. Os filmes são de tal forma parte integrante da cultura americana que as tendências de moda entre os jovens são freqüentemente ditadas por eles, que também influenciaram de maneira ampla e profunda o sistema de nossas preferências e crenças.

O filme cinematográfico nada mais é do que uma série de fotografias refletidas na frente de nossos olhos numa velocidade tão elevada que não podemos distinguir quando uma é retirada de nossa frente e substituída por outra. Assim, essas fotografias parecem estar em movimento em tempo real.

Esse fenômeno é chamado de "persistência de visão" (uma imagem permanece em nossa visão por um milissegundo) e o fenômeno já era conhecido há muito tempo. Mas somente por volta da década de 1880 é que as pessoas começaram a construir máquinas que podiam exibir essas imagens e permitir que víssemos nossa própria realidade.

Muito tempo antes de se imaginar algum dispositivo semelhante ao cinema, já existia uma forma rudimentar de animação e exibições com lanternas projetando slides, mas o objetivo dos inventores era capturar a realidade de maneira muito próxima àquela testemunhada pelos participantes. A primeira experiência conhecida com fotografias em movimento ocorreu quando Eadweard Muybridge utilizou uma série de câmeras para registrar movimentos tanto humanos como animais. Para fazer isso, criou o "zootropo" ou "roda da vida", como também se chamou.

A máquina funcionava movimentando desenhos ou fotografias, que eram visualizadas através de uma fenda no zoopraxiscópio.

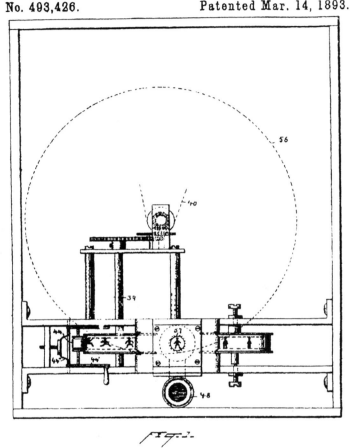

Desenho do projeto de patente do dispositivo para fotografias em movimento, 1893, por Thomas Alva Edison. *Escritório de Registro de Patentes dos Estados Unidos*

Apesar de hoje não ser exatamente o que chamamos de filme, era considerado de tecnologia avançada para a época. Muybridge é considerado por alguns historiadores como o Pai do Filme Cinematográfico. O fato que coloca Muybridge na história da cinematografia foi um filme de curta duração, no qual ele usou uma fileira de câmeras que tiraram uma dúzia de fotografias de um cavalo trotando. O público ficou surpreso ao notar que o cavalo ao trotar pôde simultaneamente elevar as quatro patas do solo.

Mais tarde, Muybridge desenvolveu um obturador de câmera fotográfica mais rápido e utilizou um processo fotográfico mais sensível. Como resultado, houve uma drástica redução do tempo de exposição, e pela primeira vez se produziram imagens mais nítidas de objetos em movimento.

Não existe um consenso quanto ao fato de ser creditado a Muybridge o pioneirismo na cinematografia, já que havia um grande número de pessoas trabalhando em equipamentos ao mesmo tempo, entre eles Thomas Alva Edison. Ele e W. K. Laurie Dickson, seu assistente, criaram um dos primeiros sistemas práticos no final da década de 1880. O sistema utilizava uma câmera cinematográfica que foi batizada de "cinetógrafo" e um sistema de exibição chamado de "cinetoscópio". Ambos os dispositivos foram patenteados em 1891.

Edison e Dickson não pararam seu trabalho aí. O primeiro estúdio cinematográfico mundial, o Black Maria, foi construído sob a direção de Dickson entre 1891 e 1892, e muitos curtas-metragens foram produzidos nele. Um desses filmes foi o primeiro "faroeste", chamado *Cripple Creek Bar-Room*, no ano de 1899.

O sucesso do estúdio foi estrondoso e o interesse pelos curtas foi enorme. Por volta de 1892, esses filmes podiam ser assistidos por um centavo em cabines de exibição individuais.

Posteriormente, foram desenvolvidos projetores que permitiam a exibição dos curtas-metragens para uma audiência muito maior. O interesse e curiosidade do público eram insaciáveis. As salas de exibição se espalharam pelos Estados Unidos e, depois, pelo mundo. Os expectadores assistiam a vinhetas e curtas e queriam mais. Muitos dos filmes apresentavam cenas de cidades e ambientes náuticos, e o mais popular deles exibia um trem que se encaminhava em direção à câmera.

Novamente, uma nova evolução na tecnologia cinematográfica teve como idealizador Thomas Edison. O mais notável entre os primeiros cineastas norte-americanos foi Edwin Porter, que já havia produzido uma série de filmes para Edison. Seu filme *Life of the American Fireman* (A Vida do Bombeiro Americano), de 1903, narrava uma história real, e seu trabalho posterior, *Dream of a Rarebit Fiend* (O Sonho do Viciado em Torradas com Queijo), de 1906, era ao mesmo tempo incomum e engraçado. Esses filmes certamente fizeram com que outros futuros cineastas pudessem vislumbrar o potencial da nova arte.

The Great Train Robbery (O Grande Roubo do Trem), de 1903, o mais celebrado entre os primeiros filmes de faroeste, foi o grande sucesso da época. Ele foi filmado em Nova Jersey, no Leste dos Estados Unidos (os atores tampouco eram do Oeste). O que mais agradava os expectadores desse filme era o seu ritmo. A história narrava um ousado roubo de trem no qual o bando de assaltantes era capturado por um destacamento policial. O filme simulava um trem em alta velocidade utilizando efeitos sonoros e imagens de grandes nuvens de vapor sendo despejadas da locomotiva. Os expectadores jamais tinham visto algo semelhante e pareciam não se cansar de rever.

Um outro nome que virou sinônimo do pioneirismo do cinema foi o do francês Louis Lumière. Ele inventou uma câmera cinematográfica portátil, uma unidade de revelação de filmes e um projetor chamado de "cinematógrafo". Ele abrigava as três funções numa única máquina.

O cinematógrafo tornou a exibição de filmes mais popular, e muitos acreditam que Lumière é verdadeiramente o Pai do Cinema. De fato, Lumière e seu irmão foram os primeiros a apresentar imagens fotográficas em movimento a uma platéia pagante de mais de uma pessoa. Imagine o que ele diria dos filmes a que as platéias de hoje assistem.

Alfred Nobel, inventor da dinamite. *Coleção de Imagens da Biblioteca Pública de Nova York*

70

A DINAMITE

O sueco Alfred Nobel inventou a dinamite em 1866. Sua invenção, como muitas outras antes dela, foi o resultado do conhecimento acumulado de diversas pessoas. A genialidade do sueco se deve ao seu incansável esforço e extrema habilidade para aperfeiçoar a dinamite para as aplicações práticas e previsíveis por todos.

A história da dinamite se inicia em 1846, com Ascanio Sobrero, um químico italiano. Ele foi a primeira pessoa de que se tem conhecimento a associar o glicerol aos ácidos nítricos e sulfúricos e produzir um dos elementos fundamentais da dinamite: a nitroglicerina. O problema era que, ao se adicionarem os ácidos nítrico e sulfúrico, havia a liberação de calor que tornava a mistura instável, freqüentemente chegando a ponto de explodir. Foi necessário certo tempo para que os inventores percebessem que havia a necessidade de se resfriar a mistura enquanto estava sendo feita. Tal procedimento aumentava a previsibilidade e estabilidade da mistura.

Nobel estudou esses problemas e foi o primeiro a produzir nitroglicerina em escala industrial. Uma de suas descobertas mais importantes foi o resultado da mistura da agora estável nitroglicerina a um fluido oleoso e à sílica. A mistura inteira podia ser transformada em uma pasta manuseada como uma massa maleável e receber a forma de barra.

Mas um problema persistia, no entanto, e era como explodir as barras de dinamite. Nobel desenvolveu em 1865 uma "cápsula de detonação" (um pino de madeira preenchido com pólvora que podia ser detonado ao se acender um estopim) que podia ser utilizado para detonar a dinamite em condições controladas.

Condição controlada passou a significar que o leito de rochas podia ser perfurado para receber as bananas de dinamite e ser explodido. Tais explosões permitiram a diminuição das horas de trabalho na remoção das pedras. Como conseqüência, o trabalho de desobstrução e construção podia ser mais rápido: o que muitos homens levavam dias para realizar, uma banana de dinamite podia fazer em questão de poucos minutos. Ainda é possível se observarem as linhas paralelas nas formações rochosas próximo às auto-estradas, especialmente nas áreas montanhosas, e ainda encontramos as perfurações na rocha onde a dinamite foi inserida.

Já que havia muitos usos para o produto, e a construção de estradas e represas se tornara mais rápida e mais fácil, Nobel acumulou uma verdadeira fortuna com a venda do produto ao redor do mundo. Mas o mesmo espírito inovador que motivou a invenção também fez com que ele ficasse reticente quanto ao futuro de sua invenção.

Mas Nobel, preocupado com o potencial uso violento da dinamite, decidiu deixar sua fortuna para recompensar as pessoas que perseguissem ideais pacíficos. Quando morreu, ele deixou nove milhões de dólares para estabelecer uma série de prêmios que levariam o seu nome: os prêmios Nobel de Medicina ou Fisiologia, Física, Química, Economia, Literatura e da Paz. Os esforços na promoção da paz eram importantes para Nobel e ele obtinha prazer intelectual por meio da literatura e da ciência, que serviam de base para muitas de suas atividades como inventor.

Nobel compreendeu seu lugar entre os inventores. Ele viu o futuro e trabalhou no aperfeiçoamento daqueles que o precederam. Ele também estudou a longa e completa história da dinamite.

A pólvora, primeiro explosivo químico, foi inventada na China em 900 d.C. Feita de carvão vegetal, enxofre e nitrato de potássio, foi utilizada, a princípio, para fins militares. Mais tarde, foi utilizada na mineração no continente europeu. O fogo ou calor intenso era utilizado para detoná-la. Posteriormente, estopins feitos de grama e trepadeira eram utilizados para esse propósito.

Na era moderna, a nitroglicerina na dinamite veio a substituir a pólvora como o principal explosivo. Dois aprimoramentos modernos foram os "estopins seguros" e o detonador. Pela primeira vez, esses elementos permitiram detonações cronometradas e seguras.

Longe de se acomodar com suas conquistas, Nobel continuou aprimorando seu invento. Em 1875, ele criou uma substância gelatinosa a partir da dissolução da nitroglicerina. Os testes provaram que o novo material não apenas criava um explosivo mais poderoso como também era mais seguro.

A adição do nitrato de amônia — utilizado mais comumente em fertilizantes — à mistura tornou o material mais seguro e barato. Como conseqüência, sua utilização aumentou sensivelmente em todo o mundo.

O detonador tornou-se o primeiro método seguro e confiável de se detonar a nitroglicerina. O novo dispositivo não apenas tornou o trabalho menos perigoso para as equipes de construção, escavação e edificação, mas principalmente abriu as portas para uma série de utilizações industriais do produto.

Um outro progresso realizado no decorrer dos anos foi o acionamento elétrico. Utilizado com sucesso pela primeira vez no final do século XIX, a detonação por eletricidade permitiu um maior controle da regulagem do tempo. E os efeitos foram significativos quanto à segurança e à praticidade. A remoção de um leito de rocha, por exemplo, pôde ter o tempo determinado para permitir a remoção dos escombros com segurança.

Canhão naval do século XIX. *Coleção de Imagens da Biblioteca Pública de Nova York*

71
O CANHÃO

Os canhões representam uma das mais antigas tecnologias de armamentos, datando de antes do século XV. Não se trata de um equipamento complexo, mas apenas um tubo de metal forte com um bocal de um lado e com um pequeno buraco perfurado na outra extremidade para a colocação de um estopim. A pólvora era introduzida no tubo pelo orifício que posteriormente receberia a bala do canhão, de tal modo que a pólvora ficasse prensada próximo à extremidade onde se encontrava o estopim. O estopim, ou até mesmo um punhado de pólvora, era utilizado para disparar o canhão. Uma explosão arremessava a bala do canhão, que despedaçava muralhas, navios e tudo mais que estivesse em seu caminho.

A palavra "canhão" se origina do latim *canna* (caniço), devido ao seu formato de barril. Os canhões foram inventados depois de a pólvora ter sido levada da China para a Europa. Essas armas permaneceram em uso até meados do século XIX, quando foram substituídas por armas de retrocarga.

A história do canhão se inicia com a pólvora, que contém uma série de substâncias que não ocorrem naturalmente em sua forma pura, como o nitrato de potássio (salitre). Alquimistas chineses da dinastia Sung (no ano 900 de nossa era) depararam com um pó branco e cristalino que resfriava a água quando dissolvido e explodia quando atirado ao fogo. Os chineses somente utilizavam a pólvora como projéteis incendiários, semelhantes a lanças, em dispositivos de sinalização e fogos de artifício. As rotas comerciais levaram essa "neve chinesa" para a Europa, onde várias combinações de petróleo natural, enxofre e outras substâncias combustíveis haviam sido experimentadas em situações de sítio a cidades com catapultas e fumaça.

O antecessor do canhão foi a lança de fogo, um tubo de bambu com vários metros de comprimento, perfurado em suas extremidades, atado com cordas reforçadas e no qual um peso era fixado para mantê-lo e fazer a pontaria. Quando a lança de fogo era acesa, a partir de um estopim fixado na boca da arma, ela arremessava fogo, gases e projéteis de sua boca de modo muito semelhante às pistolas de hoje. Armas semelhantes a essa eram utilizadas na China por volta do século XIII e, posteriormente, se alastraram pelo Oriente Médio. Turcos, árabes e europeus provavelmente desenvolveram o canhão a partir dos lança-chamas. Registros da expressão *poudre de canon* remontam a 1338. Alfonso XI utilizou canhões contra os mouros na Espanha na década de 1340, os venezianos durante um cerco em 1380 e os turcos no cerco a Constantinopla, em 1453.

A pólvora moderna contém nitrato de potássio, enxofre e carbono na forma de carvão vegetal (aproximadamente na proporção 4:1:1 para pólvora para canhões e 10:1:2 para pistolas; a proporção moderna padrão é de 75:11:14). O nitrato de potássio necessita ser purificado pela recristalização, e o enxofre por meio da destilação. O pó de carvão precisava ser obtido da queima uniforme de madeira. Todos os ingredientes eram triturados de modo grosseiro, colocados num cadinho de ferro e umedecidos com água, álcool, vinagre ou urina (para evitar fagulhas). A mistura como um todo precisava ser constantemente moída com um bastão de ferro (o pilão devia bater ininterruptamente por 24 horas num triturador); caso ela não fosse executada dessa maneira, queimaria ou crepitaria, em vez de detonar. A pólvora costumava ser moída em blocos de pedra até que os moinhos movidos a água começaram a ser utilizados — um moinho podia fazer a mesma quantidade de pólvora que uma centena de homens utilizando pilões e grais.

Quando a tecnologia do lança-chamas chegou à Europa com a forja de ferro e fundições, o metal acabou por substituir o bambu, o couro, a madeira, a pedra e todos os outros materiais utilizados na confecção dos canhões. Os primeiros canhões de metal utilizavam barras de metal soldadas lado a lado e reforçadas com aros de ferro. Eles disparavam pedras. Posteriormente, passaram a ser moldados numa liga chamada de bronze de canhão (cobre e estanho, um pouco diferente do bronze de sino) e apresentaram um calibre que permitia que as balas de pedra ou chumbo se encaixassem perfeitamente, sem tamponar.

Essas armas moldadas podiam ser suspensas. Elas apresentavam um alcance superior ao dos canhões rústicos primitivos, mas normalmente eram posicionadas numa pequena elevação, chamada "pontaria em branco". Por volta do fim do século XVI, o ferro fundido (mais barato do que o bronze) havia substituído a pedra tanto para os canhões quanto para as balas. Se o trabalho de fundição fosse mal executado, o canhão poderia explodir na primeira vez que fosse disparado. Após a fundição, a peça do canhão era mantida numa posição e girada, enquanto uma ferramenta de perfuração era introduzida em seu bocal para torná-lo completamente cilíndrico. Em seguida, uma broca era utilizada para fazer o "ouvido do canhão".

O canhão era afilado da base para a boca com anéis ao redor do cilindro — um aspecto decorativo remanescente dos antigos barris arqueados. A base do canhão era munida de uma pequena bola chamada "cascavel", para auxiliar na pontaria da arma. Para dispará-lo, uma pá de pólvora era retirada de um tonel e colocada no interior do orifício do canhão. A pólvora era posteriormente socada firmemente com um soquete de madeira ou com uma bucha de pano que servia de vedação para os gases liberados após a detonação e com um pistão para empurrar a bala para fora do bocal do canhão. Depois de a bala ter sido carregada pelo calibre e socada firmemente contra a bucha, um atirador despejava pólvora no ouvido do canhão. Quando a ordem de disparo era dada, o atirador utilizava uma mecha mantida acesa ou uma vareta em brasa para acender o rastro de pólvora no ouvido do canhão. As chamas rapidamente chegavam à carga de pólvora e o disparavam. Antes de o canhão ser novamente carregado, a parte interna precisava ser umedecida com um esfregão molhado para extinguir qualquer brasa que porventura estivesse acesa.

Os canhões alteraram a composição dos exércitos terrestres, já que as divisões de artilharia se juntaram às de cavalaria e infantaria. O morteiro leve, um descendente do canhão com cano liso, foi uma arma de infantaria utilizada até a Primeira Guerra Mundial. Era uma arma de grande impacto e eficiente, apesar de seu posicionamento ser crítico: uma bateria fixa era posicionada o mais nivelada e aberta possível e podia ser rapidamente posicionada para atingir qualquer ponto dentro de seu raio de ação, mas tinha que ser protegida de ataques. Uma bateria de canhões podia facilmente se proteger de um ataque frontal, mas era vulnerável a ataques de cavalaria pela retaguarda e pelos flancos.

Uma descarga de tiros sobre um comando de cavalaria ou infantaria podia produzir grande destruição, não importando se o ataque viesse de um disparo simples ou de uma rajada de metralhadora ou duas metades de bombas unidas por uma corrente. Uma bala de canhão incandescente podia ser usada para iniciar os disparos, e os canhões podiam reduzir castelos e fortalezas a ruínas.

Os canhões rapidamente se tornaram indispensáveis para os combates navais. A abordagem do barco inimigo tornou-se o último estágio de uma batalha, não o primeiro. Ao tomar a dianteira nas manobras e bombardear o barco inimigo, destruindo os mastros e cordames de modo a torná-lo inoperante, o barco que estava atacando em seguida varria as defesas inimigas destruindo os canhões, abria buracos em seus flancos e incendiava a embarcação inimiga disparando balas incandescentes de modo que elas se alojassem dentro do navio. Uma batalha naval não era nada divertida para os marinheiros.

Hoje, os canhões ainda são indispensáveis numa guerra, estejam eles alojados em tanques, num navio ou no solo.

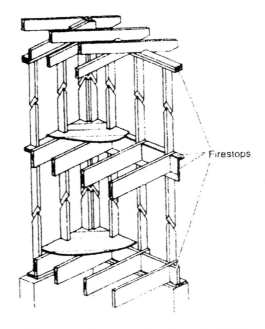

Secção de *balloon framing. Governo dos Estados Unidos*

72

O BALLOON FRAMING

O *balloon framing* — o nome se refere à sua característica leve e airada —, juntamente como a invenção dos pregos cortados à máquina que permitiu que eles pudessem atingir níveis de produção em massa, revolucionou a construção nos Estados Unidos quando foi introduzido na década de 1830. Até o advento do *balloon framing*, os construtores tinham que utilizar o trabalhoso método de vigamento em "madeira", que envolvia a utilização de exóticas junções de marcenaria, como malhete e junta de espiga e encaixe, e peças de madeira imensas que podiam variar em tamanho de 10 por 10 centímetros a até 23 por 38 centímetros, o que exigia o trabalho de muitos homens para posicioná-las corretamente para o içamento. O serviço era geralmente intenso e extenuante.

As peças de *balloon framing* variavam em tamanho, de 5 por 10 centímetros e podiam chegar a até 5 por 30 centímetros e apresentavam alturas variadas (algumas peças eram bastante altas), mas podiam ser facilmente manuseadas por uma ou duas pessoas. Posteriormente, a peça era então serrada no tamanho apropriado e posicionada no local correto e fixada com pregos. O princípio básico do novo método de construção era que ele permitia que as novas habitações e prédios fossem levantados rapidamente. A revista *Architectural Review* afirmou em 1945: "As grandes cidades do mundo não teriam sido levantadas tão rapidamente se não fosse pela invenção do *balloon frame*, que substituiu a construção simples com pregos e tábuas que utilizavam métodos tradicionais, com junções em malhete e espiga para as casas de madeira."

Na verdade, os subúrbios americanos de hoje não poderiam existir, porque as casas levariam muito mais tempo para serem construídas e as construções seriam onerosas demais para a maioria das pessoas. Além disso, uma mão-de-obra descomunal seria necessária para colocar as peças no lugar.

O estilo, obviamente, também sofreria limitações com os métodos tradicionais. Por exemplo, caso se desejasse algo com muitos ângulos, ou, ao contrário, algo circular, seria impossível sem um gasto enorme para cobrir os custos de construção.

Do mesmo modo, o tamanho do material disponível poderia ser um problema. Havia um número limitado de árvores espessas e altas numa floresta. Além disso, o uso de árvores para um padrão de construção sofreria a desaprovação de grupos ambientalistas de modo mais feroz do que hoje.

No cerne do *balloon framing* estão os "suportes", peças verticais de 5 por 10 centímetros de espessura que serviam de estrutura para os lados da casa e que são longas o suficiente para se estenderem do porão ao teto. Geralmente a construção começa com peças de 5 por 15 centímetros de espessura — as vigas que servem de fundamento para as paredes — e que são aparafusadas às paredes das fundações em alvenaria. Posteriormente, "pilares", geralmente com caibros de 5 por 10 centímetros de espessura, são firmados nos cantos junto aos pilares de tal modo que haja um recesso e permita que outros materiais possam ser embutidos nas paredes. "Travessas", compostas de tábuas de 5 centímetros e de 15 a 35,5 centímetros de largura, são encaixadas na posição correta. Uma vez que as travessas são instaladas, os suportes principais da casa são içados à posição vertical (aprumados) e fixados com pregos às vigas e travessas adjacentes.

"Cintas de reforço", também conhecidas como "fitas", são posteriormente "fixadas" — instaladas em fendas feitas nos suportes — aos suportes no nível do segundo andar em lados opostos da casa. Essas tábuas, com espessura variando de 2,5 por 15 centímetros a 2,5 por 20 centímetros, são utilizadas para dar suporte às travessas, que são assentadas perpendicularmente no topo e fixadas aos suportes. Um par de cintas de reforço é fixado a suportes à altura do teto/sótão nas travessas. Tábuas são pregadas à parte superior dos suportes, cada uma com tamanho de 5 por 10 centímetros e que haviam sido, por sua vez, pregadas aos suportes e umas às outras. As tábuas são cortadas de modo a se prenderem perfeitamente no ponto onde se encaixam às vigas de canto.

O *balloon framing* não é tão forte como os métodos de construção do tipo "plataforma" ou *western*, que foram desenvolvidos após o *balloon framing* com o intuito de aperfeiçoá-lo e fortalecê-lo; tábuas impermeáveis — mais largas e mais finas — são fixadas à estrutura de modo a dar maior solidez e resistência ao vento.

Um outro elemento essencial do *balloon framing* é o "corta-fogo", que consiste numa tábua horizontal presa com pregos entre os suportes em pontos específicos. Num sobrado, seriam necessários dois: um nas cintas de reforço nas vigas da parede e outro nas cintas de reforço do segundo andar. Sem esses corta-chamas, o espaço entre as vigas poderia funcionar como um cano de chaminé e o fogo se alastraria com maior rapidez.

Inventivo como era, o *balloon framing* só alcançou sucesso graças ao surgimento da máquina de cortar pregos. Por muito tempo, os pregos disponíveis eram apenas os modelos rústicos cortados à mão. Para fazer um prego, o ferreiro tinha que aquecer uma longa vareta de metal, chamada de "vareta de prego", forjar uma das extremidades de modo a torná-la pontiaguda, cortar a vareta do tamanho do prego desejado e martelar a outra extremidade para formar a cabeça. A confecção de pregos era tão onerosa que poderia consumir metade do preço do custo em material. De fato, os pregos confeccionados à mão eram tão difíceis de fazer e valiosos que com freqüência eram recuperados quando velhas construções eram demolidas.

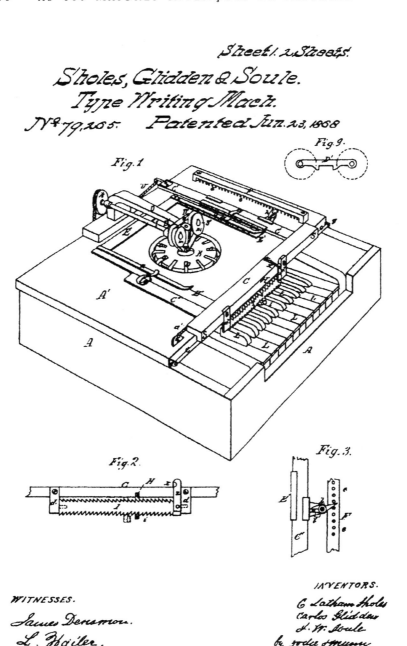

Desenho do projeto de patente, 1868, por Christopher Latham Sholes, Carlos Glidden e Samuel W. Soulé. *Escritório de Registro de Patentes dos Estados Unidos*

73
A MÁQUINA DE ESCREVER

Diz-se que um exército de datilógrafos profissionais trabalhando numa sala produz um som semelhante ao rápido disparo de uma metralhadora. Talvez de maneira irônica, as primeiras máquinas de escrever, chamadas de Máquina de Escrever Sholes e Glidden, foram produzidas por E. Remington and Sons, fabricantes de armas da cidade de Ilion, no Estado de Nova York, de 1874 a 1878.

O modelo original não vendeu muito (menos de cinco mil unidades), mas conseguiu algo mais: introduziu a era das máquinas nos escritórios, aliviando os trabalhadores de uma função monótona e morosa, dando início a uma indústria de alcance mundial.

A máquina de escrever surgiu no período em que os inventores estavam abarrotando o Escritório de Registro de Patentes dos Estados Unidos com projetos de novos aparelhos para tornar a vida mais fácil para o público em geral, que no período já estava fascinado por máquinas, principalmente aquelas que tornassem as tarefas do dia-a-dia menos entediantes. Ao mesmo tempo, todos pareciam estar apaixonados por idéias.

A máquina de escrever teve seu início na Oficina de Máquinas Kleinsteuber, em Milwaukee, no Estado de Wisconsin, em 1868. Um editor-político-filósofo local, chamado Christopher Latham Sholes, passava horas na oficina com os funileiros, ansioso por inventar algo útil.

Tudo começou quando Sholes estava trabalhando numa máquina que numerava automaticamente as páginas de um livro e alguém na oficina sugeriu que a idéia poderia ser prolongada para todo o alfabeto. Mais tarde, um artigo da *Scientific American* circulou entre os que estavam na oficina e eles concordaram que a "datilografia" (a palavra usada na *Scientific American*) estava começando a se tornar uma tendência e teria um futuro brilhante.

A idéia de "estender" conceitos de máquinas já existentes para o desenvolvimento de novas ainda não construídas era uma característica importante daquela época. Havia a necessidade de que inventores algumas vezes transformassem objetos comuns em algo extraordinário pela simples combinação deles com outros, tendo em vista um objetivo simples.

Sholes, obviamente, conseguiu isso com sua máquina de escrever. Seu primeiro modelo de demonstração era um dispositivo simples que utilizava uma chave de manipulador de telégrafo adaptada a uma base. Era um tipo de "deixe-me mostrar o que posso fazer com isso", tendo como idéia básica o telégrafo.

O dispositivo criado por Sholes tinha uma peça de tipografia fixada a uma pequena vareta, posicionada de tal modo que era lançada para a frente e atingia uma placa plana (esse projeto era utilizado em impressão havia séculos) sobre a qual estava um pedaço de papel carbono sobre uma folha. A vareta, ao mover-se, deixava uma impressão sobre o papel.

Inacreditavelmente, ninguém havia pensado anteriormente em utilizar tipos que golpeassem o papel e criassem uma impressão sobre ele. Sholes prosseguiu na construção de uma máquina que pudesse registrar todo o alfabeto. Após um longo período de tentativa e erro, um protótipo foi enviado a Washington, D.C., para patente. (Naquela época, o Escritório de Patentes dos Estados Unidos solicitava um modelo de patente que fosse funcional. O protótipo original está trancado numa caixa-forte no Museu Smithsonian. Hoje, não é necessário o envio de um modelo funcional para o Escritório de Patentes.)

Alguns dos reveses do aparelho acabaram se tornando novos desafios para o inventor. Um deles era o projeto original com "curso ascendente", que não permitia que o datilógrafo soubesse o que estava sendo datilografado, já que a impressão era feita sobre uma folha de papel posicionada na parte inferior de um cilindro. No entanto, depois de alterações no projeto (a versão posterior viria a ser muito parecida com a moderna), permitindo que o usuário visse o que estava sendo escrito, um outro problema surgiu. O "sistema de barra de tipos" e o "teclado universal" (onde todas as letras eram colocadas na mesma posição) criavam problema, porque as teclas ficavam muito próximas umas das outras e encavalavam quando utilizadas juntas.

Para solucionar esse problema, James Densmore, um dos sócios da empresa, sugeriu que fossem separadas as letras que eram comumente utilizadas de modo a diminuir a velocidade do datilógrafo. Esse procedimento foi responsável pelo padrão de teclados QWERTY. Mesmo com todo o problema solucionado, Sholes ainda encontrou um outro obstáculo para tornar sua invenção um sucesso: ele não tinha a paciência necessária para divulgar o novo produto, o que fez com que vendesse seus direitos para Densmore. Este, por sua vez, convenceu Philo Remington (um produtor de armas) a comercializar o produto. A primeira máquina de escrever Sholes e Glidden foi colocada à venda em 1874, mas, como já mencionado, não foi um sucesso imediato.

Mesmo assim, ela evoluiu. Apesar de o modelo original Sholes e Glidden utilizar o teclado QWERTY, ela somente utilizava as maiúsculas e era lenta e ineficiente. Mas Remington não era do tipo que deixasse os datilógrafos dormirem sobre as máquinas e trabalhou arduamente junto com seus engenheiros para aprimorar o invento.

Em 1878, uma segunda versão da máquina foi apresentada. Ela utilizava tanto as letras maiúsculas como as minúsculas e usava o recurso de uma tecla para alternar entre as duas. Além de ser muito mais silenciosa, ela também apresentava um chassi aberto (como a maioria dos modelos utilizados até hoje) que permitia o acesso mais fácil às teclas e ao interior da máquina para reparos. O novo modelo foi um sucesso em vendas, e diz a lenda que foi examinado e utilizado pelo escritor norte-americano Mark Twain. Apesar de ele ter sido o primeiro escritor a entregar aos editores os originais de uma obra datilografados, dizem que o trabalho foi feito a partir de uma cópia escrita à mão. Talvez até mesmo Twain só posteriormente fosse acreditar no potencial do novo equipamento em sua carreira. Mesmo assim, havia sido iniciada a era da máquina de escrever, e o ato de escrever e publicar jamais voltaria a ser o mesmo.

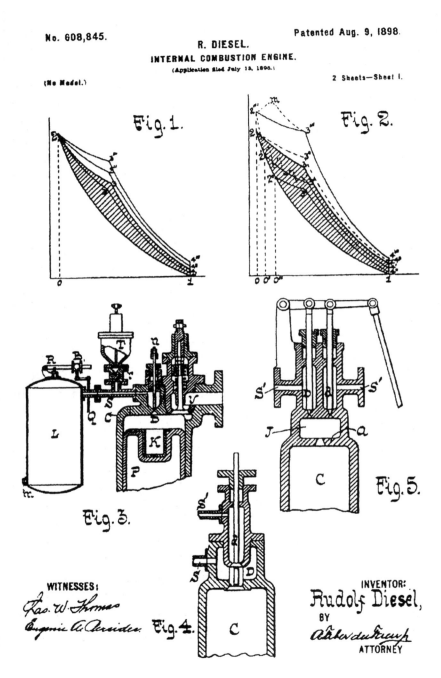

Desenho do projeto de patente, 1898, por Rudolf Diesel.
Escritório de Registro de Patentes dos Estados Unidos

74
O MOTOR A DIESEL

Rudolf Diesel, cujo nome está associado ao motor por ele inventado, foi impulsionado em seu trabalho mais por motivos sociológicos do que por pecuniários. Na época, a Revolução Industrial estava em marcha acelerada e o sonho de Diesel era inventar um motor que pudesse libertar as pessoas de muitos dos processos laboriosos relacionados a outros maquinários, incluindo motores a gás. Ele desejava que as pessoas determinassem seus próprios destinos, em vez de se submeterem aos desígnios de uma máquina.

Apesar de ser alemão, Diesel havia nascido em Paris, filho de um imigrante que trabalhava com couro. Então, em 1870, a Guerra Franco-Prussiana eclodiu e Diesel e toda a sua família foram deportados para Londres como imigrantes indesejados.

Mas isso não o impediu de adquirir educação técnica. Ele foi a Munique, na Alemanha, onde se especializou em engenharia térmica e projeto de máquinas. A seguir, Diesel retornou a Paris.

O objetivo mecânico de Diesel acabou por se tornar uma busca obstinada de um motor que fosse tão potente e funcional como os motores a gás em uso na época. Nos motores a gás, a faísca que fazia com que o gás entrasse em combustão e movimentasse os cilindros era um elemento externo, como um filamento aquecido ou uma faísca elétrica. Um dos aprimoramentos do motor de Diesel foi fazer com que a ignição do combustível fosse interna e obtida a partir da compressão da mistura de ar combustível no cilindro de propulsão. À medida que a compressão aumentava, a temperatura da mistura também aumentava até atingir o ponto em que ela entraria em combustão espontaneamente. Não havia a necessidade de um sistema de descarga para acioná-lo.

Diesel viria a obter sucesso com seu projeto, apesar de que seu primeiro teste experimental quase resultou numa fatalidade. O motor explodiu, causando-lhe ferimentos.

Uma outra vantagem do motor é que ele funcionava com um combustível de baixo custo. Diesel concebeu originalmente seu motor movido a pó de carvão, e até mesmo gordura animal, mas, por fim, se decidiu por utilizar o óleo cru de baixo custo (também chamado de "óleo diesel"). Isso resultou numa menor preocupação com os aspectos técnicos dos motores da época.

O primeiro motor desenvolvido por Diesel funcionou por cerca de um minuto. À medida que executava melhorias nele, a demanda por parte da indústria aumentava. Por suas características técnicas, o motor podia ser de grandes proporções, e isso o tornava competitivo em relação aos motores a vapor, que impulsionavam a maioria das grandes máquinas da época. Os motores a diesel eram menos onerosos em sua operação, porque utilizavam um combustível mais barato e tinham um custo de manutenção menor. Além disso, ao contrário de outros motores, o motor a diesel não necessitava de um longo período de aquecimento para trabalhar ou uma grande quantidade de água, como os motores a vapor.

Diesel patenteou seu invento em 1892 — apesar de que na época não se podia dizer que estivesse pronto para a difusão mundial —, mas num período relativamente curto ele já era utilizado de diversas maneiras na indústria, onde havia necessidade de motores que gerassem grande potência. Mais tarde, o motor passou a ser adotado para impulsionar tratores, caminhões, ônibus, navios, assim como locomotivas e submarinos.

Existem na realidade dois tipos ou classes de motores a diesel. Um é o motor de dois tempos, no qual há um ciclo completo de operação em cada dois cursos de um pistão. Ele necessita de ar comprimido para a partida e para o funcionamento. No outro tipo de motor, o de quatro tempos, na primeira descida do êmbolo o motor puxa o ar para que em seguida, na sua subida, o ar seja comprimido a cerca de 35 quilogramas por centímetro quadrado. Na subida do êmbolo, um jato de combustível é pulverizado por meio de um injetor, o combustível é inflamado e a rápida expansão dos gases criada pelas forças do gás inflamado força o pistão para baixo no curso de combustão ou de tempo-motor. O curso de subida seguinte do êmbolo libera os gases por meio de uma válvula de escape e o ciclo se completa. A quantidade de combustível injetada controla a velocidade e a potência do motor a diesel e não está relacionada à quantidade de ar admitida, como acontece no motor a gasolina.

O motor a diesel existe há mais de 100 anos e, em muitas circunstâncias, ainda é mais econômico do que o motor a gasolina. Mas também apresenta suas desvantagens: um nível de ruído elevado e os gases expelidos são extremamente poluentes.

Diesel manteve sua atitude idealista por toda a vida, sempre tentando, com todo o seu esforço, encontrar o lugar para o indivíduo numa sociedade industrial. A falta de astúcia capitalista pode ser verificada pelo fato de que, apesar de ter se tornado milionário em decorrência de sua invenção, ele fosse negligente com relação a seus investimentos e vivesse em constante dificuldade financeira.

A vida de Diesel terminou de maneira triste. Sua situação financeira passou por períodos difíceis e ele ainda carregou o fardo das preocupações em decorrência do movimento constante em direção à guerra na Europa. Chegou a um ponto que tornou muito difícil de suportar. Em 1913, ele desapareceu sem deixar rastros enquanto cruzava o Canal da Mancha numa balsa noturna para participar de um congresso de engenharia. Tudo leva a crer que ele tenha cometido suicídio.

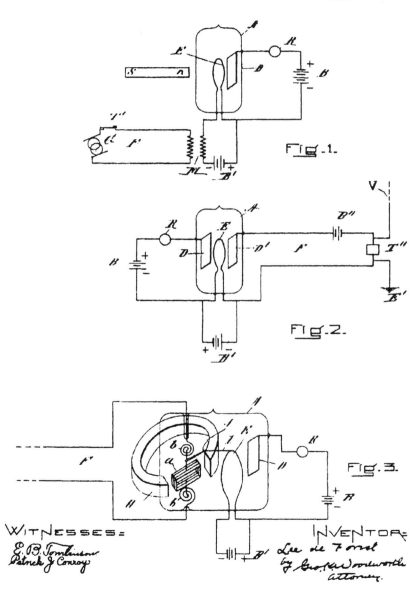

Desenho do projeto de patente, 1907, por Lee De Forest.
Escritório de Registro de Patentes dos Estados Unidos

75

A VÁLVULA DE TRIODO A VÁCUO

Num dia, em 1880, quando estava em seu laboratório em Menlo Park, em Nova Jersey, Thomas Alva Edison tentava limpar o carbono da parte interna do bulbo de uma lâmpada utilizando um fio e ficou surpreso ao observar que uma corrente fluía do filamento quente dentro da lâmpada em direção ao fio. A corrente havia atravessado o vácuo. Edison patenteou o fenômeno, e ele — a passagem de corrente pelo vácuo — passou a ser designado de "Efeito Edison".

Esse foi apenas um dos fenômenos conhecidos pelo inventor americano Lee De Forest quando obteve sucesso na invenção da válvula de triodo a vácuo, uma das invenções mais importantes do século XX, porque tornou possível impulsionar ou amplificar os sinais, permitindo que ligações telefônicas transcontinentais e transmissões de rádio e telefone pudessem atingir seu destino. Por muitos anos, ele se tornou um componente vital nas comunicações de longa distância.

De Forest nasceu em Council Bluffs, no Estado de Iowa, no dia 26 de agosto de 1873. Seu pai, que era pastor numa igreja, mudou-se com a família para Talladega, no Alabama. Ele insistiu para que seu filho estudasse os clássicos.

Felizmente para o mundo, De Forest foi capaz de mostrar a seu pai que tinha mais talento para a ciência do que para a literatura, de modo que ele concordou em enviá-lo para a Escola de Ciências Sheffield, da Universidade de Yale (a *alma mater* de seu pai), seguindo um ano na escola preparatória em Massachusetts. De Forest fez cursos de física e eletricidade e se formou em 1898. Depois da graduação, ele trabalhou para a Companhia Elétrica Western e também era editor da publicação *Western Electrician*.

Ele estava familiarizado com o modo como os sinais telegráficos funcionavam. De fato, em seu tempo livre, havia inventado um dispositivo chamado *sponder*, capaz de detectar sinais de radiotelegrafia. Ele e E. W. Smyth patentearam e comercializaram o dispositivo. Por fim, o dispositivo não obteve sucesso, mas De Forest acabara por se envolver num esquema promocional para veiculá-lo na Competição Internacional de Iates, em 1903, em Nova York, que viria a trazer muita publicidade para ele.

Em 1902, De Forest veio a se associar a Abraham Whiter, promotor e especulador de ações. Juntos, eles fundaram a Companhia de Radiotelegrafia Americana De Forest. A companhia prosperou por algum tempo, mas então De Forest descobriu que seus sócios estavam envolvidos em escândalos financeiros e desfez a sociedade.

Mas nem tudo foi negativo. Enquanto ele trabalhou na empresa, dedicou-se ao desenvolvimento no seu "audião", e mesmo após ter deixado a empresa pôde manter os direitos sobre o aparelho.

Os fundamentos para a invenção de De Forest foram lançados em 1897, quando o físico britânico Sir Joseph J. Thomson soube a respeito dos elétrons e, mais que isso, descobriu que essas partículas carregavam uma carga negativa. Em 1900, Owen W. Richardson, também da Inglaterra, descobriu que os metais, quando aquecidos, emitem elétrons. Então, em 1904, Sir John A. Fleming inventou um aparelho para retificar oscilações de alta freqüência. O seu "retificador" convertia corrente alternada em corrente contínua.

De Forest sabia, obviamente, sobre o Efeito Edison e que Fleming havia utilizado uma lâmpada elétrica, à qual havia acrescentado um eletrodo, transformando-a num retificador que permitia que a corrente fluísse numa única direção. De Forest, a partir do aparelho inventado por Fleming, introduziu uma peça feita de platina em ziguezague, que chamou de "grade de controle", entre o filamento e a placa de metal. Ao fazer isso, descobriu não somente que o retificador de Fleming mantinha suas propriedades retificadoras, como também que era excelente para a amplificação de sinais. Sua invenção veio a ser conhecida como "triodo". De Forest recebeu a patente pelo triodo em 1907 e criou a Companhia de Rádio e Telefone De Forest.

Como acontece com muitas invenções, no entanto, o triodo não recebeu aceitação imediata. Mas, após uma série de testes para o público, incluindo experiências com o dispositivo conduzidas pela marinha dos Estados Unidos, a marinha ordenou que muitas de suas embarcações passassem a utilizar o equipamento radiofônico de De Forest.

De Forest, apesar de honesto, foi atormentado por uma série de sócios desonestos, e em 1912 ele e alguns de seus sócios foram a julgamento por fraude. De Forest foi inocentado, mas os problemas legais fizeram com que ele deixasse de ter qualquer ligação com a companhia. Ele aceitou um emprego na Companhia Federal de Telégrafos, em São Francisco, e simultaneamente continuou aperfeiçoando o triodo, tentando aumentar suas capacidades de amplificação.

De Forest inventou muitas outras coisas (ele obteve a patente de mais de 300 inventos), mas nenhum deles foi tão importante como a válvula de triodo a vácuo. Utilizada na televisão, no rádio e na telefonia transcontinental, ela abriu o caminho para a eletrônica, somente vindo a cair em desuso com o advento do transistor, em 1947.

Por fim, De Forest se mudou para Hollywood, no Estado da Califórnia, onde veio a falecer no dia 30 de junho de 1961.

Desenho do projeto de patente, 1888, por Nikola Tesla.
Escritório de Registro de Patentes dos Estados Unidos

76

O MOTOR DE INDUÇÃO DE CORRENTE ALTERNADA

Apesar de não ser tão conhecido como Thomas Alva Edison, o croata de nascimento Nikola Tesla é mundialmente mais importante no que diz respeito a saber como a eletricidade funciona. Para resumir suas realizações, foi Tesla o primeiro grande defensor da corrente alternada (AC). E foi também o inventor do primeiro motor de indução de corrente alternada, um tipo de motor utilizado para mover uma enorme variedade de aparelhos.

Tesla nasceu no dia 9 de julho de 1856, em Smiljan, na Croácia, que posteriormente viria a se tornar parte da Iugoslávia. Ele sempre sonhara se tornar engenheiro, mas seu pai, membro do clero da Igreja Grega Ortodoxa, desejava que ele seguisse seus passos. Naqueles dias e naquela parte do mundo, os pais eram detentores de todo o poder, e provavelmente Tesla teria seguido a profissão do pai se não fosse pelo fato de ter adoecido. Tesla contraiu cólera quando tinha 18 anos, doença que o manteve acamado por nove meses, uma provação para qualquer um e particularmente aflitiva para um jovem.

Preocupados com a saúde de Nikola e desejando alegrar seu espírito, seus pais concordaram com o desejo do filho de se tornar engenheiro. Tesla se matriculou no Instituto Politécnico de Grataz, na Áustria, para estudar engenharia, e prosseguiu os estudos na Universidade de Praga, em 1880.

Foi em seus dias de estudante que Tesla descobriu o princípio da corrente alternada e o campo magnético rotativo. Na época, o motor de corrente contínua (DC) já existia, e uma série de trabalhos pioneiros estava sendo realizada por uma vasta gama de cientistas interessados em descobrir como seria um motor de corrente alternada (AC). Quando estudante, Tesla ficou intrigado com a idéia de um motor de indução de corrente alternada, e após a formatura começou a trabalhar no desenvolvimento de um. Ele terminou seu primeiro modelo em 1883. Diferentemente do motor de corrente contínua, o de corrente alternada não necessitava de uma conexão direta com a blindagem do motor. Ele criava um campo magnético rotativo que girava o motor. A corrente alternada envolvia uma maior voltagem do que a corrente contínua e era considerada por muitos menos segura, mas certamente não era nisso que Tesla acreditava.

Na Europa, Tesla conheceu Charles Bachelor, um amigo muito próximo de Thomas Alva Edison, que na época estava trabalhando em seu laboratório em Menlo Park, em Nova Jersey. Bachelor possuía um vasto conhecimento na área de eletricidade e era um executivo da Companhia Continental Edison. Tesla desejava ir para os Estados Unidos, e Bachelor redigiu uma carta apresentando-o para Thomas Edison.

Quando Tesla chegou à América, em 1884, estava literalmente quebrado — na verdade, segundo consta, ele tinha apenas quatro centavos no bolso —, porque não se sabe como ele perdera a carteira no navio durante a viagem. Mas uma feliz coincidência ocorreu. Enquanto ele caminhava pela Broadway, deparou com um grupo de trabalhadores que tentava reparar um motor elétrico. Ele parou, examinou o motor e o consertou, trabalho pelo qual o grupo lhe deu 20 dólares, uma soma generosa para a década de 1880 (se imaginarmos que um litro de leite custava poucos centavos).

Tesla apresentou a carta a Edison, que o contratou imediatamente. Mas o relacionamento entre eles não foi bom por causa dos egos inflados e também porque tinham diferenças fundamentais em termos de eletricidade: Tesla acreditava na corrente alternada, e Edison era favorável à utilização da corrente contínua. Por fim, o relacionamento ruiu por completo quando Tesla deixou a empresa, alegando que Edison não havia pago os 50 mil dólares que havia prometido para que ele aprimorasse o gerador de Edison.

Em 1887, ele criou a Companhia Elétrica Tesla com o auxílio financeiro de outros e começou a produzir seu motor de indução de corrente alternada. No dia 12 de outubro de 1887, ele solicitou a patente de motores polifásicos e monofásicos, bem como do sistema de distribuição e transformadores. Por fim, sua solicitação de patente teve que ser desmembrada em sete invenções separadas pelas quais ele obteve as patentes.

As conquistas obtidas por Tesla não passaram despercebidas, já que um outro inventor e homem de negócios, George Westinghouse, comprou suas patentes por um milhão de dólares — um valor astronômico para a época. Tesla trabalhou para Westinghouse, em Pittsburgh, no Estado da Pensilvânia. No início de 1889, a companhia estava oferecendo aos seus consumidores um ventilador equipado com um motor elétrico de corrente alternada com 1/6 de cavalo de potência.

A batalha para descobrir o que era melhor — se a corrente contínua ou a corrente alternada — continuou até que Westinghouse obteve uma vitória expressiva sobre Edison quando sua companhia foi escolhida para construir uma usina em Niagara Falls utilizando, obviamente, a corrente alternada. A vitória foi obtida principalmente porque a corrente alternada se mostrou eficiente na Exposição Columbian World, em Chicago, quando geradores forneceram energia para as lâmpadas. A usina foi construída em 1896 e possuía três dínamos de corrente alternada Tesla, cada um gerando cinco mil cavalos de potência.

Posteriormente, o excêntrico Tesla viria a se separar de Westinghouse. Apesar de continuar sendo considerado um gênio transcendental da eletricidade, muitos de seus experimentos posteriores falharam e, para as poucas invenções bem-sucedidas, ele se recusou a obter patentes. Tesla morreu no dia 7 de janeiro de 1943, sobrevivendo de uma pequena pensão enviada pelo governo de seu país natal.

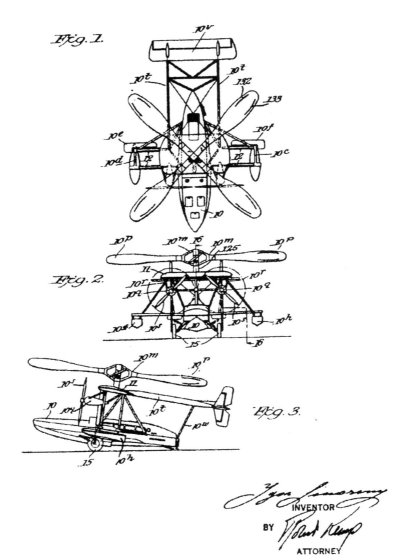

Desenho do projeto de patente, 1929, por Igor Sikorsky.
Escritório de Registro de Patentes dos Estados Unidos

77

O HELICÓPTERO

Uma das idéias que emergiram da mente fecunda de Leonardo da Vinci e encontrada entre seus desenhos foi a de um aparelho semelhante ao helicóptero, razão pela qual se costuma dizer que Leonardo foi a primeira pessoa a conceber o aparelho. Na realidade, existem evidências de que os chineses e os europeus no período da Renascença já apresentavam os rudimentos do projeto em mente, pois entre os artefatos resgatados dessas civilizações podem ser encontrados brinquedos semelhantes aos helicópteros.

Diversos inventores haviam tentado construir um helicóptero que funcionasse, mas o problema geralmente era o mesmo: encontrar um motor que pudesse fazer as palhetas da hélice girarem com intensidade suficiente para criar um "empuxo" ou impulso vertical que pudesse tirar a aeronave do solo.

Em 1907, um helicóptero projetado por Paul Cornu conseguiu se elevar do solo. Em 1923, um espanhol chamado Juan de la Cierva conseguiu fazer um "autogiro" voar com sucesso, mas somente na década de 1930, pelas mãos de Igor Sikorsky, cujo nome viria a se tornar sinônimo de helicóptero, é que uma aeronave pôde ser desenvolvida.

Sikorsky nasceu em Kiev, na Rússia, no dia 25 de maio de 1889, e era o mais novo de cinco irmãos. Seus pais eram figuras proeminentes do regime czarista. O pai era professor de psicologia na Universidade de São Vladimir, em Kiev, e a mãe graduada em medicina. Eles eram aliados próximos do czar e levavam uma vida condizente com a nobreza.

Quando jovem, Sikorsky tornara-se interessado em todos os desenhos aeronáuticos de Leonardo, particularmente do helicóptero, e decidiu estudar com o objetivo de seguir a carreira aeronáutica. Quando chegou à adolescência, Sikorsky estudou na Alemanha e, posteriormente, viajou a Paris, a Meca dos estudos aeronáuticos, com o intuito de estudar os conceitos de projeto aeronáutico.

Foi nesse período que Sikorsky também começou a imaginar a construção de um helicóptero e, enquanto estava em Paris, comprou um motor de 25 cavalos de potência para equipar um protótipo com palheta de hélice simples criado por ele. Mas a invenção sofria do mesmo problema que atingia outros projetos: o motor não tinha potência suficiente para fornecer o impulso vertical que permitisse que a aeronave alçasse vôo.

Sikorsky abandonou seus experimentos por certo tempo, projetando várias aeronaves com asas fixas, incluindo algumas aeronaves militares premiadas, como bombardeiros para o exército imperial do czar. Sikorsky, portanto, estava intimamente ligado ao czar. Quando os comunistas tomaram o poder, após a Revolução, ele era uma das pessoas com ordem de prisão e temia-se até mesmo pelo pior, o que o forçou a abandonar o país, deixando para trás sua carreira na aeronáutica e propriedades rurais na Rússia.

Ele viria a se refugiar na França, onde foi encarregado da construção de um bombardeiro para os Aliados, que ainda estavam lutando na Primeira Guerra Mundial, mas nunca o completou. O projeto ainda estava em sua prancheta quando o Armistício foi assinado, em 1918, e a França acabou por cancelar seu contrato. Em 1919, ele deixou a França e, quando chegou à cidade de Nova York, estava sem nenhum tostão e levou uma vida paupérrima.

Nos 10 anos que se seguiram, a partir do início da década de 1920 — período em que obteve o apoio financeiro para abrir sua própria empresa, a Corporação de Engenharia Aérea Sikorsky, numa fazenda próximo a Roosevelt Field, em Long Island —, Sikorsky desenvolveu aeronaves com asas fixas. Somente na década de 1930 é que ele retornaria ao sonho original de projetar helicópteros que voassem.

Para desenvolver seu helicóptero, ele necessitava de dinheiro; portanto, fez uma solicitação à United Aircraft, que investiu cerca de 300 mil dólares. No dia 14 de setembro de 1939, Sikorsky subiu no que viria a ser o primeiro helicóptero com um rotor simples, um aglomerado de tubos soldados em conjunto, uma cabine de piloto aberta e um rotor de três hélices ligado a um motor com 75 cavalos de potência que acionava uma correia de automóvel e era responsável pelo funcionamento das hélices.

O HELICÓPTERO

A aeronave alçou vôo e Sikorsky ficou impressionado. Mas tarde, ele diria: "Foi um sonho sentir aquela máquina levantando suavemente do chão, flutuar por certo tempo em determinado ponto, movimentar-se para cima e para baixo sob controle, e não somente para a frente e para trás, mas também em qualquer direção."

Sikorsky batizou seu primeiro helicóptero de VS-300, e o aparelho entrou em cena quando a Segunda Guerra Mundial eclodiu. O exército dos Estados Unidos pediu que fosse desenvolvida uma variação do VS-300, que mais tarde foi chamada de R-4.

O helicóptero não foi muito utilizado durante a Segunda Guerra Mundial, mas foi essencial nas manobras das tropas na Guerra da Coréia, que começou em 1950. Como ele podia aterrissar em lugares inacessíveis a outras aeronaves, o helicóptero se tornou essencial e foi utilizado pelo exército norte-americano para a realização de muitas tarefas, incluindo a observação, transporte de feridos e de cargas importantes.

Com o passar dos anos, o helicóptero Sikorsky se tornou mais complexo, servindo para uma grande variedade de tarefas, como "transporte de tropas" e no ataque com metralhadoras. Um outro aprimoramento significativo foi a criação do helicóptero-guindaste, com a capacidade de içar cargas de até nove toneladas suspensas por um cabo, e do helicóptero anfíbio.

Sikorsky ficava particularmente mais satisfeito com a capacidade de salvar vidas do helicóptero do que com o grau de destruição. Ele disse uma vez: "Foi uma fonte de satisfação para todos os funcionários de nossa organização, e minha inclusive, que o helicóptero tenha possibilitado salvar um grande número de vidas e auxiliar a humanidade mais do que espalhar morte e destruição."

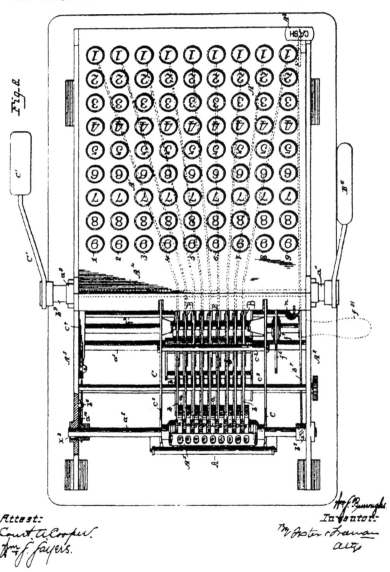

Desenho do projeto de patente, 1888, por William Seward Burroughs. *Escritório de Registro de Patentes dos Estados Unidos*

78

A MÁQUINA DE CALCULAR

Se o dito popular "tempo é dinheiro" é verdadeiro, então a máquina de calcular merece constar em qualquer lista das 100 maiores invenções da História. Ela diminuiu o tempo despendido por contadores, donos de lojas, bem como uma série de outras pessoas que precisam efetuar cálculos matemáticos em suas profissões.

A calculadora trilhou um longo caminho até os nossos dias. A princípio, as pessoas contavam — literalmente — usando os dedos para efetuar os cálculos. Mas, com o passar do tempo, esse sistema foi substituído pelo ábaco, na China, e o *soroban*, no Japão. Mas somente centenas de anos mais tarde é que em 1614 John Napier, um matemático escocês, utilizou tiras feitas com ossos, nas quais eram efetuadas marcas arranjadas em posições fixas para efetuar os cálculos. Os "Ossos de Napier", como o método passou a ser chamado, evoluíram para a "régua de cálculo". O matemático francês Blaise Pascal construiu a primeira máquina semelhante às calculadoras dos tempos modernos e que possuía engrenagens.

Uma variedade de outros inventores auxiliou no desenvolvimento da máquina de calcular. Por exemplo, Thomas de Colmar, que vivia na Alsácia-Lorena, construiu a primeira máquina comercial em 1820, batizando-a de "aritmômetro". E Charles Babbage, da Inglaterra, estava trabalhando numa máquina de calcular automática quando morreu em 1871.

A primeira máquina de calcular a receber registro de patente na América foi construída por O. L. Castle, de Alton, em Illinois, em 1850. A máquina possuía 10 teclas e somente efetuava somas numa coluna. Ela também não imprimia.

Uma outra patente para uma máquina de calcular foi obtida por Frank Baldwin, em 1875, e, apesar de a máquina não ter um desempenho satisfatório, Baldwin ao menos obteve um prêmio de prestígio pelo aparelho, a Medalha John Scott, do Instituto Franklin.

Do mesmo modo que muitas outras invenções, como a lâmpada elétrica e o motor a vapor, foi necessário o trabalho de um homem, William Seward Burroughs, para aperfeiçoar a calculadora a ponto de que ela pudesse ter ampla aceitação.

Burroughs nasceu em Auburn, no Estado de Nova York, no dia 28 de janeiro de 1855. Seu pai, Edmund, era construtor de modelos para novas invenções, mas, a princípio, Burroughs não se envolveu com a atividade do pai. Em vez disso, ele começou a trabalhar com a idade de 15 anos num banco como guarda-livros.

Burroughs achava seu trabalho muito repetitivo e entediante, com 90% dos cálculos tendo que ser efetuados à mão. Ele começou a pensar se não poderia inventar um aparelho que pudesse fazer todo o trabalho mais simples e reduzir o número de horas despendidas trabalhando, que chegavam a afetar sua saúde. Mas a quantidade de trabalho acabou o sobrecarregando e ele teve que pedir demissão.

Ele e sua família mudaram para St. Louis, e por algum tempo Burroughs trabalhou na oficina de modelos de seu pai, mas simultaneamente continuou trabalhando na máquina de calcular. Então, um dia, ele mostrou no que estava trabalhando para o financista Thomas B. Metcalf, que o estimulou. E ele começou a trabalhar com afinco numa loja de máquinas em St. Louis.

Em 1885 — Burroughs tinha apenas 30 anos na época —, ele já havia concluído uma máquina capaz de calcular, gravar e imprimir, e Metcalf e dois outros comerciantes de St. Louis decidiram financiá-la, criando a American Arithometer Company. A empresa começou a produzir a nova máquina, que foi parcialmente aceita pelo público.

Mas havia um problema que nem o inventor nem seus patrocinadores haviam percebido, e que estava relacionado à utilização da máquina. Para operar a máquina de calcular, o usuário precisava puxar uma manivela para baixo e, em seguida, soltá-la e registrar a operação. O problema era que não havia uma maneira de controlar a velocidade com que a manivela era acionada, e, se alguém o fizesse muito depressa, poderia afetar negativamente o resultado da operação. Gradualmente, o público, que aparentemente não conseguia aprender a acionar a manivela na velocidade correta, parou de comprar a máquina, e aos poucos a nova companhia parecia caminhar para a falência.

Mas Burroughs fez a sua parte. Em 1890, ele inventou uma manivela à prova de acionamento incorreto. Ela continha um pequeno cilindro, parcialmente preenchido com óleo, onde estava instalado um êmbolo ou vareta. Quando a manivela era acionada, o cilindro limitava sua velocidade de acionamento, pouco importando como era acionada. Em outras palavras, o novo dispositivo funcionava como um absorvedor de impactos. Alguns outros aprimoramentos foram adicionados — sem trocadilhos — à máquina, que posteriormente começou a ser comercializada.

As vendas começaram vagarosamente, com apenas 284 máquinas vendidas em 1894, mas, aos poucos, o número foi crescendo e, posteriormente, em 1904, foram vendidas 1.000 máquinas. Em 1913, a companhia estava faturando mais de oito milhões de dólares em vendas, uma grande soma para a época.

Infelizmente, Burroughs não pôde testemunhar o sucesso de seu árduo trabalho. Após uma vida inteira com a saúde precária, foi diagnosticada uma tuberculose. Ele veio a falecer no dia 14 de setembro de 1898. Mas a empresa que ele ajudou a fundar ainda existe.

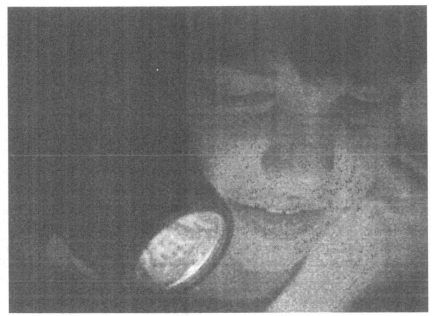

A lanterna elétrica é outra invenção subestimada — até que você precise de uma. *Duracell*

79

A LANTERNA ELÉTRICA

Procurar algo perdido em alguma parte escura da casa antes de 1896 poderia se tornar uma experiência catastrófica. Precisava-se utilizar uma lanterna repleta de óleo de baleia ou querosene, e os incêndios eram bastante comuns.

O primeiro aparelho portátil, seguro e confiável de iluminação foi a lanterna elétrica, inventada em 1896. O nome dado a essa invenção em inglês era *flashlight* e se devia à característica dos primeiros aparelhos desenvolvidos que não apresentavam um facho de luz constante, mas sim uma série de flashes intermitentes. Isso se devia ao fato de que as lâmpadas eram ineficientes e as pilhas ainda eram muito fracas.

A evolução das lanternas elétricas está intimamente ligada ao aprimoramento das pilhas e das lâmpadas. Georges Leclanché, um inventor francês, criou a bateria elétrica em 1866. Ele colocou o nome de "bateria elétrica de fluido simples". Conhecida como "pilha molhada", ela era muito pouco prática, consistindo num pote cheio de cloreto de amônia, dióxido de manganês e zinco, mas era um dispositivo propenso a quedas. Uma barra de carbono era inserida numa das extremidades e funcionava como pólo positivo da célula elétrica.

A pilha sofreu um aprimoramento em 1888, quando Carl Gassner, um cientista alemão, conseguiu encapsular as substâncias num recipiente de zinco selado. Isso a tornou uma "pilha seca", porque o conteúdo estava lacrado e o exterior da pilha permanecia seco. Até hoje as pilhas são produzidas dessa maneira.

As lâmpadas seguiram uma evolução diferente. Thomas Alva Edison inventou a lâmpada elétrica. Na época, o filamento da lâmpada, feito de carbono, ainda não era eficiente e a iluminação era esporádica (em flashes — daí o nome original do aparelho em inglês).

A primeira lanterna elétrica tubular foi inventada por David Misell, que também inventou uma das primeiras lanternas para bicicleta. Em 1895, uma bateria com mais de 15 centímetros de comprimento e pesando mais de 1,3 quilo era necessária para produzir luz suficiente. Um ano mais tarde, uma bateria batizada de "D-cell" foi inventada e algumas delas posicionadas em série eram capazes de gerar energia suficiente para fazer com que a primeira lanterna manual prática e elétrica pudesse ser produzida.

Patenteada no dia 15 de novembro de 1898, a O. T. Bugg Friendly Beacon Electric Candle (algo como vela elétrica de farolete) começou a ser comercializada pela Battery Company dos Estados Unidos. Ela tinha pouco mais de 20 centímetros de comprimento e possuía duas pilhas D-cell em tubo vertical, com uma lâmpada que se projetava do meio do cilindro.

Uma invenção de 1906 fez com que a luz da lanterna elétrica ficasse mais brilhante. O filamento de fio de tungstênio substituiu o de carbono utilizado por Edison, o que foi bem-sucedido. No mesmo período, interruptores começaram a surgir e a vida útil do equipamento começou a aumentar. Um outro aperfeiçoamento em 1911 fez com que o botão para acioná-la pudesse ser substituído por um botão deslizante, tornando o aparelho mais fácil de ser utilizado, já que a operação era efetuada utilizando apenas uma das mãos.

Desse modo, Misell começou a receber informações de que suas lanternas elétricas funcionavam. Por volta de 1897, ele já havia patenteado diversos modelos de lanternas. Quando uma de suas patentes foi obtida, no dia 26 de abril de 1898, ela foi concedida para a companhia de Conrad Hubert, amigo e colaborador de Misell. A companhia fundada por Hubert, batizada de Companhia Americana de Inovações e Produção em Eletricidade, posteriormente viria a se chamar Eveready.

O crescimento continuou e, em 1899, o catálogo da empresa já possuía 25 tipos de lâmpadas e pilhas. Em 1902, o nome Eveready já figurava nas propagandas da empresa. Em 1924, a Eveready introduziu um tipo de botão com uma trava de segurança, que era mais larga e fina do que os botões anteriormente desenvolvidos, combinando os estilos de botão comum com o deslizante. Esse estilo foi utilizado durante a década de 1930.

Um fato interessante é que a lanterna elétrica também teve seu papel no desenvolvimento da bomba atômica. A primeira reação nuclear, como já foi descrita neste livro, foi realizada embaixo das arquibancadas de uma quadra de *squash* em Stagg Field, na Universidade de Chicago. O primeiro reator nuclear era imenso: 9,14 metros de largura, 9,75 de comprimento e 6,40 de altura, pesando 1.400 toneladas e abastecido com 52 toneladas de urânio. Mas, apesar de todo esse esforço, a energia produzida foi suficiente apenas para fazer uma pequena lanterna elétrica funcionar.

Hoje as lanternas elétricas são disponíveis para as situações de falta de luz, facilitam a inspeção de problemas mecânicos e tornam a vida mais fácil nos acampamentos. Em algumas profissões, a lanterna elétrica de dimensões um pouco maiores é considerada um equipamento indispensável. A polícia, por exemplo, recebe treinamento quanto à sua utilização, e não apenas quando necessitam investigar algo durante a noite, mas também como uma arma de defesa e ataque.

80

O LASER

A invenção do laser data de 1958, com a publicação, no periódico *Physical Review*, do artigo "Masers Ópticos e Infravermelhos" por Arthur L. Schawlow e Charles H. Townes, ambos físicos que trabalhavam para os Laboratórios Bell. Um novo campo, que conduziria a uma indústria multibilionária, tinha dado seu primeiro passo.

Schawlow e Townes começaram, nas décadas de 1940 e 1950, a se interessar pelo campo de espectroscopia de microondas e pela exploração de diferentes características das moléculas. Eles não planejavam inventar nada que revolucionasse as comunicações ou a medicina; eles estavam interessados em desenvolver algo que os auxiliasse no estudo das estruturas moleculares.

Townes, com doutorado em física pelo Instituto de Tecnologia da Califórnia, passou a trabalhar nos Laboratórios Bell em 1939, onde se ocupava de válvulas a vácuo, geração de microondas e magnetismo, física de estado sólido e emissões de elétrons de superfície. Pouco depois de seu ingresso nos laboratórios, sua equipe foi designada para desenvolver um sistema de bombardeio e navegação por radar. A Segunda Guerra Mundial seria travada tanto nos centros de pesquisa quanto nos campos de batalha da Ásia e da Europa.

Apesar de seu interesse pela radioastronomia, Townes trabalhou num radar, o que o manteve focado na espectroscopia de microondas. (Os radares emitem sinais de rádio de comprimentos de onda específicos que atingem objetos sólidos, como navios e aviões, que os refletem de volta ao sistema de radar, onde o tipo de objeto e a distância podem ser calculados.)

Os sistemas de bombardeio e navegação por radar utilizavam comprimentos de onda de 3 e 10 centímetros. Os militares desejavam comprimentos de 1,25 centímetro para que pudessem ser instaladas antenas menores nos aviões. Townes não estava muito certo a respeito da possibilidade da diminuição do comprimento de onda:

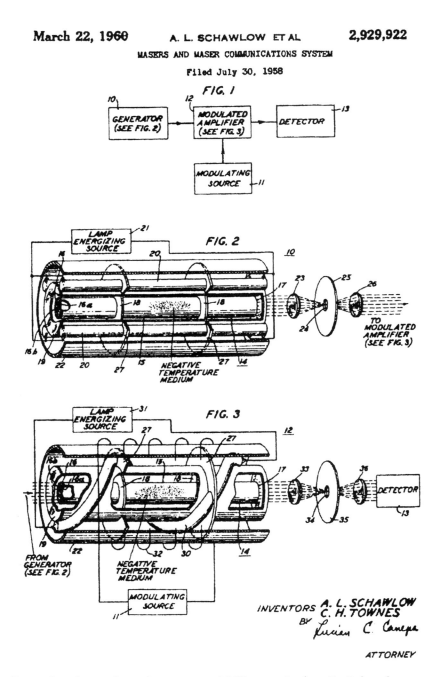

Desenho do projeto de patente, 1958, por Arthur L. Schawlow e Charles H. Townes. *Escritório de Registro de Patentes dos Estados Unidos*

ele sabia que as moléculas de gás absorviam formas de onda em alguns comprimentos, o que significava que o vapor de água atmosférico — como a neblina, a chuva e as nuvens — poderia absorver sinais de radar menores. A sua preocupação mostrou-se correta: o vapor de água realmente interferia nos sinais.

Em 1948, após a guerra, Townes trocou os Laboratórios Bell pela Universidade de Colúmbia. Colúmbia estava mais interessada em pesquisar os princípios da física que o intrigavam. E ele gostava do ambiente universitário. Schawlow, com doutorado em física pela Universidade de Toronto, obteve uma bolsa de estudos em Colúmbia. Ele começou a trabalhar com Townes em 1949. Este continuava a ponderar sobre a possibilidade de se utilizarem emissões estimuladas para investigar diferentes gases por meio da espectrografia molecular. Esse desafio conduziu à invenção do "maser" (acrônimo em inglês para *microwave amplification by stimulated emission of radiation* [ampliação de microondas por emissão estimulada de radiação] e, posteriormente, do "laser" (*light amplification by stimulated emission of radiation*) [ampliação de luz por emissão estimulada de radiação]).

Townes compreendeu que, à medida que os comprimentos de onda das radiações de microondas diminuíam, a interação com as moléculas se tornava mais forte, fazendo com que a ferramenta espectroscópica se tornasse mais potente. Mas a construção de um aparelho que pudesse gerar o comprimento de onda desejado estava muito além das técnicas de fabricação da época. Townes posteriormente desenvolveu a idéia de usar moléculas para gerar as freqüências desejadas.

Muitos aspectos técnicos tinham que ser desenvolvidos, como de que maneira lidar com a segunda lei da termodinâmica. A lei basicamente implica que as moléculas não podem gerar mais do que uma quantidade determinada de energia, mas a solução para esse impasse surgiu enquanto Townes participava de uma conferência. Durante um passeio matinal no Parque Franklin (na cidade de Washington, D.C.), ele meditava sobre o problema. "Mas então eu pensei: 'Espere um pouco! A segunda lei da termodinâmica admite o equilíbrio térmico. Não precisamos disso!'" Ele tirou um envelope de seu paletó e começou a rabiscar alguns cálculos de quantas moléculas seriam necessárias num "ressonador" para que se pudesse obter a energia de saída que ele desejava. Retornando ao hotel, ele contou a Schawlow, que também estava em Washington, participando da conferência, sobre sua idéia. "Eu lhe disse o que estava pensando, e Arthur imediatamente compreendeu e respondeu: 'Isso é muito interessante.'"

Quando Townes retornou à Universidade de Colúmbia, convidou James P. Gordon, um aluno da graduação, para trabalhar no projeto. "Acho que vai funcionar, mas eu não tenho certeza." Mais tarde ele contratou H. L. Zeiger para auxiliá-lo. Schawlow não trabalhou no maser, mas disse: "Fui testemunha da descoberta quando ainda estava no bloco de anotações."

Mais tarde, naquele ano, Schawlow trocou a Universidade de Colúmbia por um trabalho de pesquisa nos Laboratórios Bell. Ele trabalhou com supercondutividade e, portanto, não participou do desenvolvimento do maser durante os anos que se seguiram.

Townes decidiu pelo uso da amônia, um absorvente poderoso que interage com os comprimentos de onda. Era um dos "antigos prediletos", e ele conhecia muito a respeito do elemento; tinha as cavidades no tamanho de onda necessário (1,25 centímetro), as técnicas e os guias de ondas. Poucos pareciam estar interessados na idéia do maser; então, ele decidiu levar o projeto num " estilo de aluno de graduação". Num período de três anos, ele o concluiu.

Em 1953, ele, Gordon e Zeiger fizeram a demonstração de um modelo funcional que eles chamaram de maser (amplificação de microondas por emissão estimulada de radiação). A patente foi obtida pela Universidade de Colúmbia. Townes havia se decidido que comprimentos de onda mais curtos do que o das microondas (espectro de luz visível e infravermelho) poderiam ser melhores para o espectroscópio do que os comprimentos de onda produzidos pelo maser.

Em 1956, os Laboratórios Bell ofereceram a Townes, que ainda trabalhava na Universidade de Colúmbia, um emprego de consultor no qual ele faria visitas aos laboratórios, conversaria com pessoas, veria projetos e trocaria idéias. "Bem, esse era um bom tipo de emprego de consultoria; então aceitei."

Townes ainda estava pensando a respeito da estimulação da emissão de luz. Nos Laboratórios Bell, ele decidiu se aproximar de Schawlow (que havia se tornado seu cunhado), que já estava trabalhando no laboratório havia cinco anos. Eles haviam escrito em parceria o livro *Espectroscopia de Microondas*, de 1955. Schawlow diria mais tarde a respeito de seu trabalho: "Eu estava começando a pensar seriamente sobre a possibilidade de estender o princípio do maser a respeito das microondas para comprimentos de onda menores, como as do espectro da luz infravermelha. Coincidentemente, ele também estava pensando a respeito do problema; então decidimos procurar soluções juntos."

Schawlow queria combinar um conjunto de espelhos, cada um numa das extremidades da cavidade, arremessando a luz para a frente e para trás, de modo a não permitir que feixes direcionais amplificados fossem lançados em outras direções. Schawlow e Townes trocaram opiniões a respeito dessa teoria e começaram a trabalhar nos princípios capazes de fornecer esses comprimentos de onda menores. Schawlow acreditava que as dimensões dos espelhos poderiam ser ajustadas de modo que o laser pudesse ter apenas uma freqüência. Uma freqüência particular poderia ser escolhida dentro de uma linha de extensão, e o tamanho do espelho poderia ser ajustado de modo que qualquer deslocamento fora do ângulo estabelecido seria amortecido. O resultado dessa estratégia era a eliminação da maior parte da cavidade, enquanto mantinha apenas as duas extremidades.

Eles trabalharam intermitentemente durante alguns meses. Schawlow trabalhou no aparelho enquanto Townes se dedicava à parte teórica. Schawlow pensava em utilizar alguns materiais semicondutores para lasers semicondutores. Eles ainda não haviam construído um laser, mas já haviam trabalhado em conjunto em 1958, como já mencionamos, na elaboração de um artigo científico que estendia os princípios do maser para as freqüências de onda visíveis do espectro. Eles entraram com um pedido de patente por intermédio dos Laboratórios Bell e obtiveram o registro em 1960, no mesmo ano que um laser funcional foi construído por Theodore Maiman, na Companhia de Aviação Hughes.

Em 1961, Schawlow deixou os Laboratórios Bell pra trabalhar como professor e pesquisador na Universidade de Stanford ("Eles me fizeram uma oferta que eu não pude recusar", disse ele), onde desenvolveu o uso do laser num espectroscópio.

Em 1964, Townes dividiu o Prêmio Nobel de Física com Aleksandr Prokhorov e Nicolay Basov, do Instituto Lebedev, em

Moscou, pelo "trabalho fundamental no campo da eletrônica quântica que levou à construção de osciladores e amplificadores baseados nos princípios do laser-maser". Em 1981, Schawlow também foi laureado com o Prêmio Nobel de Física por sua "contribuição no desenvolvimento do espectroscópio laser". "Já não era sem tempo", disse Townes quando da escolha de seu colega.

Schawlow relembra os anos despendidos no desenvolvimento da invenção: "Imaginávamos que ele poderia ter algum uso científico ou em comunicações, mas não tínhamos nenhuma aplicação em vista. Se tivéssemos, talvez ficássemos impedidos e não trabalharíamos tão bem."

Robert Fulton projetou o primeiro barco a vapor eficiente. *Coleção de Imagens da Biblioteca Pública de Nova York*

81

O BARCO A VAPOR

Muitas pessoas imaginam que Robert Fulton inventou o barco a vapor. Por certo, alguns modelos de barcos movidos a vapor já eram utilizados antes do criado por Fulton. Sua grande conquista foi demonstrar que um barco a vapor bem construído era tecnicamente possível e um método de transporte viável. Num sentido muito próprio, portanto, ele realmente inventou a embarcação a vapor, ou, pelo menos, é considerado por muitos como o inventor.

Tendo recebido ao nascer o nome de seu pai, um dos mais respeitáveis cidadãos do condado de Lancaster, no Estado da Pensilvânia, desde cedo Fulton demonstrou habilidade admirável para o desenho e ainda adolescente começou a trabalhar com armeiros locais para desenhar os projetos das suas armas.

Suas habilidades eram tamanhas que, aos 17 anos, ele deixou sua cidade natal e partiu para a Filadélfia, a fim de se estabelecer como retratista e miniaturista (artista que se dedicava a pintar miniaturas em camafeus e similares). Quatro anos mais tarde, ele resolveu aprimorar seus estudos em artes e partiu para a Inglaterra com a intenção de estudar sob a supervisão de Benjamin West.

Mas o que o aguardava na Inglaterra era algo por que ele não esperava. A Revolução Industrial estava a todo vapor, com canais, fábricas, minas, pontes e toda a gama de novos equipamentos sendo pensados. Fulton ficou encantado com tudo isso de tal maneira que mudou de carreira, trocando-a pela engenharia. Foi uma escolha sábia e feliz para a humanidade.

Quando tinha apenas 14 anos, Fulton já havia projetado um barco a vapor impulsionado por uma roda de pás. Agora, ele desejava colocar seu projeto em prática. Ele solicitou uma autorização ao governo britânico para comprar um motor a vapor e embarcá-lo para os Estados Unidos. O governo britânico, que havia proibido tal prática, recusou o pedido. Os motivos da recusa nunca foram revelados, mas os historiadores especulam que tudo se deveu ao fato de Fulton ser americano, ou, melhor, um americano de origem irlandesa.

Fulton insistiu por três anos, período em que não ficou inativo. Ele projetou e patenteou uma série de inventos, incluindo um aparelho para rebocar navios que circulavam por canais, dragas para trabalho em canais e uma máquina que podia trançar o cânhamo para produzir cordas. Mas o governo britânico permanecia inflexível quanto à autorização para que o motor pudesse ser embarcado para os Estados Unidos, e, pelo menos por algum tempo, Fulton abandonou a idéia e partiu para a França, onde tentou, sem sucesso, fazer com que se interessassem por seus inventos. Ele também realizou experiências num submarino, chamado de *Nautilus*, por ele inventado, assim como instalou motores a vapor em embarcações.

Mas um acontecimento facilitou sua vida. Ele encontrou Robert Livingston, o representante americano junto ao governo francês e que já havia trabalhado na invenção de um barco a vapor. Em 1803, os dois recomeçaram a importunar o governo britânico e dessa vez conseguiram comprar um motor da firma Boulton e Watt. Mesmo assim, tiveram que aguardar mais três anos até obterem a autorização para embarcá-lo para os Estados Unidos. O motor foi desembarcado na cidade de Nova York, onde Fulton e Livingston se dedicaram a colocar suas idéias em prática. Livingston era favorável à colocação da roda de pás na popa da embarcação, enquanto Fulton preferia que duas rodas de pás fossem posicionadas nas laterais, idéia que posteriormente foi adotada.

Eles instalaram um motor a vapor com 24 cavalos de potência no *Clermont*, uma embarcação com 30 metros de comprimento, e em 17 de agosto de 1807 ele fez sua viagem inaugural subindo o rio Hudson, a uma velocidade de oito quilômetros por hora. A viagem foi um sucesso e, poucas semanas depois, o barco começava a fazer sua rota comercialmente. Apenas alguns corajosos embarcaram, mas, à medida que o *Clermont* mantinha sua linha regular, mais e mais passageiros passaram a utilizá-lo. Quando as viagens tiveram que ser interrompidas por causa do inverno, a empresa já havia obtido lucro.

Como o barco permitia uma navegação tranqüila (já que ele apenas podia navegar em águas calmas, como nos rios Mississippi e Hudson), Fulton pôde instalar mobília, introduzindo os Estados Unidos na era das embarcações de luxo. Ele construiu mais 20 barcos, cada um deles mais sofisticado que o antecessor, e os barcos a vapor se espalharam pelo país.

Quando a guerra de 1812 eclodiu, Fulton passou a se dedicar à produção de submarinos e embarcações de guerra. Em 24 de fevereiro de 1815, quando ele estava no meio da construção de uma embarcação movida a vapor com grande capacidade de destruição, morreu vítima de uma doença respiratória, pouco depois de as notícias do fim da guerra terem chegado aos Estados Unidos diretamente da Bélgica, onde o Tratado de Ghent fora assinado.

Os barcos a vapor prosperaram por muito tempo e se tornaram obsoletos somente quando outros tipos de combustível passaram a alimentar os motores das embarcações. Não podemos esquecer que havia a necessidade de uma boa dose de coragem para embarcar num desses barcos, já que explosões das caldeiras eram comuns e causavam um número considerável de vítimas. Mas, em geral, naquele período, os barcos a vapor cumpriram seu papel com sucesso.

Aparelho de fax moderno com telefone. *Foto do autor*

82

O APARELHO DE FAX

Nos últimos anos, o uso do aparelho fac-símile (fax) vem sendo suplantado, até certo ponto, pelo envio e recebimento de mensagens via computador. Mas parece acertado esperar que ele ainda permaneça disponível por um bom tempo.

O aparelho de fax, que essencialmente envolve o envio de imagens eletronicamente, foi patenteado em 1843, apesar de apenas muito recentemente ter tido seu uso difundido. A principal idéia que permitiu o seu desenvolvimento está relacionada à descoberta do físico francês Alexandre-Edmond Becquerel, de que, quando duas peças de metal estão imersas num eletrólito e uma delas é iluminada, ocorre o surgimento de uma corrente elétrica. Em essência, ele havia descoberto o efeito eletromecânico, apesar de não saber como poderia tornar sua descoberta algo prático.

A idéia de Alexander Bain era eletrificar letras de metal em alto-relevo. Depois, usando um estilo preso a um pêndulo, ele contornava ou acompanhava o formato das letras à medida que o pêndulo se movia levemente a cada passagem. As correntes geradas podiam ser enviadas por uma linha telegráfica e, quando as correntes passavam por um pêndulo em sincronia com o emissor que estava em contato com uma folha de papel embebida em iodeto de potássio, as letras apareciam em configurações castanho-claras.

A idéia era bastante interessante, mas, como estava descrito na solicitação de patente, havia a necessidade de uma sincronização perfeita entre o emissor e o receptor para que o aparelho funcionasse. Para tal, o projeto de patente mostra dois aparelhos telegráficos idênticos, um para emissão da mensagem e outro para recepção, nos quais havia ímãs embutidos na parte superior e bobinas de fios isolados entre eles.

Um novo avanço foi feito no aparelho de fax quando Frederick Blakewell, um físico de Middlesex, na Inglaterra, utilizou folhas de estanho envolvidas em cilindros giratórios, em vez de metal, o que permitia que desenhos pudessem ser enviados. Um modelo dessa máquina foi exibido pela primeira vez na Grande Exposição de 1851.

O passo seguinte na evolução do fax foi o trabalho de Giovanni Caselli. Nascido em Siena, na Itália, Caselli havia sido sacerdote antes de se unir a atividades revolucionárias na Itália, que o forçaram a fugir para Florença. Lá, ele lecionou física e trabalhou no desenvolvimento de um aparelho batizado de "pantelégrafo", que utilizava as idéias dos aparelhos inventados por Blakewell e Bain. Para utilizar o pantelégrafo, o usuário precisava escrever uma mensagem com uma tinta não condutora numa folha de estanho. A chapa de estanho era então fixada numa placa de metal e varrida por uma agulha, três linhas para cada milímetro. Os sinais para a máquina receptora eram transmitidos por telégrafo e a mensagem era escrita em tinta azul-da-prússia, porque o papel da máquina receptora era banhado em ferrocianeto de potássio (o ferrocianeto é utilizado para a produção de pigmentos azuis). A sincronização precisa das agulhas tanto da máquina emissora quanto da receptora era crucial. Para assegurar que o aparelho estava adequadamente equipado, ele instalou relógios que funcionavam em sincronia e que ativavam um pêndulo que era ligado a uma série de roldanas e engrenagens às quais as agulhas estavam ligadas.

O governo francês demonstrou interesse pelo fax criado por Caselli e solicitou que ele realizasse uma série de experiências para que fossem verificadas outras possíveis vantagens. A máquina foi aprovada e um primeiro modelo foi instalado ligando Paris a Lyon, em 1865, e posteriormente se estendeu a Marselha com a intenção de transmitir informações comerciais, como o preço de ações, mas desenhos também eram igualmente enviados.

O fax poderia ter sua utilização difundida muito antes, mas os aprimoramentos foram interrompidos pela Guerra Franco-Prussiana, em 1870; a atenção ficou toda voltada para o conflito e nunca retornaram à utilização dele. Então, em 1891, Caselli morreu em Florença, sem ter se dedicado a aprimorar seu invento.

Bain, um dos precursores do fax, teve um final triste. A princípio, ele recebeu sete mil libras do governo britânico por seu trabalho pioneiro em máquinas de telegrafia, mas sofreu ameaças de litígio e acabou perdendo as sete mil libras. Em 1873, um grupo de inventores suplicou ao primeiro-ministro William Gladstone para que Bain pudesse receber um estipêndio anual de 80 libras, o que foi concedido. Bain morreu na obscuridade, numa cidade próxima a Glasgow, em 1877.

Tanques de rápida movimentação do exército dos Estados Unidos durante a Segunda Guerra Mundial. *Photofest*

83

O TANQUE MILITAR

Como armamento militar, o tanque alterou para sempre as características de um campo de batalha. Ele surgiu como resposta a uma necessidade prática. O primeiro tanque militar moderno foi desenvolvido por britânicos e franceses durante a Primeira Guerra Mundial como veículo militar capaz de avançar sobre obstáculos de arame farpado e dominar ninhos de metralhadoras e casamatas.

No entanto, os primórdios do tanque remontam à década de 1770. A invenção não pode ser creditada a nenhuma pessoa em particular. Em vez disso, um grande número de desenvolvimentos graduais, como o motor a vapor e o motor de combustão interna, fez com que os tanques evoluíssem ao ponto como os conhecemos hoje.

Os primeiros tanques eram, na realidade, tratores movidos a vapor que podiam atravessar terrenos lamacentos. Durante a Guerra da Criméia, John Edgework criou uma esteira do tipo "lagarta", que permitia que o tanque avançasse por terrenos que anteriormente não podiam ser trilhados. Mesmo assim, somente depois de 1885 é que o novo veículo se tornou viável, com a invenção do motor de combustão interna. O tanque, a partir de então, não necessitava de uma grande quantidade de água para a produção de vapor. Bastava abastecer com gasolina para pô-lo em funcionamento.

Em 1899, Frederick Simms projetou o que chamou de "carro de combate". Ele possuía um motor potente, revestimento à prova de bala e duas metralhadoras giratórias. Ele ofereceu o novo veículo ao governo britânico, mas a avaliação foi de que a nova invenção não era útil.

Mas uma boa idéia geralmente não desaparece. Num dado momento, a Companhia Killen-Strait desenvolveu um tanque que apresentava uma esteira aprimorada, construída com pinos de aço e conexões que se entrelaçavam. Mais tarde, a Empresa Hornsby e Filhos produziu o trator blindado Killen-Strat. A esteira "lagarta" havia sido aprimorada com conexões em aço que se encaixavam com pinos também no mesmo material.

Quando eclodiu a Primeira Guerra Mundial, o trator foi novamente oferecido ao governo britânico e a oficiais militares, e o novo equipamento demonstrou que podia atravessar facilmente cercas de arame farpado. Numa das demonstrações, encontrava-se um jovem chamado Winston Churchill, que gostou muito do invento e designou um comitê para avaliar quão eficiente ele seria em combate. Os testes com o trator foram conduzidos no mais completo segredo e ele foi batizado de "tanque" porque era muito semelhante a um aguadeiro.

O primeiro tanque, que recebeu o apelido de *Little Willie*, pesava 14 toneladas (mais do que um elefante), possuía mais de 3,5 metro de comprimento e transportava três homens. A velocidade era absurdamente lenta — menos de cinco quilômetros por hora — em terreno plano e diminuía para menos de 3,5 quilômetros por hora em terreno acidentado. A princípio, ele não havia sido projetado para atravessar trincheiras, mas, posteriormente, isso foi alterado.

Os primeiros tanques eram difíceis de manobrar. A cabine era quente e apertada e as panes eram freqüentes nos campos de batalha. Na realidade, devido ao peso excessivo, os tanques atolavam na lama com freqüência e tinham que ser rebocados por outros tanques ou empurrados.

No entanto, os tanques passaram pelo primeiro teste real em campo de batalha quando uma unidade militar de tanques britânicos (composta de 474 tanques) foi posta em ação na Batalha de Cambrai, no dia 20 de novembro de 1917. As tropas britânicas obtiveram vantagem quando as unidades de tanques avançaram 20 quilômetros dentro das linhas alemãs, resultando na captura de 10 mil soldados alemães, 123 peças de artilharia e 281 metralhadoras. Apesar de o sucesso inicial britânico ter sido posteriormente anulado por contra-ataques alemães, o sucesso fez com que fosse restaurada a confiança nos tanques e os inimigos repensassem a respeito do novo aparelho de guerra.

Os tanques foram usados em número cada vez maior durante o avanço dos Aliados no verão de 1918. Uma batalha particularmente significativa ocorreu no dia 8 de agosto de 1918, quando 604 tanques dos Aliados auxiliaram num avanço de mais de 30 quilômetros na frente de batalha.

No fim da guerra, a Grã-Bretanha havia produzido 2.636 tanques. A França produzira 3.870. Os alemães, que nunca haviam se convencido da eficácia dos tanques, e mesmo tendo desenvolvido uma quantidade significativa de inovações tecnológicas, produziram apenas 20.

Muitos dos aperfeiçoamentos implementados nos tanques modernos incluem uma maior capacidade de manobra, cabines de piloto mais confortáveis, menos calor e barulho e, obviamente, maior capacidade de fogo. Os tanques são guiados por computador e possuem os últimos avanços tecnológicos militares. Alguns deles incluem sistemas de navegação assistidos por computador.

Desenho do projeto de patente, 1914, por Robert H. Goddard.
Escritório de Registro de Patentes dos Estados Unidos

84
O FOGUETE

O foguete não foi uma inovação tecnológica do século XX. Antigos registros chineses mostram como a combinação de nitrato de potássio, enxofre e carvão vegetal — uma forma primitiva de pólvora — era acondicionada em bambus e disparada ao ar. Os chineses continuaram no desenvolvimento de foguetes com múltiplos estágios que incluíam labaredas coloridas, muito semelhantes às últimas criações da família de fogos de artifício, os Gruccis. Essa tecnologia, infelizmente, acabou por evoluir para a elaboração de armas de guerra, o canhão e o rifle. As viagens espaciais também eram previstas, assim como vôos próximo à terra. No final do século XIX, Jules Verne, em seu conto épico de ficção científica *Da Terra à Lua*, utilizara um grande canhão que dispararia seus bravos viajantes pelo espaço numa cápsula de artilharia! Pura fantasia!

Muitas pessoas, no entanto, levaram a sério a idéia de viagens espaciais e muito cedo perceberam que mísseis impulsionados por combustíveis sólidos como a pólvora jamais obteriam sucesso. As viagens espaciais exigem um grande impulso sustentado por um longo período. A condução do veículo também exigia que o motor fosse desligado e religado em intervalos específicos. Além disso, os combustíveis sólidos apresentavam uma relação peso-potência inadequada. Esse fator é essencial na superação do campo de força gravitacional da Terra para atingir a "velocidade espacial". Mesmo um dos primeiros combustíveis líquidos bem-sucedidos chegou a produzir mais de meio milhão de cavalos de potência, apesar de pesar menos de meia tonelada!

Muitos chegaram a realizar experiências com foguetes. Um dos trabalhos essenciais — e amplamente difundido — foi realizado pelo matemático russo Konstantin Tsiolkovsky. Autodidata, nascido em 1857, ficou fascinado com a possibilidade de viagens espaciais. Na década de 1890, ele já havia elaborado fórmulas matemáticas relacionadas ao movimento de foguetes. Em 1903, publicou seu trabalho, que incluía não somente suas teorias matemáticas, mas também propostas avançadas para a época, como satélites, trajes espaciais e até mesmo chuveiros para os astronautas que poderiam ser utilizados no ambiente sem gravidade do espaço. Tsiolkovsky também defendeu a utilização de combustíveis líquidos. Ele sugeriu oxigênio e hidrogênio, mistura que veio a ser utilizada em experimentos com foguetes nos anos que se seguiram.

Como acontece freqüentemente, o trabalho de Tsiolkovsky foi originalmente ignorado ou ridicularizado. Mais tarde, ele foi saudado pelos soviéticos como o verdadeiro inventor do foguete e, quando morreu, em 1935, recebeu um funeral com honras de chefe de Estado.

"Todo foguete impulsionado por combustível líquido é um foguete de Goddard", escreveu Jerome Hunsaker, cientista especializado em foguetes. Robert Hutchings Goddard veio a assumir a posição de vanguarda no desenvolvimento de foguetes na década de 1920 e hoje é reconhecido quase que mundialmente como o Pai da Era Espacial.

Nascido em Worcester, no Estado de Massachusetts, em 1882, Goddard sempre fora doente quando criança. Constantemente confinado em sua cama, ele lia romances como *A Guerra dos Mundos,* de H. G. Wells, e se encantou com as idéias de foguetes e o espaço sideral. Enquanto se graduava em física pela Universidade Clark, iniciou as pesquisas preliminares na área de propulsão de foguetes. A princípio, seu trabalho se desenvolveu na área de combustíveis sólidos, mas ele chegou à conclusão de que apenas um foguete movido a combustível líquido poderia atingir os requisitos para uma viagem espacial. Sua escolha de combustível — oxigênio e hidrogênio líquidos — foi obtida independentemente dos trabalhos de Tsiolkovsky.

Após obter o doutorado em 1911, Goddard se tornou professor na Universidade Clark e intercalava suas aulas com propostas avançadas de exploração da lua e de planetas próximos com o uso de foguetes. Obstinado em seu trabalho, Goddard obteve financiamento do Instituto Smithsoniano em 1916 e começou a projetar e construir foguetes de verdade. A Primeira Guerra Mundial interrompeu suas pesquisas, mas Goddard projetou um foguete impulsionado por combustível sólido — um predecessor da bazuca — para as Unidades Militares de Sinalização.

Continuando com seus experimentos após a guerra, Goddard se tornou rapidamente motivo de ridicularização. Um jornal chegou a apelidá-lo de "Homem do Foguete para a Lua" e o *New York Times* afirmou que ele não tinha sequer o conhecimento "básico que se aprende no colegial". O Instituto Smithsoniano, apesar de concordar em subsidiá-lo, começou a se preocupar com a aparente falta de progressos.

Destemido, Goddard continuou seu trabalho. Em 1929, Charles Lindbergh — então o maior herói dos Estados Unidos — interessou-se pelo trabalho de Goddard. Lindbergh convenceu o financista Daniel Guggenheim a investir 50 mil dólares nos projetos de Goddard, e isso permitiu que ele pudesse transferir seu campo de testes para Roswell, no Estado do Novo México, num local chamado Vale do Éden.

Em Roswell, Goddard fez progressos significativos. O mais notável foi um estabilizador giroscópico que em pouco tempo permitiu que seus foguetes se elevassem do solo e mantivessem uma trajetória reta previsível. Ele também desenvolveu um dispositivo de recuperação de foguetes por meio de pára-quedas, método que continua em uso até hoje. No final da década de 1930 — sua reduzida equipe (que incluía até mesmo a esposa como fotógrafa oficial) utilizava pedidos por reembolso postal e peças reutilizadas —, Goddard conseguiu obter lançamentos regulares e perfeitos que atingiam mais de dois mil metros.

Com a guerra na Europa se aproximando, Goddard tentou chamar a atenção das autoridades militares americanas para a sua invenção. Infelizmente, não obteve sucesso. Mesmo assim, Goddard estava, com toda a razão, preocupado com os progressos da Alemanha nazista. As sociedades construtoras de foguetes haviam se difundido nos Estados Unidos e na Grã-Bretanha desde a década de 1920. Essas sociedades até tinham produzido algumas parafernálias experimentais interessantes, mas nada que se comparasse ao nível obtido por Goddard. Mas a Alemanha, no entanto, era diferente.

Quando os nazistas alcançaram o poder em 1933, logo perceberam o potencial militar do foguete. A associação alemã foi rapidamente colocada sob o controle de oficiais do exército. Wernher von Braun, um jovem estudante, que mal saíra da adolescência, havia demonstrado habilidade inata para projetos e organização, e foi designado responsável pelos experimentos com foguetes.

Von Braun e sua equipe desenvolveram motores de foguetes batizados de "séries A", que gradualmente cresceram no nível de sofisticação e tamanho. Muito de seu trabalho estava muito próximo ao de Goddard.

Em setembro de 1944, as "bombas de terror" V2 estavam prontas para serem lançadas sobre as Ilhas Britânicas. Os alemães já haviam iniciado os ataques à Grã-Bretanha, em junho de 1944, com as "bombas voadoras" V1, um teleguiado movido a jato muito semelhante a um aeroplano. Apesar de assustadoras, as V1 eram lentas o suficiente para permitir que fossem interceptadas pela artilharia ou pelos bombardeiros britânicos. O mesmo não ocorria com as V2. Com 14 metros de comprimento e pesando 14 toneladas, as V2 viajavam a 80 quilômetros de altitude e a mais de 4.800 quilômetros por hora! Felizmente, o colapso militar da Alemanha não permitiu uma utilização maior das V2 e de outros "armamentos de terror".

Uma vez terminada a Segunda Guerra Mundial, a Guerra Fria rapidamente tomou seu lugar. Parte dessa guerra se focava na "corrida espacial". Von Braun foi para os Estados Unidos. A princípio como consultor e, posteriormente, como diretor do Programa Espacial Americano, Von Braun começou a utilizar bombas V2 recuperadas para pesquisa. Trabalhando no campo de testes de White Sands, no Estado do Novo México, Von Braun desenvolveu um foguete de dois estágios em 1949. Utilizando uma V2 como propulsora, ele enviou um pequeno foguete das Unidades WAC*, que atingiu 402 quilômetros de altitude. Von Braun previu que um vôo até a lua seria possível ainda na década de 1960! Von Braun ainda pôde testemunhar o cumprimento de sua previsão muitas vezes antes de 1977, ano de sua morte.

Goddard trabalhou em Annapolis durante a Segunda Guerra Mundial e ajudou no projeto de uma unidade de auxílio de decolagem com combustível sólido para aviões da marinha. Antes de morrer, em 1945, Goddard ainda pôde examinar uma bomba V2

---

* WAC é uma sigla para *Women's Corps*. (N.T.)

capturada, e o que mais o surpreendeu foi a similaridade de tamanho com o projeto desenvolvido por ele. Goddard obteve mais de duas mil patentes para foguetes movidos a combustível líquido. Em 1960, o governo dos Estados Unidos fez uma contribuição especial de um milhão de dólares para que fossem aproveitadas suas idéias na pesquisa de foguetes. O melhor testemunho de sua contribuição foi feito por Von Braun, que fez a seguinte observação após avaliar as patentes de Goddard na década de 1950: "Goddard estava à frente de todos nós."

O descaroçador de algodão teve uma tremenda
influência na indústria algodoeira.
Coleção de Imagens da Biblioteca Pública de Nova York

85

O DESCAROÇADOR DE ALGODÃO

Desde jovem, Eli Whitney já demonstrava a curiosidade típica dos inventores. Ele passou grande parte da juventude na oficina de seu pai desmontando e remontando relógios de parede ou de bolso para descobrir como funcionavam.

Quanto completou 14 anos, abriu uma oficina de confecção de pregos — eles eram produzidos numa máquina projetada e montada por ele — e posteriormente uma oficina de confecção de alfinetes para chapéus femininos (a única no país por muito tempo). Mais tarde, foi para a Universidade de Yale e, em 1792, após ter contraído algumas dívidas, aceitou o cargo de professor para pagá-las. A nova atividade fez com que visitasse uma plantação em Savannah, no Estado da Geórgia, onde ouviu por acaso muitas das aflições dos plantadores de algodão a respeito de como o trabalho era entediante e de como, mesmo nas melhores condições, o máximo que se podia limpar — isto é, remover as sementes — era meio quilo de algodão por dia. Eles estavam em apuros.

Whitney trabalhou num projeto que facilitasse essa tarefa e, por fim, chegou a uma máquina que tornou possível a limpeza de pouco mais de 22 quilos de algodão por dia. O projeto era bem simples, mas eficiente: consistia num cilindro com arames dentados. O algodão em estado bruto era colocado dentro de um cilindro que, ao girar, fazia com que os dentes passassem por pequenas fendas num pedaço de madeira, puxando as fibras de algodão e deixando as sementes para trás.

A influência do descaroçador de algodão na produção comercial foi extraordinária. Em 1793, cerca de 80 toneladas de algodão eram colhidas nos Estados Unidos. Apenas dois anos mais tarde, a produção saltou para mais de duas mil toneladas. Em 1810, cerca de 42 mil toneladas de algodão eram colhidas anualmente.

O descaroçador de algodão foi fundamental na História dos Estados Unidos, não somente porque auxiliou os fazendeiros a limparem o algodão com maior rapidez, mas também porque permitiu que os Estados atrasados do Sul revitalizassem uma indústria que caminhava a passos lentos e pudessem competir com as indústrias lucrativas de tabaco e índigo. Comenta-se que a invenção do descaroçador de algodão ajudou a iniciar a Revolução Industrial nos Estados Unidos, devido ao seu impacto imediato na indústria. Uma vez que o motor a vapor estava adaptado para mover o descaroçador, o processo passou a ser totalmente automatizado, e um novo negócio, um empreendimento que alterou para sempre uma nação, foi iniciado.

O algodão rapidamente rivalizou com outras culturas, porque necessitava de pouco trabalho para se desenvolver. Precisava de pouca água e podia ser cultivado em diferentes tipos de solo. Apesar de ser abundante antes do descaroçador, após a invenção do novo equipamento os fazendeiros começaram a cultivá-lo ainda mais e a plantá-lo em terrenos que por anos foram considerados inutilizáveis. A rotação de culturas — que permitia que áreas de uma fazenda ficassem incultiváveis por um ano ou dois para que pudessem repor seus nutrientes — passou a ser desnecessária, porque o algodão conseguia ter grande rentabilidade, mesmo em terrenos estéreis. Os fazendeiros começaram a obter lucro com o algodão.

Whitney era conhecido por suas habilidades mecânicas e dizia-se que era capaz de "consertar qualquer coisa". Do dia em que ele começou a trabalhar com sua máquina até quando ela estava concluída, não passaram mais do que 10 dias. Os historiadores acreditam que naqueles 10 dias o descaroçador de algodão mudou o rumo da economia não apenas do Sul, mas também do país inteiro.

O que aparentemente parece ser um curto período (apenas 10 dias) foi, na realidade, o tempo de uma infância inteira trabalhando como funileiro.

Observador meticuloso, Whitney estudou os movimentos das pessoas que separavam as sementes. Uma das mãos segurava a semente enquanto a outra separava as fibras de algodão. Sua máquina foi projetada para duplicar esse movimento. Para simular uma das mãos segurando uma semente, ele fez uma peneira com fios esticados longitudinalmente. Para duplicar o trabalho dos dedos, fez girar um tambor sobre a peneira, quase a tocando. Aramas finos com formato de gancho se projetavam do tambor e agarravam todas as fibras de algodão e retiravam as sementes. Os arames restringentes da peneira mantinham as sementes presas enquanto as fibras eram retiradas. Uma escova que girava a uma velocidade quatro vezes superior à do tambor retirava as fibras dos ganchos.

A máquina criada por Whitney conhecida como descaroçador de algodão não se tornou mais complexa. A invenção, que começou simplesmente como um aparelho para poupar tempo e resolver um problema, cresceu e se tornou uma das mais importantes invenções da história da economia norte-americana.

Moinhos de vento na Holanda. *Photofest*

86

O MOINHO DE VENTO

A invenção do moinho de vento representou um conquista inestimável para a humanidade. Em vez de se esforçar para vencer a mãe natureza, as pessoas aprenderam a trabalhar com ela e fazê-la trabalhar a nosso favor.

O uso da força do vento pela Humanidade teve seu início com as embarcações a vela, e o que se aprendeu teve grande impacto nos moinhos de vento que utilizavam velame. Os marinheiros da Antigüidade conheciam os conceitos de içamento e arrasto e os utilizavam todos os dias. Mas somente mais tarde as pessoas aplicaram esse conhecimento aos moinhos de vento.

Os primeiros moinhos de vento foram desenvolvidos para moer grãos e bombear água. A moagem de grãos e o transporte de água eram tradicionalmente serviços muito dispendiosos, e a necessidade de torná-los mais práticos era evidente.

O primeiro modelo de um moinho de vento surgiu na Pérsia, entre os anos 500 e 900 d.C. Estudiosos acreditam que ele havia sido projetado para bombear água, apesar de não se saber exatamente como o invento funcionava, porque os desenhos dos projetos não chegaram até nós. De acordo com relatos orais que chegaram aos nossos dias, o moinho possuía pás verticais, feitas de feixes de junco ou madeira, que eram presas a uma haste central vertical através de braços horizontais.

O primeiro moinho de vento do qual se obteve documentação era utilizado para moer grãos. No seu projeto, a mó era presa à mesma haste vertical. Todo o mecanismo era protegido de modo que o vento não prejudicasse o funcionamento.

O primeiro uso documentado de um moinho de vento com eixo vertical aconteceu na China, em 1219, apesar de que alguns acreditem que a utilização tenha sido muito anterior — anterior até mesmo ao moinho da Pérsia —, mas nada pôde ser provado. Esses moinhos eram utilizados tanto na moagem de grãos quanto no bombeamento de água.

No momento em que os primeiros moinhos de vento surgiram na Europa Ocidental, por volta do ano 1300, eles eram do tipo com eixo horizontal. Apesar de o motivo não ser precisamente conhecido, alguns acreditam que o advento da roda-d'água (cuja configuração era horizontal) tenha influenciado o modelo de moinho. Uma outra razão para uma configuração horizontal se deve ao simples fato de ser mais eficiente. Moinhos projetados verticalmente perdiam a potência, porque precisavam proteger a parte de trás das pás contra o vento vindo na direção oposta.

Por volta do ano 1390, os holandeses já haviam aprimorado o projeto da torre do moinho. Para obter o máximo de eficiência, eles fixaram o pilar do moinho no topo de uma torre com muitos andares. Os diversos andares eram reservados para tarefas distintas, tais como a armazenagem de grãos, a debulha (retirada das sementes dos talos) e a moagem dos grãos. O andar inferior era reservado para o moleiro e sua família.

A torre e o pilar do moinho tinham que ser ajustados manualmente, para que as pás do moinho recebessem o vento de frente com o máximo de eficiência e permanecessem estruturalmente em bom estado. Estas eram as tarefas principais do moleiro.

Mais tarde, os moinhos europeus foram aprimorados e receberam grandes velas, que geravam uma maior força de sustentação. Isso era importante porque aperfeiçoava a eficiência do rotor (o rotor girava mais rápido com menor esforço) comparado aos moinhos da Pérsia. Como conseqüência, houve um aperfeiçoamento da moenda e do bombeamento de água.

O aperfeiçoamento das velas dos moinhos, no entanto, levou quase 500 anos. O objetivo permanente era a eficiência, e, quando o processo de aperfeiçoamento foi completado, as velas dos moinhos possuíam todas as características encontradas nas turbinas eólicas modernas. Algumas dessas características incluíam borda de ataque e de fuga das palhetas (como nos propulsores dos aviões modernos e nas asas) e o posicionamento das palhetas no rotor.

Os moinhos de vento foram tão importantes na Europa num certo período que serviram como motor para o continente antes de os motores elétricos serem inventados — e antes do início da Revolução Industrial. Sua aplicação era tão variada — moagem de grãos, bombeamento de água, nas serralherias e no processamento de produtos primários — que eles foram indispensáveis por séculos.

No final do século XIX, a construção de grandes moinhos de vento perdeu lugar para a crescente demanda por motores a vapor. No Oeste dos Estados Unidos, moinhos de menores proporções estavam se alastrando e a eficiência deles era ajustada para o máximo de resultados. Os primeiros moinhos possuíam quatro palhetas em forma de remo. Esses modelos foram seguidos por moinhos feitos com ripas de madeira finas pregadas a um aro de madeira. Muitos desses moinhos apresentavam uma grimpa que permitia posicionar a roda em direção ao vento.

O mais importante aperfeiçoamento do moinho no estilo de ventilador americano foi o desenvolvimento de palhetas de aço em 1870. Essas palhetas eram mais leves, mais flexíveis e podiam ser encurvadas em formatos diversos.

Somente nos Estados Unidos, entre 1850 e 1970, mais de seis milhões de pequenas máquinas impulsionadas pelo vento foram instaladas. No final do século XIX, o modelo de moinho americano com palhetas múltiplas foi utilizado pela primeira vez para gerar eletricidade.

Nos tempos modernos, muitos progressos foram feitos nos moinhos para uma nova e igualmente importante finalidade: gerar eletricidade. Com esse objetivo, os sistemas eólicos modernos se inspiraram no projeto dos propulsores e nas asas dos aviões.

87

O SUBMARINO

Não é necessária muita reflexão para se imaginar o efeito da invenção do submarino para a humanidade. Na Segunda Guerra Mundial, ele assumiu o posto de arma de guerra, e hoje submarinos movidos a energia atômica e armados com mísseis nucleares são os equipamentos bélicos mais sofisticados.

Por mais improvável que possa parecer, é correto afirmar que a pessoa mais importante envolvida com o submarino foi um professor chamado John P. Holland. Trabalhando em seu tempo livre, ele possibilitou que o submarino viesse a se tornar a mais mortal das armas de guerra.

Holland nasceu em Liscannor, na Irlanda, em 1840. Foi educado na Escola da Irmandade Cristã, em Limerick, fez os votos para se tornar um irmão da congregação em 1858 e lecionou numa série de escolas locais. Com o passar do tempo, no entanto, ele achou que estava cada vez mais difícil seguir sua vocação religiosa. Filho de um membro da guarda costeira, ele tinha a água do mar em suas veias e sempre ansiara pelo mar, desejo que não podia ser concretizado por causa de uma miopia. Mais tarde, em 1872, já dispensado dos votos, Holland e sua família migraram para os Estados Unidos.

Holland se interessara por submarinos desde a infância. Apesar de não ter recebido educação formal, ele era autodidata na elaboração de projetos e em engenharia e possuía uma habilidade admirável para isso.

Parte do interesse de Holland pelo submarino surgiu por causa do constante conflito entre a Inglaterra e a Irlanda, que o afetou profundamente. A Grã-Bretanha possuía uma marinha formidável e sabia-se que a Irlanda jamais poderia derrotá-la num confronto naval, mas Holland imaginava que os submarinos poderiam causar grandes danos sem ser detectados.

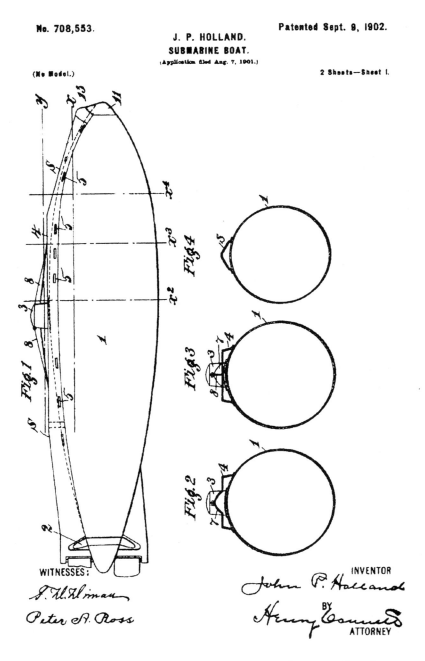

Desenho do projeto de patente, 1902, por John P. Holland.
Escritório de Registro de Patentes dos Estados Unidos

Em 1874 e 1875, Holland tentou convencer a marinha dos Estados Unidos a respeito do submarino, mas seus esforços não foram bem-sucedidos, porque essa não era uma idéia nova. Na verdade, o *Hulney*, um submarino confederado, afundou um navio de guerra da União durante a Guerra de Secessão. (O mais interessante é que o *Hulney*, que sofreu uma série de danos no confronto, também afundou.) Um século antes, um submarino inventado por David Bushnell havia tentado afundar um barco durante a Guerra da Independência. Em resumo, a marinha dos Estados Unidos achava que a idéia era absurda, em parte porque Holland não era um marinheiro. Não deixava de ser um absurdo de igual proporção acreditar que somente um marinheiro pudesse inventar uma embarcação.

Mas um grupo rebelde irlandês, os fenianos, estava interessado. Apesar de a organização ter sofrido um golpe duro dos inimigos ingleses quando foram derrotados no Canadá, em 1866, alguns de seus membros haviam se reorganizado quando Holland lhes apresentou seus planos. Ele causou uma boa impressão e o grupo rebelde resolveu utilizar 60 mil libras de seus "fundos de luta" para investir no projeto. Quando este foi finalmente concluído, Holland e os fenianos reuniram-se às margens do rio Passaic, em Nova Jersey, para assistir ao lançamento da embarcação de pouco mais de quatro metros de comprimento.

O resultado foi desastroso. Incapaz de permanecer flutuando por muito tempo, o submarino rapidamente ficou inundado e atingiu o fundo do rio. Posteriormente, o submarino foi içado e, após um exame minucioso, descobriu-se que um dos trabalhadores havia falhado na instalação de um par de parafusos, deixando uma abertura por onde a água entrou.

A água foi retirada do submarino, os parafusos foram recolocados e o próprio Holland decidiu conduzir as manobras. O submarino flutuou, submergiu e — para alívio do próprio inventor — voltou à tona.

Enquanto aprimorava seu invento, Holland começou a elaborar um plano de ataque aos britânicos. Ele sabia do poder de fogo dos navios britânicos e de que se aproximar deles sem ser notado era de vital importância. Seu plano era de um típico cavalo de Tróia: um inofensivo barco se aproximaria ao máximo de uma embarcação britânica, permitindo que o submarino fosse lançado através de um alçapão no navio.

Mas Holland nunca teve a oportunidade de colocar seu plano em prática. Em 1883, vários fenianos começaram a se separar do grupo. Esse momento de dissolução do grupo chegou ao seu ápice quando um grupo dissidente resolveu se apossar do submarino, rebocá-lo até New Haven, no Estado de Connecticut, e de lá tentar lançá-lo. Como não obtiveram sucesso, resolveram abandoná-lo numa fábrica de latão nas proximidades. Quando Holland tomou conhecimento dessa "escapada" sem seu consentimento, ficou furioso, e o grande plano de ataque foi completamente abandonado. Holland e o grupo rebelde dos fenianos nunca se comunicaram novamente.

Holland estava verdadeiramente à frente de seu tempo. Sua teoria afirmava que o melhor formato de um submarino deveria ser semelhante ao de um charuto. Mas a eficácia da idéia somente ficou comprovada na década de 1950, muito depois da morte de Holland.

Holland nunca recebeu dinheiro por sua invenção e, com o passar do tempo, começou a reconsiderar suas idéias a respeito da destruição que os submarinos poderiam infligir. De fato, suas preocupações se concretizaram durante a Segunda Guerra Mundial, quando esquadrões de submarinos alemães torpedearam centenas de embarcações (muitas delas transportando civis), aniquilando milhares de vidas em alto-mar.

A tinta protege e preserva. *Foto do autor*

88

A TINTA

A tinta é outra daquelas invenções a que não se dá o devido valor. Ela está lá, em todo lugar, fazendo algo maravilhoso — quando se pensa nisso — para dar vida a uma miríade de itens, desde carros e maquinário a paredes, pisos e muito, muito mais.

A tinta tem servido para a proteção de objetos há muito tempo. O mais antigo registro de revestimento de superfícies com tinta remonta ao ano 2000 a.C. Os primeiros artesãos egípcios e chineses utilizavam uma mistura de óleos secantes, resinas e pigmentos para pinturas e inscrições em suas tumbas e templos. Surpreendentemente, essas tintas primitivas são semelhantes — tanto na composição como na aparência — aos tipos fundamentais utilizados ainda hoje.

A população mundial começou a se expandir, começou a viajar, comercializar e guerrear numa escala ascendente, e o desejo por revestimentos decorativos cresceu. Os antigos pintavam suas embarcações, utensílios, instrumentos musicais, armas e palácios numa variedade de pigmentos e aglutinantes. Os pigmentos brancos eram obtidos a partir de alvaiade e materiais naturalmente brancos, como a argila, o gesso e a cré. Os pigmentos pretos eram produzidos a partir do carvão vegetal, negro-de-fumo, carvão animal, grafite natural e pó de carvão mineral. O amarelo vinha do ocre, do pó de ouro e do litargírio. O vermelho, dos óxidos de ferro, do zarcão, do cenóbio e de corantes naturalmente avermelhados. Os tons de azul, como o azul egípcio, vinham do lápis-lazúli, do carbonato de cobre e do índigo. Os tons de verde vinham do *terre verte*, da malaquita, do verdete e de outras tinturas naturais. Os aglutinantes incluíam goma-arábica, gelatinas, cera de abelha, resina de goma-laca, gorduras animais, óleos secantes e seiva das mais variadas árvores.

A quantidade de tinta produzida era pequena para os padrões modernos. O padrão de vida, em geral, era baixo, havia escassez de matéria-prima e o lento processo de produção das tintas fez com que seu uso tivesse um crescimento lento. No entanto, a inventividade humana levou ao desenvolvimento de métodos de produção melhores. No século XIII, um monge chamado Prebyster descreveu o processo de produção de um verniz baseado exclusivamente em ingredientes não voláteis, principalmente óleos secantes.

Por volta do ano 1500 de nossa era, os primeiros vernizes eram produzidos a partir de resinas "escoadas" com óleo de realgar ou de linhaça. Esses vernizes eram utilizados principalmente na decoração e proteção de bestas e outros artefatos de guerra. Durante os 300 anos seguintes, a resina mais popularmente utilizada tanto para proteção quanto para a decoração foi o âmbar, tanto puro como combinado com óleo de linhaça. A escassez do âmbar levou à busca de um substituto, e ele acabou por ser substituído quase que completamente por gomas fósseis ou semifósseis, como a goma-arábica e a goma-elástica.

No século XX, a indústria das tintas passou por enormes avanços. Por muitos anos, as tintas utilizadas nas construções eram caracterizadas pela base em óleo, significando que os aglutinantes na tinta eram algum tipo de óleo, como a alquida ou o óleo de linhaça. Para diluir ou limpar uma tinta, podiam-se usar a aguarrás ou, com mais freqüência, o benzeno. Era um material de difícil manuseio, principalmente porque exigia, no mínimo, 24 horas para secagem.

Posteriormente, as tintas à base de látex, que podiam ser diluídas e limpas com água, surgiram na década de 1960 e fizeram com que caísse a utilização de tintas à base de óleo. Mesmo assim, pintores tradicionais irão dizer que, em termos de duração e qualidade de acabamento, as tintas à base de óleo são superiores às à base de látex.

Mas as tintas à base de látex se mostraram melhores, e as tintas à base de óleo piores, principalmente quando os ambientalistas descobriram que os vapores emanados das tintas à base de óleo, os compostos orgânicos voláteis, contribuíam para o aumento no buraco da camada de ozônio. O governo dos Estados Unidos tomou conhecimento dos riscos e forçou os produtores a reduzir a quantidade de tais compostos. Como resultado, a maioria das tintas à base de óleo de hoje apresenta níveis infinitamente inferiores dos componentes que utilizavam décadas atrás, enquanto o látex vem sendo aperfeiçoado e atingiu um ponto em que é geralmente superior a outras tintas.

Também se descobriu que algumas tintas à base de óleo apresentavam chumbo, que é nocivo às pessoas, principalmente às crianças, quando ingerido. Em 1978, o governo norte-americano aprovou uma lei que proíbe o uso do chumbo na produção de tintas.

As tintas modernas se tornaram uma bênção para os aficcionados do "faça você mesmo" em todo o mundo. Elas são fáceis de aplicar — mesmo para quem nunca tenha se aventurado a fazer isso — e se tornaram o carro-chefe do sucesso das milhares de redes de lojas espalhadas por todo o mundo.

O disjuntor é um dispositivo vital de segurança.
Foto do autor

89

O INTERRUPTOR DE CIRCUITO

Quando Thomas Alva Edison, Nikola Tesla, George Westinghouse e alguns dos mais importantes inventores criaram o sistema elétrico, estavam lidando com uma força poderosa, algo que poderia ser mortal de duas maneiras: em decorrência do próprio choque elétrico e também pela possibilidade do desencadeamento de um incêndio. Portanto, tornou-se necessária a criação de uma variedade de dispositivos de segurança com a finalidade de proteger as pessoas e os objetos do mau funcionamento elétrico.

Uma variedade desses dispositivos foi desenvolvida e nenhum deles foi mais importante que o "fusível", que posteriormente viria a evoluir para o "interruptor de circuito". Ele cumpria basicamente uma função: manter os prédios e seus ocupantes em segurança. Para compreender como isso acontece, precisamos antes entender como a eletricidade funciona.

Numa casa existem, antes de tudo, "circuitos", uma série de fios passando pelas paredes e pelo teto que fornecem eletricidade a uma variedade de aparelhos domésticos. Uma residência comum apresenta três tipos de circuito: os gerais, também conhecidos como "circuitos de luz", que alimentam a iluminação, os aparelhos de televisão e quaisquer outros aparelhos que não exijam muita energia elétrica. Os circuitos para pequenos aparelhos alimentam os de pequeno porte, como os freezers, liquidificadores e similares, e, por último, os circuitos individuais, que exigem uma grande carga, como chuveiros e secadores.

Em termos elétricos, quando falamos desses três circuitos falamos de "voltagem", que é o potencial elétrico num circuito, e "amperagem", que é a medida de intensidade da corrente elétrica.

A idéia é que os circuitos devem ser dimensionados de acordo com os aparelhos que alimentam. Por exemplo, se o fio alimentar um aparelho que consome 20 ampères, isso significa que o fio do circuito que o alimenta precisa ter uma bitola de espessura suficiente para alimentá-lo com aquela corrente sem superaquecer, já que isso é exatamente o que acontece quando a corrente exigida é superior àquela que o fio pode suportar.

É nesse ponto que o fusível/interruptor de circuito entra. Um interruptor de circuito é capaz de determinar uma "sobrecarga" no fio; quando ela é detectada, o fluxo de eletricidade pelo fio é interrompido e o interruptor "se desarma". Ele funciona dessa maneira porque em seu interior estão uma tira bimetálica, duas molas e dois pontos de contato. Quando ocorre uma sobrecarga de circuito, a tira bimetálica se curva e se afasta dos pontos de contato que mantinham a energia elétrica fluindo, fazendo com que haja uma interrupção da corrente elétrica. Para reativar o circuito, basta recolocar o botão na posição "ligar". (Na realidade, a melhor maneira de se religar um "disjuntor" é posicionar o botão no sentido "desligado" para posteriormente inverter para "ligar" novamente.) Caso haja problema, o interruptor de circuito impedirá o fluxo de corrente novamente. No caso do fusível, ele "queima", o que significa que a pequena tira de metal pela qual a corrente elétrica flui derreteu, sacrificando-se para interromper o fluxo de corrente.

O primeiro interruptor de circuito surgiu em 1829 e seu princípio de funcionamento se baseava no relé elétrico, que foi inventado por Joseph Henry, físico americano. Então, à medida que o século XX se aproximava, os interruptores de circuito começaram a utilizar molas e eletromagnetos. Se a corrente ficasse muito elevada, ou seja, se chegasse a sobrecarregar o circuito, o relé se desarmaria, interrompendo e desligando a corrente elétrica.

O fusível foi inventado pelo físico inglês James Joule. Em 1840, ele descobriu a fórmula que permitia descobrir a quantidade de calor criada por um circuito elétrico. Com base nisso, pôde determinar a espessura que um fusível deveria ter antes de derreter. De acordo com sua fórmula, o calor era proporcional ao quadrado da intensidade da corrente multiplicado pela resistência (a oposição imposta por um material à passagem de uma corrente) num circuito.

Mesmo hoje, algumas pessoas tentam ludibriar os fusíveis, colocando moedas sob eles, de modo que, mesmo que haja uma sobrecarga, as luzes ainda permaneçam acesas. Felizmente, ainda não se descobriu uma maneira de burlar os disjuntores.

Máquina de lavar, cerca de 1948.
Foto do autor

90
A MÁQUINA DE LAVAR

Desde quando as pessoas começaram a cobrir seus corpos com roupas, elas têm buscado uma maneira de lavá-las. Antes de 1797, o que se fazia era carregar as roupas sujas até a fonte de água mais próxima, colocá-las sobre uma pedra e literalmente batê-las com uma pedra menor para retirar a sujeira.

O primeiro progresso ocorreu em 1797, com a invenção da tábua de lavar roupa. A primeira máquina de lavar era manual e imitava os movimentos das mãos trabalhando numa tábua de lavar roupa. Ela funcionava com uma alavanca que movia uma superfície (encurvada) sobre outra do mesmo formato, de modo que o atrito removia a sujeira. Esse tipo de máquina foi patenteado pela primeira vez nos Estados Unidos, em 1846, e foi utilizado até 1927. Em 1851, James King patenteou a primeira máquina de lavar a utilizar um tambor, e, em 1858, Hamilton Smith patenteou a primeira máquina rotatória.

Mesmo sendo a lavagem de roupas uma atribuição vista como exclusivamente feminina, William Blackstone se comoveu ao observar quão cansativa era a atividade de sua esposa. Em 1874, ele aperfeiçoou a máquina de lavar (como um presente de aniversário para ela), construindo uma tina com uma manivela para girar os mecanismos internos. Esse aparelho apanhava as roupas e as movia dentro da água, fazendo com que a sujeira se desprendesse durante a movimentação.

Essa foi uma revolução fabulosa, apesar de não poder ser considerada tão original e extraordinária para um marinheiro. Por séculos, movidos pela necessidade, os marinheiros em alto-mar costumavam colocar suas roupas dentro de redes feitas de cordas grossas. Ao puxarem as redes, as roupas já estavam lavadas.

É importante frisar que, até 1907, todos os tipos de máquinas de lavar eram manuais. Somente em 1908 surgiu a primeira máquina de lavar movida a energia elétrica, chamada de *Thor* e que fora apresentada por Alva J. Fisher, um inventor que trabalhava para a Companhia de Máquinas Hurley. A máquina tornava a tarefa de lavar roupas menos estafante, mas o motor que fazia o cilindro girar não estava protegido contra vazamentos, o que tornava os curtos-circuitos freqüentes, além de dar choque. Por volta de 1911, já era possível comprar máquinas com cilindros oscilantes feitos artesanalmente com cilindros de folhas de metal que eram engatados em cantoneiras de ferro com cilindros internos de ripas de metal ou madeira.

À medida que a invenção evoluía, também aumentavam os desafios para os cientistas. No início um motor e um mecanismo eram necessários, algo que pudesse melhorar o acionamento da máquina, mas que não exigisse tanta energia que viesse a queimá-la ou superaquecê-la. Os choques elétricos também eram um problema, o que obrigava que os mecanismos internos ficassem fechados, e, assim, havia a necessidade de se acoplar uma ventoinha ou outro dispositivo de resfriamento para evitar o superaquecimento. Também havia a necessidade de se aprimorarem os cilindros. Os cilindros de madeira ou de ferro fundido foram substituídos por outros que utilizavam metais mais leves. A partir da década de 1920, folhas de metal esmaltado começaram a substituir os cilindros de cobre e os pés de cantoneira de ferro. Na década de 1940, essa passou a ser a escolha favorita, porque era a mais higiênica e mais fácil de limpar.

Apesar desses avanços, a máquina de lavar ainda não era comum o suficiente para ser encontrada nas casas. Somente a partir de 1936 é que as pessoas, apesar da Grande Depressão, começaram a adquirir a máquina de lavar. Antes disso, as mulheres, quando possível, iam a uma lavanderia local, onde várias máquinas novas e reluzentes podiam ser encontradas, juntamente com pequenas caixas de detergente e até mesmo refrigerantes e doces.

No começo da década de 1950, os fabricantes americanos estavam comercializando máquinas que não apenas lavavam as roupas, mas também as secavam por centrifugação. Isso fez com que o "torcedor de roupa", um dispositivo que retirava a água das roupas enquanto eram espremidas entre dois rolos, se tornasse obsoleto.

Como isso não bastasse, em 1957 a General Electric apresentou uma máquina de lavar com botões de pressão que permitiam o controle da temperatura da água, do enxágüe e da velocidade de agitação e de centrifugação. A máquina de lavar havia obtido seu reconhecimento. Do acionamento manual para a máquina a gás, a elétrica e, posteriormente, com o acréscimo de botões para o acionamento de funções especiais, a máquina de lavar se tornou um utensílio doméstico indispensável para a vida moderna. Hoje, as máquinas de lavar são fabricadas numa variedade de cores, modelos e opções que seriam inimagináveis para as antigas gerações.

Para as mulheres, a possibilidade de se ter uma máquina de lavar se tornou tanto uma bênção quanto uma maldição. Certamente, ela tornou a vida mais conveniente, economizou um precioso tempo e era mais fácil do que fazer o serviço gastando um dia inteiro numa lavanderia. Mas ir à lavanderia não era apenas uma atribuição, era também um evento social. As lavanderias americanas eram os locais de se conversar, compartilhar, atualizar-se e fazer um lanche, enquanto as máquinas de lavar faziam o trabalho mais pesado. Possuir uma máquina em casa acabou com esse convívio social.

91
A DEBULHADORA

Depois de o trigo ser colhido, ele era "debulhado", o que significava separar os talos dos grãos. Posteriormente, os grãos eram batidos num mangual para a retirada do palhiço, e esse procedimento era chamado "joeiramento". Em muitos lugares, o trigo colhido era espalhado sobre o chão, e um trenó pesado puxado por animais passava sobre ele. Depois da debulha, ainda era necessário o joeiramento. Tudo isso podia levar dois meses.

Em 1830, eram necessárias 250 a 300 horas de trabalho para preparar 20 mil metros quadrados de trigo. Tudo era produzido com arado manual, ancinho, semeadura à mão e debulho. Somente em 1834 a segadora mecânica McCormick foi patenteada, e no mesmo ano John Lane se incumbiu de produzir arados aparelhados com lâminas de aço. John Deere e Leonard Andrus iniciaram a produção de arados em aço no ano de 1837, mesma data em que a primeira debulhadora foi patenteada.

Em 1786, Andrew Meikle (que "descendia de uma estirpe de engenhosos mecânicos", de acordo com inscrições em sua lápide) inventou uma debulhadora na Escócia. Seu pai havia inventado uma máquina para o joeiramento em 1710, mas que acabou não sendo bem recebida pelos agricultores, que, naquela época, viam com certa desconfiança qualquer aparelho mecânico. A debulhadora desenvolvida por seu filho se mostrou mais bem sucedida. Ele trabalhava como encarregado no Moinho Houston, numa propriedade familiar pertencente a John Rennie, em Phantassie, no condado de East Lothian. Rennie colaborou com Meikle para que sua máquina fosse instalada em outros moinhos.

No princípio, nem todos possuíam uma debulhadora. Os grandes fazendeiros a adquiriam, mas os pequenos produtores necessitavam de debulhadores itinerantes para realizar a tarefa. Além do proprietário do maquinário, o processo de debulho exigia um

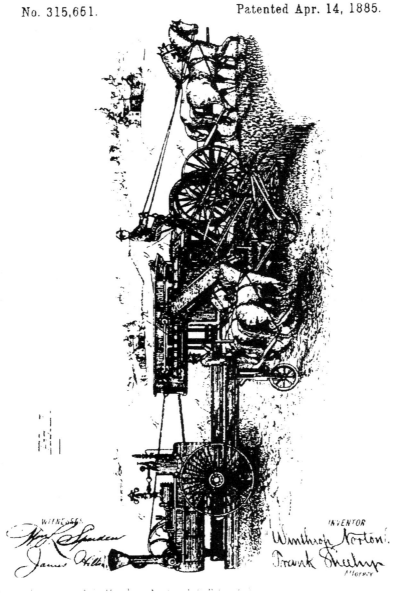

Desenho do projeto de patente, 1885, por Winthrop Norton.
Escritório de Registro de Patentes dos Estados Unidos

árduo trabalho. Cada membro da equipe tinha uma tarefa específica a cumprir assim que se iniciava o processo da colheita.

    O operador do maquinário a vapor tinha que posicionar a debulhadora próximo ao campo semeado ou no local onde o dono da propriedade desejava que a palha ficasse acumulada. A debulhadora era atrelada a uma máquina a vapor. Todo o trabalho de pré-debulho era executado na debulhadora. Enquanto a máquina começava a funcionar, um grupo de trabalhadores chamados de "arrastadores de fardos" ia pelos campos conduzindo carroças puxadas por cavalos com medas e, posteriormente, levando-as carregadas para a debulhadora. Outros homens ficavam posicionados sobre as carroças e lançavam fardos no alimentador da debulhadora. O alimentador de fardos possuía um transportador em cadeia que levava os fardos até os cilindros da debulhadora, onde os grãos eram separados dos seus talos e conduzidos para a parte inferior da debulhadora. O palhiço e as impurezas eram retirados por um ventilador e os grãos flutuavam em direção ao fundo, onde um elevador movia o grão desprendido para um compartimento próximo à debulhadora ou em sacos de acordo com a preferência do fazendeiro. A palha era continuamente batida ao longo do processo, de modo a assegurar que todos os grãos fossem retirados dos talos. Depois de a palha trilhar pela esteira, ela era depositada em um ventilador na parte de trás da debulhadora, que a amontoava.

    O processo era ininterrupto até que toda a plantação tivesse sido debulhada. Apesar do grande trabalho exigido para a utilização da debulhadora, ela representou um avanço enorme quanto à eficiência e capacidade de debulhar se comparados aos métodos anteriores. Na década de 1840, o aumento crescente do uso de maquinário agrícola ampliou a necessidade de investimento por parte dos fazendeiros, o que fez com que houvesse um incentivo cada vez maior para a adoção de um sistema de produção agrícola comercial.

Esta invenção salva vidas e bens.
Foto do autor

92

O EXTINTOR DE INCÊNDIO

O fogo é uma reação química de combustão entre o oxigênio existente no ar e algum tipo de combustível, como a madeira ou a gasolina, que tenham sido aquecidos à temperatura de ignição.

O fogo na madeira resulta de uma reação entre o oxigênio e a madeira a uma temperatura elevada: um foco de luz, fricção ou algo que já esteja queimando aquece a madeira a uma temperatura elevada (500°F/260°C, ou mais). O calor decompõe parte da celulose, o principal material da composição da madeira. O material decomposto libera gases voláteis, como o hidrogênio, o carbono e o oxigênio. Quando o composto de gases atinge temperatura suficiente para romper as moléculas, os átomos se recombinam com o oxigênio para formar água, dióxido de carbono e outros produtos. Os gases que se elevam para o ar formam a chama. Os átomos de carbono que se elevam na chama emitem luz enquanto se aquecem, o calor provocado pela chama mantém o combustível na temperatura de ignição e a queima se prolonga enquanto houver combustível e oxigênio.

Para se extinguir o fogo, pelo menos um dos três elementos precisa ser removido. A maneira mais óbvia de se retirar a fonte de calor do fogo é lançar água, resfriando o combustível a uma temperatura inferior ao ponto de ignição e interrompendo o ciclo de combustão. Para remover o oxigênio, o fogo precisa ser abafado, a fim de que não seja exposto ao ar; um cobertor pesado ou qualquer material não inflamável, como areia ou bicarbonato de sódio, seria suficiente. Remover a fonte de combustível é algo mais complexo. No caso de incêndios em residências, ela própria funciona como combustível; este somente seria "removido" depois de ter sido queimado por completo.

A água é o mais conhecido e eficiente elemento para extinção de incêndio, mas, caso venha a ser utilizada numa situação inadequada, pode na realidade se demonstrar perigosa. Ela pode ser despejada em madeira, papelão e papéis em chamas, mas, caso seja utilizada em incêndios de causa elétrica, a água pode conduzir corrente e causar eletrocussão. No caso da utilização em líquidos inflamáveis, a água pode simplesmente fazer com que o fogo se alastre e que o incêndio atinja maiores proporções.

Na Roma antiga, já existiam brigadas de incêndio com sete mil bombeiros remunerados e que além disso patrulhavam as ruas e impunham punições corporais a qualquer um que violasse os códigos de prevenção de incêndios. Por volta de 200 a.C., Ctesibius de Alexandria inventou as primeiras "bombas de incêndio", mas elas foram reinventadas por volta de 1500. Em 1666, a cidade de Londres possuía somente seringas manuais com 1,89 litro de capacidade e algumas outras com capacidade pouco superior para combater um incêndio que ardeu por quatro dias. Os outros países da Europa e as colônias das Américas possuíam equipamentos semelhantes. O Grande Incêndio de Londres estimulou o desenvolvimento de uma bomba de pistão de combate a incêndios operada por duas pessoas e colocada sobre rodas.

Em 1648, a cidade de Nova York designou inspeções regulares com poder de impor multas a violações do código de incêndio em 1648. Boston importou o primeiro carro de bombeiros em 1659, enquanto Thomas Lote, da cidade de Nova York, construiu o primeiro carro de bombeiros americano em 1743. As mangueiras e acoplamentos eram feitos de couro, quando foram substituídos por mangueiras de tecido e borracha, a partir de 1870. Nessa época também surgiu o veículo com "escada Magirus". Pouco tempo depois, foi desenvolvido o "elevador de mangueira".

Um "extintor de incêndio" foi patenteado por Thomas J. Martin em 1872. No final do ano de 1935, ao retornar aos Estados Unidos vindo de Viena, onde havia estudado e trabalhado, Percy Lavon Julian deixou a vida acadêmica e entrou no mundo corporativo como químico-chefe e diretor da Divisão de Produtos de Soja da Companhia Glidden. Ele foi um dos primeiros cientistas negros contratados para um cargo tão elevado, o que encorajou muitos outros. A Companhia Glidden produzia tintas e vernizes e desejava que Julian desenvolvesse compostos de soja. Julian acabou por produzir um extintor "de espuma", capaz de apagar incêndios causados por gasolina e óleos. Utilizado pela marinha americana, o extintor salvou a vida de muitos marinheiros durante a Segunda Guerra Mundial. Ironicamente, em 1950, pouco depois de comprar uma casa em Oak Park (em Chicago) para sua família, um incendiário atacou sua nova residência.

Hoje os extintores de incêndio utilizam dióxido de carbono para abafar as chamas: eles sufocam o fogo pela retirada do oxigênio das áreas próximas. O tradicional cilindro de metal ligado a uma pequena mangueira é um extintor de "carbonato de sódio e ácido", e, em seu interior, acima de uma solução de carbonato de sódio e água, existe um contêiner com ácido. Quando o extintor é virado de cabeça para baixo, o ácido se mistura com o carbonato de sódio, produzindo dióxido de carbono. A pressão do gás força a solução a sair pela mangueira. Um cilindro de extintor de "espuma" contém água, bicarbonato de sódio e algo como pó de alcaçuz para fortalecer a espuma, além de um contêiner interno com sulfato de alumínio em pó. Reunidos, eles criam uma espuma com bolhas de dióxido de carbono. Um extintor de "dióxido de carbono" consiste num tanque de dióxido de carbono líquido sob pressão. Quando liberado, o dióxido de carbono forma camadas que vaporizam e envolvem o fogo.

Os extintores dos dias de hoje são cilindros confeccionados em metal resistente preenchidos com água ou outro material que abafe o fogo, e todos operam no mesmo sistema: retirar o pino, apontar o esguicho para a base do fogo, pressionar a manivela e varrer toda a área consumida pelas chamas. Eles são divididos de acordo com o tipo de fogo que podem combater: extintores "Classe A" podem ser utilizados em incêndios em madeira, plástico e papel; os "Classe B" atuam em incêndios de líquidos inflamáveis como gasolina e lubrificantes; os "Classe C" são utilizados em incêndios elétricos; e os "Classe D", projetados para apagar incêndios em metais inflamáveis, são raros. Os extintores designados com "ABC" podem ser utilizados em todos os tipos de incêndio, exceto naqueles em que são utilizados os extintores Classe D.

Um material utilizado para extinguir incêndios é o dióxido de carbono, que é mantido pressurizado na forma líquida dentro do cilindro. Quando o contêiner é aberto, o dióxido de carbono se expande para formar um gás na atmosfera. O dióxido de carbono é mais pesado que o oxigênio e o afasta da área ao redor do elemento em combustão. Esse tipo de extintor de incêndio é comum em restaurantes, já que não contamina os equipamentos nem a comida.

O material mais utilizado nos extintores é o pó ou espuma química seca, normalmente com bicarbonato de sódio (o mesmo produto utilizado em culinária), bicarbonato de potássio (muito semelhante ao bicarbonato de sódio) ou o fosfato de monoamônia. O bicarbonato de sódio começa a se decompor a apenas 158°F (70°C). Quando se decompõe, ele libera o dióxido de carbono, que, juntamente com o isolamento causado pela espuma, abafa o fogo.

A maioria dos extintores de incêndio contém uma quantidade relativamente pequena de material de combate às chamas que pode ser utilizada por alguns poucos segundos. Por isso, os extintores são eficazes em focos de incêndio restritos e pequenos. Para o combate a incêndios maiores, há a necessidade de equipamentos maiores, como um carro de bombeiros e pessoal especialmente treinado. Mas, para o combate a chamas pequenas e perigosas, um extintor de incêndio é essencial.

Refrigerador norte-americano de meados do século XX. *Photofest*

93

O REFRIGERADOR

Em muitas regiões, a natureza proporciona temperaturas capazes de preservar produtos perecíveis a uma temperatura próxima do ponto de congelamento. Mas em outras regiões, especialmente onde as primeiras civilizações surgiram, o inverno era ameno ou nem se fazia sentir. O que essas civilizações fizeram, particularmente os gregos e os romanos, foi utilizar os recursos naturais da melhor maneira possível.

As famílias mais abastadas das áreas próximas ao Mediterrâneo, por exemplo, construíam poços com a maior profundidade possível e forravam-nos com palha e madeira para proporcionar uma camada de isolamento. Gelo e neve eram trazidos das montanhas circunvizinhas e colocados nesses poços, criando um "porão de gelo" que podia manter os alimentos resfriados por meses. Esse método de preservação por resfriamento ainda é utilizado em muitos países subdesenvolvidos. Na realidade, é o principal método de resfriamento para esses países.

Naturalmente, onde há necessidade, existe a possibilidade de se fazer dinheiro, e a venda de gelo floresceu como negócio por muito tempo. Na América do Norte, por exemplo, alguns comerciantes nativos da Nova Inglaterra construíram navios com cascos duplos e grossos que carregavam gelo do Canadá e do Maine para os Estados do Sul, as ilhas do Caribe e a América do Sul. Durante a Guerra de Secessão, os Estados confederados do Sul tiveram que sobreviver sem refrigeração.

Enquanto a maioria das civilizações conhecia as técnicas para manter uma temperatura baixa armazenando gelo e neve compactada, os índios americanos e os sempre empreendedores egípcios encontraram solução na física. Essas duas culturas, independentes uma da outra, descobriram que, se um prato com água fosse deixado ao relento durante as noites frescas de verão, a rápida taxa de evaporação deixaria gelo no prato, mesmo que o ar ao redor não atingisse temperaturas muito baixas. Essa surpreendente maneira de se produzir gelo conduziu, na realidade, aos modernos sistemas de refrigeração. A questão principal a ser respondida era como aproveitar o poder da expansão rápida dos gases.

Algumas outras técnicas foram testadas, como a de introduzir nitrato de sódio ou de potássio na água para baixar a temperatura. No século XVIII, na França, essa técnica se tornou popular por algum tempo e era utilizada na refrigeração do vinho, entre outros produtos.

Entretanto, foi somente em 1748 que o primeiro progresso na refrigeração ocorreu. Naquele ano, William Cullen, médico respeitável, químico e professor de medicina, demonstrou com sucesso as propriedades de resfriamento do éter etilo quando submetido à ebulição a vácuo parcial. Apesar de Cullen nunca ter posto em prática nenhuma de suas descobertas, ele inspirou muitos outros na obtenção de progressos. Oliver Evans, um inventor americano que auxiliou no desenvolvimento do motor a vapor, projetou uma máquina de refrigeração artificial mecânica.

John Gorrie, médico do Estado da Flórida, trabalhou arduamente para que o conceito de refrigeração fosse implantado nos quartos de um hospital durante um surto de malária que afligiu sua cidade natal, Apalachicola. Partindo do projeto de Evans, ele obteve sucesso na compressão do gás, resfriando-o ao passá-lo por serpentinas, para posteriormente expandi-lo novamente para que ficasse mais frio. Ele patenteou o aparelho em 1851, tornando-se a primeira patente de refrigeração mecânica. Gorrie abandonou a prática médica para procurar quem pudesse investir numa fábrica que produzisse suas máquinas, mas não obteve sucesso.

No século XIX, outros inventores projetaram aparelhos com dispositivos semelhantes de compressão de gás, incluindo Jacob Perkins, que havia criado um modelo prático pouco antes de Gorrie.

Outros avanços importantes começaram a ocorrer, incluindo o desenvolvimento de unidades de refrigeração comercial que permitiam o transporte e armazenamento de gêneros alimentícios perecíveis a longas distâncias. Phillip Danforth Armour, um empresário americano, foi um dos que viram prosperar sua empresa como resultado de sistemas de refrigeração. Ao criar um sistema de armazenagem a baixa temperatura na Costa Leste norte-americana, ele pôde exportar carnes para lugares tão distantes quanto a Europa, fazendo de Chicago a capital da indústria de carne congelada.

Todo esse desenvolvimento ocorreu no momento oportuno, já que, no mesmo período, descobriu-se que a maioria das fontes naturais de gelo começara a sofrer os efeitos da poluição, mais especificamente da fuligem e do esgoto. Mesmo assim, as primeiras "geladeiras", que necessitavam de blocos de gelo para manter a temperatura dos produtos em seu interior, permaneceram sendo de uso comum até serem aposentadas com o crescimento da venda dos aparelhos domésticos nas décadas de 1940 e 1950.

Em 1859, o francês Ferdinand Carré aprimorou os sistemas de refrigeração existentes utilizando a amônia, que se expande com grande rapidez, em substituição ao ar, que contém vapor d'água. A amônia permanece em estado gasoso numa temperatura muito inferior à do vapor d'água, podendo assim absorver muito mais calor. O inconveniente era que — fato que poderia ocorrer com os compressores de outros sistemas — o vazamento era tóxico. Após alguns eventos trágicos, tornou-se evidente que algo mais seguro e menos tóxico era necessário.

Os engenheiros industriais agiram em conjunto na tentativa de se descobrir um agente que fosse mais seguro e, finalmente, chegaram à conclusão de que o "freon", uma substância química produzida pela adição de átomos de cloro e flúor a moléculas de metano, permitia a produção de refrigeradores inofensivos, exceto em doses muito elevadas. Desse modo, o consumidor não tinha motivos para temer os refrigeradores domésticos e permitiu sua produção e comercialização em massa.

Forno e fogão norte-americanos de meados do século XX. *Foto do autor*

94

O FORNO

O forno é um dispositivo simples: uma câmara fechada projetada para encerrar o calor de maneira seca e uniforme, que pode ser utilizado na preparação de alimentos ou no processo de enrijecimento de outras coisas, como o minério de ferro em ferro ou a argila em cerâmica.

Pouco depois da descoberta do fogo, descobriu-se que determinadas pedras apresentavam a capacidade de reter ou transmitir calor. Desde as eras pré-históricas, acredita-se que o pão tenha feito parte da dieta dos humanos. Acredita-se que os grãos de cereais ou suas sementes eram assados numa fogueira, até que foi descoberto que os alimentos se tornavam muito mais fáceis de digerir quando misturados com água e então aquecidos como num mingau. Nossos ancestrais também descobriram que as pedras aquecidas mantinham o calor, e assim, quando despejavam esse mingau numa dessas pedras achatadas e aquecidas, a água evaporava, e o resultado foi a primeira "panqueca" ou algo muito semelhante ao pão sírio.

Posteriormente, esses povos primitivos aprenderam que, se esse mingau ou massa fosse deixado de lado para ser cozido mais tarde, ocorreria uma fermentação ou estragaria, devido à presença de levedura. Apesar de nem sempre poder ser considerada positiva, a levedura levou a uma importante descoberta, a de que essa massa engrossada poderia ser transformada numa pasta moldável, que podia ser cozida produzindo o "pão levedado" que conhecemos hoje.

Foram os egípcios que fizeram o primeiro e mais intenso uso do pão levedado. Por volta do ano 2600 a.C., eles começaram a aproveitar a levedura como agente de fermentação ao acrescentar porções da "massa fermentada" e misturá-las à massa fresca, de modo a "contaminar" a massa fresca de maneira controlada. As técnicas de cozimento em geral floresceram nas antigas civilizações, resultando em cerca de 50 diferentes tipos de pães, utilizando os mais variados tipos de sementes, como o gergelim e a papoula.

Portanto, não é de estranhar que os egípcios sejam considerados os inventores dos fornos. Podemos recuar um pouco no tempo e lembrar o fato de que determinados tipos de argila, sendo a argila do Nilo uma das mais notáveis, eram transformados em cerâmica sólida sob o calor do fogo. Ao se moldar a argila no formato de um grande cilindro que se afunilava no topo, instalando uma partição no formato de uma concha a cerca de metade do corpo do cilindro, foram construídos os primeiros fornos de cozinhar. A parte inferior era a "fornalha", e a parte de cima era o forno, ou "câmara de cozimento", onde os pedaços de massa eram colocados para assar. Essa estrutura simples é o verdadeiro princípio do forno, que permanece até hoje. Sejam os modelos elétricos ou a gás, produzidos em série e de alta tecnologia, ou os mais simples, em terracota, os fornos de hoje diferem muito pouco de seus predecessores mais antigos.

Variações dessa estrutura básica podiam ser encontradas por todo o mundo antigo com graus distintos de sofisticação. Era comum que cada família ou vilarejo possuíssem algum tipo de forno, e quando as cidades cresciam, como Jerusalém, áreas inteiras da cidade eram reservadas para os fornos públicos.

Roma é um bom exemplo dessa transição urbana que por fim viria resultar na "indústria do assar". Inicialmente, assar pães permanecia uma tarefa doméstica com técnicas de preparo e cozimento tão rudimentares quanto em qualquer outra parte. Mas, por volta do século II a.c., Plínio, o Velho, escreveu sobre a atividade de padeiros profissionais que começaram a produzir pães para os ricos, que não precisavam se ocupar por horas desse processo. Esses padeiros, que geralmente eram ex-escravos das mais diversas regiões do Império, levaram técnicas de seus locais de origem e supriam os romanos mais abastados com sua mercadoria, chegando a formar associações que reuniam os moleiros e padeiros. Pouco tempo depois, esses padeiros começaram a ostentar o mesmo status que o de um funcionário público, com regras específicas, receitas e processos regulamentados pelo governo.

Mas, apesar dos avanços na própria indústria, os romanos nunca realizaram qualquer grande inovação no processo de assar ou no forno, apesar de serem responsáveis pelo primeiro misturador de massa mecânico. Grandes pás eram impulsionadas por cavalos ou burros e misturavam farinha, água e fermento numa grande bacia de pedra.

Os romanos geralmente utilizavam aquilo que era chamado de forno "colméia", apesar de também assarem pães em pás sobre fogueiras ou vasilhas de louça expostas ao fogo. O forno "colméia" é um dos mais fáceis de encontrar. Nem todos os fornos apresentavam o mesmo formato, mas seguiam um modelo básico de construção: um buraco raso no chão era forrado com pedras achatadas, de aproximadamente 60 por 90 centímetros. Os espaços entre as pedras eram preenchidos com argila para formar uma base plana. As paredes do forno eram então construídas no formato de um domo, semelhante a um iglu, fazendo uso de uma vasta variedade de técnicas de "suporte" e materiais, da terracota às pedras ou numa armação feita de montículos de terra. Um pequeno espaço era reservado para a boca, coberta por uma laje de pedra. O fogo era ateado em seu interior para secar e cozer toda a argila utilizada na construção do forno. Uma quantidade extra de argila podia ser utilizada para preencher os buracos do domo nesse momento e ainda mais terra era amontoada para criar um melhor isolamento da câmara de assar.

Quando o forno era utilizado, o fogo devia chegar à temperatura ideal para se assar, e esta só podia ser obtida, antes da invenção do termômetro, por artífices com grande habilidade. Cinzas, brasas e todo o resto de madeira não queimada e carvão eram removidos, e o forno estava pronto para utilização.

O forno em si, apesar de todos esses momentos históricos, é um conceito universal tão básico como a invenção da roda, e seria uma injustiça limitar sua concepção a um lugar, cultura ou época. O forno básico aparece em todas as partes do mundo e, de maneira alguma, pode ser restrito à produção do pão. Como já havíamos relatado, o cozimento da argila tornou os fornos originais possíveis. Os avanços subseqüentes permitiram o desenvolvimento do forno, que, por sua vez, permitiu a produção da cerâmica e dos tijolos, que resultaram no desenvolvimento do forno de alvenaria. Como a fusão de metais se tornou possível graças à tecnologia do forno, do mesmo modo potes e fornos de ferro fundido puderam ser produzidos, do simples e pequeno forno "holandês" aos de ferro fundido e, finalmente, aos grandes altos-fornos usados na fundição do aço.

95

A BICICLETA

Apesar de as bicicletas estarem geralmente associadas à recreação, o primeiro modelo surgiu como a maneira de se solucionar um problema. Em 1817, o barão Von Drais precisava encontrar uma forma de percorrer seus esplêndidos jardins de maneira mais rápida e sem se cansar. A solução sugerida por ele: "A máquina de andar".

Uma pessoa dava largos passos sentada sobre uma armação, na parte da frente havia uma roda que podia ser direcionada e na parte de trás uma outra roda que estava alinhada à primeira. Não havia pedais. O ciclista avançava graças aos movimentos de seus pés pelo chão. Apesar de a máquina ser cara e ter alcançado certa popularidade entre os ricos, havia o inconveniente de ela somente poder ser utilizada numa superfície suave e plana (como numa trilha de cascalho bem conservada).

Um modelo posterior surgiu em 1865, o qual possuía pedais na frente, assim como uma roda maior. Era chamado de "velocípede" ou *boneshaker* ("balançador de ossos"), porque às vezes era um tanto brusco e sempre desconfortável. Isto ocorria porque era feito completamente de madeira e, mais tarde, com aros de metal, e a junção disso numa pedra com a forma circular levou a algo que fazia uma tremenda barulheira.

Por volta de 1870, surgiram os primeiros modelos totalmente confeccionados em metal, com algumas alterações importantes. Uma dessas alterações foi a roda dianteira, que já era grande, ter se tornado ainda maior — de fato, ela começou a ser projetada de acordo com a distância que as pernas do passageiro ou passageira podiam alcançar —, porque se descobriu que, quanto maior fosse a roda, maior a distância que a bicicleta poderia percorrer com uma pedalada. A outra alteração importante foi o uso de pneus de borracha sólida.

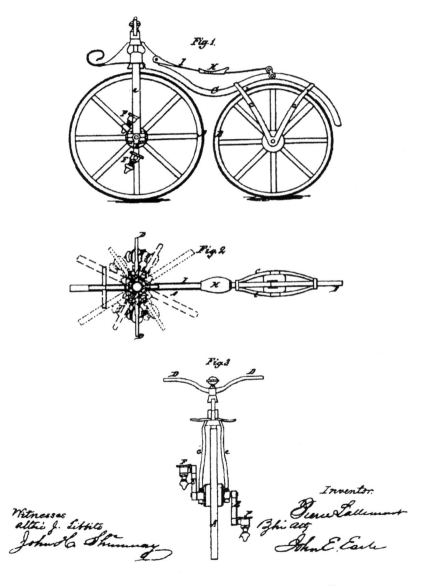

Desenho do projeto de patente, 1866, por Pierre Lallement.
Escritório de Registro de Patentes dos Estados Unidos

Os projetos também passaram a levar em conta as mulheres com a introdução do triciclo para adultos, que permitia que as mulheres conduzissem o veículo mesmo vestindo longas saias. Os triciclos também pareciam mais apropriados e respeitáveis para os clérigos, médicos e outros membros da alta sociedade.

Um outro aprimoramento incluía a introdução da direção com engrenagem de cremalheira, breques nas mãos e o diferencial (utilizado para redirecionar as engrenagens e transferir potência de um eixo para outro). Algumas dessas alterações foram tão importantes que ainda estão presentes nas bicicletas — e carros — até hoje!

Mesmo assim, permanecia o problema de se encontrar uma roda que fosse prática e confortável. Apesar de a introdução da borracha ter significado um avanço, ela ainda era muito vulnerável a situações climáticas. Nas épocas mais frias, ressecava e se tornava quebradiça e, nos períodos mais quentes, ficava muito mole e pegajosa. Um método de tratamento da borracha de modo a torná-la consistente se tornou premente. Nesse período, Charles Goodyear, filho de um dono de armazém em New Haven, no Estado de Connecticut, estava realizando experiências com a borracha e buscava uma solução.

Mas, com o auxílio da sorte — como num filme de ficção científica —, um dia, em 1839, a solução surgiu após um acidente, quando Goodyear derramou enxofre e borracha num forno quente em sua oficina. O resultado desse acidente foi surpreendente. Ele ficou maravilhado ao descobrir que a borracha não perdia a elasticidade. Quando ele expôs a borracha afetada pelo enxofre às variações de temperatura, percebeu que a amostra permanecia consistente. Posteriormente, o processo no qual o enxofre é adicionado à borracha para a manutenção da sua consistência ficou conhecido como "vulcanização".

Acompanhando os avanços da metalurgia (a ciência dos metais), o projeto da bicicleta também evoluiu. A idéia era tornar o metal e as combinações posteriores de metais fortes e leves o suficiente para suportar o peso do ciclista sem sobrecarregá-lo com o peso da bicicleta enquanto a guiava.

No final do século XIX, a roda ainda era feita de borracha maciça, mas um dia, em 1887, o filho de John Dunlop, de quatro anos, reclamou que seu triciclo dava muitos solavancos. Qual foi a solução de Dunlop? Ele desenvolveu um "pneumático", ou roda preenchida com ar, para o triciclo de seu filho. E funcionou. Em pouco tempo, o menino estava pedalando um triciclo sobre um colchão de ar entre o pneu e o aro. O pneu absorvia os solavancos e poupava o usuário.

No ano seguinte, ele obteve a patente de um pneu com a parte externa mais dura e resistente que continha em seu interior um tubo inflável. Por volta de 1890, o pneumático já estava em produção industrial e não apenas tornou a bicicleta mais elegante, mas também resultou no projeto da bicicleta com rodas de tamanhos iguais — o modelo que continua popular até hoje.

O pneu também foi rapidamente adotado para as rodas dos carros, o que, por sua vez, resultou na necessidade da melhoria das estradas. Na realidade, a era automotiva deve tanto à invenção de Dunlop quanto a qualquer outro fator.

Apesar de a bicicleta ser importante por ter impulsionado o desenvolvimento de outras invenções, ela possui importância em si mesma, sendo a forma de transporte mais comum em muitos países. Até mesmo nos Estados Unidos, muitas pessoas a utilizam como a principal forma de transporte, e, principalmente em nossa sociedade preocupada com a saúde, ela representa um recurso indispensável.

96

O GRAVADOR

Durante a Segunda Guerra Mundial, muitas pessoas ficavam surpresas ao ouvir a transmissão da propaganda de rádio alemã tarde da noite ou de manhã cedo com apresentações de orquestras sinfônicas com notável fidelidade, como se estivessem se apresentando "ao vivo". Os técnicos do Corpo de Sinaleiros do exército americano suspeitavam de que um dispositivo de gravação aperfeiçoado estivesse sendo utilizado, e após o final da guerra, em 1945, os aparelhos foram descobertos e levados para os Estados Unidos para análise. O que os alemães estavam utilizando era uma versão aperfeiçoada do "magnetofone", que era capaz de capturar respostas de freqüência de até 10 mil hertz (ciclos por segundo) com pouquíssima distorção e ruído.

As patentes do magnetofone passaram para a jurisdição do Escritório de Propriedade Estrangeira dos Estados Unidos, mas qualquer pessoa poderia facilmente obter uma licença por intermédio desse escritório e desenvolver sua própria máquina. Mas poucos decidiram fazê-lo. O aparelho para gravação sonora em fio magnetizado estava passando por um período de ressurgimento no pós-guerra americano. Como uma resposta aperfeiçoada aos magnetofones e outras "engenhocas" desenvolvidas, firmas como Sears-Roebuck e Webster-Chicago (Webcor) começaram a comercializar seus produtos em alta escala. Mas a moda dos aparelhos de gravação ainda demoraria a vingar.

Por volta de 1946, o gravador de fita estava se tornando objeto de crescente interesse. Naquela época, Bing Crosby, um famoso *crooner* de orquestra, tornou-se importante no progresso da gravação em fita. Crosby era a principal atração de um programa de rádio popular que exibia não apenas suas canções, mas também piadas e séries com celebridades convidadas. Crosby, um perfeccionista, gostava de pré-gravar as seleções musicais num horário

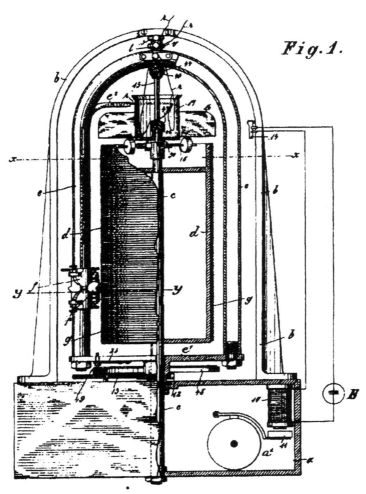

Desenho do projeto de patente, 1900, por Valdemar Poulsen.
Escritório de Registro de Patentes dos Estados Unidos

específico e intercalá-las com outros segmentos do programa. Esses, por sua vez, eram regravados, com o auxílio de discos de transcrição, em discos "mestres" utilizados numa eventual difusão. Infelizmente, os discos de transcrição, apesar de bons para gravações originais, apresentavam um alto grau de degradação e de ruído quando cópias múltiplas eram efetuadas. Quando Crosby ouviu uma demonstração das gravações alemãs confiscadas, ele rapidamente decidiu que a fita era o de que precisava. Ela podia ser facilmente cortada, emendada e regravada se ocorresse um erro. Com Crosby tomando a dianteira, muitas outras personalidades radiofônicas, como Jack Benny e Groucho Marx, começaram a utilizar gravações em seus programas populares.

Três fabricantes independentes — Magnecord, Rangertone e Ampex — começaram a produzir suas versões dos aparelhos alemães para uso profissional em meados da década de 1940. Por volta de 1950, eles já eram largamente utilizados na gravação, em rádios e em estúdios cinematográficos, substituindo os gravadores ópticos e em disco utilizados até então.

A Companhia Minnesota Mining and Manufacturing (3M) tomou para si a tarefa de desenvolver melhores fórmulas para as fitas. Criou-se então um novo óxido magnético que aumentava a sensibilidade e a qualidade. A nova fita também possuía uma camada niveladora para uniformizar a gravação e uma base em acetato plástico, que viria a ser o padrão da indústria nos 50 anos seguintes. As novas fitas plásticas rapidamente substituíram as de papel alemãs, que então já haviam se tornado uma verdadeira colcha de retalhos repleta de remendos nas mãos dos primeiros radiodifusores e realizadores de experiências.

A velocidade das fitas também podia ser diminuída. A velocidade na qual a fita passa pela cabeça de gravação é um fator determinante na reprodução do áudio gravado. A audição humana detecta freqüências num raio de alcance entre 30 e 15 mil ciclos; então as respostas em "alta fidelidade", especialmente para a música, necessitam incluir esse espectro. Posteriormente, descobriu-se que fitas com uma velocidade de uma polegada por segundo (pps) permitiriam sons de 1.000 ciclos. No entanto, a fita operando a 30 pps permitiria que o gravador obtivesse respostas de até 30 mil ciclos. A velocidade de 30 pps foi utilizada até recentemente para a gravação criteriosa de músicas clássicas, mas, para a maioria dos propósitos, 15 pps se tornaram o padrão. Essa velocidade posteriormente foi reduzida à metade, 7 ½, e, posteriormente, para até 3 ¾, 1 ⅞ e 1 15/16 pps para fins específicos ou não profissionais. Com o desenvolvimento gradual tanto na fita quanto na tecnologia de gravação, respostas em alta fidelidade se tornaram disponíveis e com velocidade menor por volta da década de 1970.

Os gravadores começaram a ser comercializados para uso doméstico no final da década de 1940. A Companhia Revere promoveu seu uso utilizando a velocidade de 3 ¾, que permitia economia com a até então cara fita de áudio. As máquinas profissionais gravavam através de toda a extensão da fita e apenas numa direção. Isso permitia uma melhor qualidade de gravação e facilidade na edição. Para o uso doméstico, os fabricantes utilizavam metade da largura da fita, de modo a permitir que ela fosse virada e utilizada na direção oposta. Uma bobina de sete polegadas contendo uma fita de 365 metros podia proporcionar duas horas de gravação a 3 ¾ pps.

No campo profissional, a gravação utilizando fita se tornou universal por volta do início da década de 1950. A indústria cinematográfica se aproveitou da nova mídia desenvolvida e criou as primeiras trilhas sonoras em estéreo, que passaram a ser comercializadas para o mercado de vídeo e de DVDs. Apesar de o som original ter sido gravado em trilhas ópticas para o lançamento — em som monoaural — em cinemas, ele agora pode ser remixado e reprocessado com surpreendentes resultados.

Não menos surpreendente foi a evolução da gravação em "faixas múltiplas" no campo da música popular. No final da década de 1940, o guitarrista Les Paul e sua esposa, a cantora Mary Ford, eram presenças constantes nas paradas de sucesso com suas gravações dominadas por múltiplas vozes e *riffs* de guitarra. Paul trabalhava suas gravações num estúdio caseiro utilizando vários discos que acelerava e duplicava para criar seu estilo único. Ele rapidamente adaptou as fitas às suas técnicas de gravação e foi um dos pioneiros no *looping* e efeitos em multifaixas que causaram um estrondoso sucesso na década de 1960 com artistas como os Beatles e os Beach Boys. Les Paul também auxiliou no projeto e desenvolvimento das primeiras cabeças de gravação múltiplas, que evoluíram não somente para o estéreo de 2 canais, mas também para os gravadores de 4 e, depois, 8, 16, 24 e 48 canais!

O aperfeiçoamento e a comercialização do estéreo, no final da década de 1950, levaram à evolução do aparelho de gravação doméstico.

A facilidade de utilização e a de transportar foram os principais objetivos de duas das evoluções na década de 1960: os 8 canais e o "cassete". Os 8 canais foram uma ramificação de um cassete removível de *loop* contínuo desenvolvido para a indústria de difusão. Esse "carro", como era chamado pelos técnicos de estúdio, era uma fita com trilha única num cartucho que girava a uma velocidade de 7 ½ pps por até 30 minutos. A maioria dos carros permitia três minutos de gravação e era utilizada para levar ao ar os anúncios, intervalos para identificação da emissora e os grandes hits do momento. A indústria automotiva e as companhias eletrônicas há muito tempo procuravam um sistema de reprodução fonográfica para os carros. Os discos e as fitas em rolo se mostraram malsucedidos ou inadequados: os discos de vinil pulavam facilmente quando o carro tinha um solavanco, e os motoristas não desejavam se distrair enquanto colocavam e rebobinavam rolos de fita. A Muntz Corporation e os projetistas da Lear Jet adaptaram o carro utilizado nas rádios para uso doméstico. Seus aparelhos de 4 canais (Muntz) e de 8 (Lear) diminuíram a velocidade da fita para 3 ¾ pps e utilizaram uma armação de cabeça móvel para reposicionar a fita para os canais em estéreo. As fitas de 4x5x0,25 polegadas podiam ser vistas em toda parte: não apenas em carros, mas também em barcos e aviões, assim como em versões não portáteis em casas e restaurantes. Milhares de long-plays foram lançados e pré-gravados em versões de 8 canais. Fitas de rolo já existiam desde meados da década de 1950, mas não haviam obtido o sucesso esperado. Apesar de as fitas em 8 canais e a sua versão menos popular, em 4 canais, permitirem a execução com boa qualidade, elas passaram a apresentar problemas técnicos que não puderam ser previstos e rapidamente caíram em desuso e esquecimento.

Com o cassete — criado pela Norelco-Phillips no começo da década de 1960 — a história foi diferente. Ele utiliza duas bobinas de 0,125 polegada embutidas em cassete plástico de 3 ⅞ por 2 ½ polegadas. A velocidade da fita foi diminuída para 1 ⅞ pps, para permitir 60 minutos de gravação, sendo que a fita tinha que ser girada após meia hora de gravação. Fitas mais finas permitiram 90 minutos e, posteriormente, 120 minutos de gravação e reprodução. Apesar de não apresentarem a mesma qualidade dos gravadores de rolo quando introduzidas no mercado, hoje as fitas cassete produzem uma excelente qualidade de som, especialmente quando acopladas a um sistema de amplificação externo.

Cena do filme *O Poço do Ódio* (1973). *Photofest*

97

O DERRICK*

A primeira estrutura de madeira que suportava os equipamentos de perfuração num poço de petróleo tinha o nome de "derrick". A palavra originalmente significava "patíbulo" e tinha sua origem num famoso carrasco inglês do século XVII chamado Derrick.

Assim como os patíbulos, os derricks utilizavam grandes vigas para suportar o peso dos equipamentos de perfuração. Mas, diferentemente dos patíbulos, os derricks são torres que se afilam no topo e utilizam vigas transpostas em X para suportar o peso da estrutura.

---

* Torre que envolve um poço profundo perfurado no solo para a prospecção de petróleo. (N.T.)

A necessidade de derricks acompanhou a descoberta e a prospecção de petróleo subterrâneo. Apesar de as propriedades de combustão do petróleo serem conhecidas desde a Antigüidade, sua coleta, antes do desenvolvimento de derricks e equipamentos de perfuração, estava limitada aos locais onde o óleo minava natural e lentamente na superfície da Terra.

O petróleo é usado como combustível para lanternas há centenas de anos. Os chineses já realizavam perfurações à procura de petróleo desde o século IV, mas, por volta da década de 1850, as pessoas ainda utilizavam somente o que era encontrado na superfície da terra. Os inventores chegaram à conclusão de que somente a perfuração poderia aumentar a sua obtenção, mas ninguém conseguia encontrar a tecnologia para isso.

Edward Drake mudou esse cenário. Em 1859, ele construiu um derrick e uma perfuratriz movida a vapor e começou a prospecção num local próximo a Titusville, no Estado da Pensilvânia. O avanço foi lento e um grupo de investidores que apoiava Drake começou a ficar impaciente. Na realidade, a insatisfação foi tanta que os investidores chegaram a enviar uma carta a Drake sugerindo que ele interrompesse e desistisse do trabalho. Mas naquele tempo o correio era lento e Drake continuou.

Num determinado ponto, ele havia perfurado 21 metros e estava decidido a parar por aquele dia quando a perfuratriz penetrou numa fenda subterrânea. No dia seguinte, um dos funcionários de Drake foi verificar o equipamento de perfuração. Ele observou o cano que havia sido instalado no buraco aberto pela perfuratriz. Lá, flutuando na borda do cano, havia petróleo. Drake havia encontrado petróleo. Nascia uma nova indústria.

Poucos anos após a descoberta de Drake, a indústria petrolífera americana estava em pleno crescimento. A paisagem começou a ser invadida por derricks. Apesar de, naquela época e até a virada do século XX, alguns poços ainda estarem sendo perfurados com uma broca manual (e também com motor a vapor), o derrick somente passou a ser utilizado quando perfuratrizes com brocas pesadas passaram a ser utilizadas para pulverizar as rochas.

A rocha pulverizada era periodicamente retirada e o processo continuava até que a broca atingisse um depósito de petróleo. Anos mais tarde, sondas de perfuração a cabo (projetadas para atingir maior profundidade) começaram a encher a paisagem. Pesados derricks de madeira serviam de apoio ao equipamento e forneciam a força mecânica necessária para içar as rochas soltas e pesadas do buraco. Os derricks suportavam o peso das brocas e das sondas de perfuração que se tornavam cada vez mais pesadas e passaram também a utilizar cabos para atingir maior profundidade.

A pressão na qual o petróleo podia ser propelido do subsolo podia ser imensa, e os depósitos de petróleo também. Uma vez, em 1910, por exemplo, um dos poços de alta pressão foi perfurado e jorraram cerca de nove milhões de barris em mais de 18 meses!

Mais tarde, no século XX, os derricks eram construídos em metal e os "balancins" — os braços mecânicos que balançavam lentamente — começaram a ser vistos em todos os lugares. O balancim é um mecanismo de êmbolo que bombeia o petróleo do subsolo. Os derricks de aço com os braços que oscilam estão geralmente associados ao Texas e a outros Estados do Oeste dos Estados Unidos.

Não importando o tipo de derrick que esteja sendo utilizado, o princípio é o mesmo: o petróleo preso no subsolo precisa ser trazido à superfície para a refinação da maneira mais rápida e menos onerosa possível. Dos derricks originais com 24 metros de altura aos modernos poços de perfuração em águas profundas, temos sido bem-sucedidos na obtenção de petróleo.

Somente nos Estados Unidos, a indústria petrolífera possui mais de oito mil companhias e 300 mil trabalhadores. Existem reservas de petróleo em mais de 30 Estados nos Estados Unidos. Em alguns Estados, como Louisiana, Texas, Oklahoma e Califórnia, milhões de barris são extraídos diariamente. Mas essas reservas estão lentamente diminuindo.

Mas não há motivo para pânico. Ainda existe muito petróleo a ser extraído. É apenas uma questão de desenvolver uma tecnologia para alcançá-lo. Drake perfurou 21 metros antes de encontrar petróleo, mas hoje alguns poços atingem até 1.400 metros de profundidade. O derrick ainda é uma ferramenta crucial na perfuração em profundidade. Obviamente, muitas vezes ele guarda muito pouca semelhança com os derricks originais de madeira ou metal, mas o objetivo é o mesmo.

Ironicamente, os velhos campos de extração que foram abandonados quando secaram puderam ser revitalizados por causa dessa nova tecnologia. Hoje as brocas de perfuração a cabo não apenas podem atingir milhares de metros de profundidade, mas também podem se mover milhares de metros lateralmente. Se ainda existe petróleo nessas áreas, essa nova tecnologia tem uma grande chance de encontrá-lo.

Fonógrafo de folha de estanho de 1877, inventado por Thomas Edison. *Escritório de Registro de Patentes dos Estados Unidos*

98

O FONÓGRAFO

O fonógrafo é uma dessas invenções que é ao mesmo tempo romântica e prática. Sua invenção ocorreu num período da História no qual predominavam as pesquisas na eletrônica, na acústica (estudo dos sons) e havia um sentimento geral de que nada era impossível. Ele também foi o precursor de uma grande quantidade de invenções similares inter-relacionadas pelas tecnologias do som e da visão desenvolvidas por diferentes pessoas num período relativamente curto.

A criação de máquinas que produzissem o som, incluindo o fonógrafo, começou como um meio de se produzirem registros históricos. Mas, com o passar do tempo, houve uma mudança de direção e o fonógrafo logo viria a se tornar o principal aparelho para a reprodução do som de cantores e instrumentos musicais.

O fonógrafo reinou absoluto nas décadas que antecederam o advento do rádio e dos filmes sonorizados. O primeiro aparelho de gravação de som bem-sucedido foi criado por Leon Scott de Martinville, em 1855. O aparelho, batizado de "fonoautógrafo", utilizava um bocal e uma membrana ligada a um estilo que registrava o som num papel escurecido enrolado num cilindro rotatório. A partir do ano de 1859, o aparelho começou a ser vendido como um instrumento para a gravação de sons. Mas havia um inconveniente: ele não conseguia reproduzir os sons gravados.

Somente em 1877, Thomas Alva Edison projetou o "fonógrafo de folha de estanho". Assim como muitas outras invenções de Edison, o fonógrafo desenvolvido por ele foi o primeiro modelo que realmente funcionou.

Edison misturou a criatividade com a praticidade em seu fonógrafo de folha de estanho, que apresentava um bocal que podia ser substituído por um "reprodutor", que possuía um diafragma mais sensível. Ele tinha um tambor cilíndrico recoberto por uma folha de estanho e ficava instalado num eixo rosqueado. O aparelho também tinha um bocal conectado a um estilo que sulcava os padrões sonoros no cilindro rotatório. A grande vantagem do aparelho de Edison é que ele podia reproduzir o som gravado.

Em sua primeira demonstração, Edison disse no bocal: "Maria tinha um carneirinho." Apesar de estar satisfeito com o sucesso de seu experimento, ele ficou um pouco espantado com o som de sua própria voz, apesar de abafada. Edison repetiu o experimento para um amigo que trabalhava na revista *Scientific American*. Seu amigo assim descreveu os resultados do experimento no dia 17 de novembro de 1877: "Costuma-se dizer que a ciência nunca é sensacional, que é intelectual e não emocional, mas certamente nada do que já foi concebido poderia criar a mais profunda das sensações, de despertar a mais vigorosa das emoções do que a de ouvir a voz familiar dos que já morreram. Agora a ciência anuncia que isso é possível, que pode ser realizado... A fala se tornou, como sempre fora, imortal."

Edison obteve o crédito pela invenção da primeira "máquina falante", talvez em parte porque ele era tão famoso e possuía uma quantidade ilimitada de dinheiro para produzir protótipos e fazer sua autopromoção, muito semelhante ao que os estúdios de Hollywood fazem com seus atores quando a cerimônia de entrega do Oscar se aproxima.

Mesmo assim, ele não foi a primeira pessoa a construir um fonógrafo. A primeira pessoa a construir um fonógrafo que funcionasse foi um parisiense chamado Charles Cros. Utilizando desenhos que utilizavam discos, ele apresentou sua invenção na Academia Francesa de Ciências em abril de 1877. Para colocarmos esse fato em perspectiva, isso ocorreu muitos meses antes que Edison tivesse a idéia do fonógrafo enquanto trabalhava num aparelho de telégrafo projetado para gravar os traços do código Morse num disco.

Ao longo do ano de 1878, Edison continuou a aprimorar o seu fonógrafo, e o público parecia nunca se cansar de assistir a suas "exibições" com o novo aparelho. Ele produzia uma vasta variedade de sons, desde a fala até a tosse, e então, como num passe de mágica, reproduzia os sons. Em algumas dessas ocasiões, algum membro da platéia tentava provar a ineficiência do aparelho fazendo um som bizarro — como o relinchar de um cavalo — para ver se a máquina era capaz de reproduzi-lo.

Infelizmente para o desenvolvimento do fonógrafo, em 1878 a mente fértil de Edison se envolveu com algo diferente: a produção de uma lâmpada elétrica. Como conseqüência, ele parou de se dedicar ao fonógrafo, enquanto, junto com seus colegas de laboratório, em Menlo Park, no Estado de Nova Jersey, passou a se dedicar à lâmpada elétrica, e mais de uma década se passou até que houvesse um novo aprimoramento do aparelho.

No final da década de 1870 e início da de 1880, uma série de avanços nas tecnologias de comunicação estava dando mais atenção ao fonógrafo. Quando Edison renovou seu interesse pelo fonógrafo, insistiu que seu uso não seria exclusivamente para entretenimento.

O "gramofone" Bell-Tainter foi lançado em 1887 e apresentava algumas inovações em relação ao modelo original. Por volta de 1891, fonógrafos que funcionavam com a inserção de moedas foram instalados em farmácias e cafés e cobravam cinco centavos de dólar por cerca de dois minutos de música.

Diz-se que a indústria fonográfica comercial começou por volta de 1890. Os músicos podiam gravar simultaneamente em muitos fonógrafos até que houvesse um número suficiente de cilindros para atender à demanda.

Iniciando seus trabalhos em 1901, a Gramophone Company fez 60 gravações de quatro astros da Ópera Imperial Russa. O que se seguiu foi uma indústria mundial que continua até hoje.

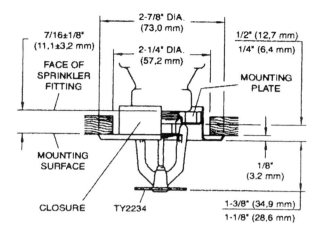

**FIGURE 2
STYLE 20 RECESSED ESCUTCHEON
FOR USE WITH THE SERIES LFII (TY2234)
RESIDENTIAL PENDENT SPRINKLER**

Diagrama de um sprinkler pendente residencial. *Tyco*

99

O SPRINKLER

Os primeiros sprinklers de incêndio não foram projetados para proteger a vida humana. Eles eram utilizados na proteção de indústrias têxteis — o maquinário e os produtos — em toda a Nova Inglaterra. O dispositivo não era sequer automático. Se houvesse um princípio de incêndio, a água era ligada e borrifada por meio dos canos perfurados. Os inventores começaram a realizar experiências com sistemas automáticos por volta de 1860. O primeiro sistema de sprinklers automático foi patenteado em 1872 por Philip W. Pratt, da cidade de Abington, no Estado de Massachusetts.

Credita-se a um americano chamado Henry S. Parmalee a invenção, em 1874, da primeira cabeça de sprinkler e inteiramente operacional, utilizada na proteção de sua fábrica de pianos. Daquele momento em diante, até as décadas de 1940 e 1950, os sprinklers foram instalados e utilizados quase que exclusivamente em armazéns e fábricas, fato incentivado pela economia em apólices de seguros: os proprietários economizavam o suficiente nos prêmios dos seguros para pagar pelo custo da instalação do sistema de sprinkler num período de poucos anos.

Com o tempo, os sistemas de sprinklers passaram também a ser adotados em prédios onde o principal objetivo era proteger vidas. O desenvolvimento começou após investigações oficiais numa série de incêndios que resultaram num grande número de vítimas. Alguns dos incêndios mais famosos ocorreram no Coconut Grove Nightclub, em Boston, em 1942, que resultou na morte de 492 pessoas (a maioria das vítimas morreu intoxicada com a fumaça proveniente da queima dos enfeites de plástico e pelo fato de as portas de saída estarem bloqueadas), no Hotel Winecoff, em Atlanta, em 1946, que vitimou 119 pessoas, e no Hotel LaSalle, em Chicago, em 1946, que matou 61 pessoas.

Ao analisar essas tragédias, os investigadores notaram um padrão enquanto procuravam maneiras de garantir a segurança para ocupantes de prédios. Eles descobriram que fábricas, armazéns e outros prédios equipados com sprinklers automáticos possuíam índices de segurança surpreendentemente superiores aos que não possuíam o equipamento. Como resultado, as autoridades começaram a exigir sprinklers automáticos em algumas edificações, particularmente hospitais, edifícios de órgãos governamentais e outros prédios públicos. O sistema era (e ainda é) particularmente conveniente nos prédios mais altos, já que os sprinklers são geralmente a única maneira efetiva de se debelar um incêndio.

Hoje os sistemas de sprinkler são constituídos de cabeças de sprinkler individuais e tubos que os conectam. Geralmente, os sprinklers individuais são espaçados pelo teto de uma edificação, ligados a uma rede de encanamentos e conectados ao suprimento de água. O calor gerado por qualquer foco de incêndio ativa um ou geralmente vários sprinklers na área próxima ao fogo, permitindo que a água seja borrifada ali, mas não em toda a área coberta pelo sistema.

Para que possamos compreender o funcionamento dos sprinklers: quando o calor gerado por um incêndio aumenta, uma emenda de solda que se encontra dentro da cabeça do sprinkler derrete (isso ocorre a aproximadamente 75°C), ou, dependendo do projeto do sistema de sprinkler, um bulbo de vidro com um líquido se parte e abre a cabeça do sprinkler, liberando a água diretamente no fogo.

Uma das razões pelas quais os sprinklers possuem índices de segurança tão elevados é o fato de que eles não se baseiam em fatores humanos, como familiaridade com as rotas de fuga ou auxílio de emergência, para funcionar. Em vez disso, eles permanecem latentes e exigem pouca manutenção até que sejam utilizados. Quando são necessários, entram em ação imediatamente. Os sprinklers, por característica, previnem ou retardam os grandes incêndios que avançam com rapidez e que tendem a encurralar e matar os ocupantes de prédios.

Um dos problemas potenciais que as pessoas podem enfrentar com os sprinklers é que o sistema pode disparar acidentalmente sem que haja incêndio e causar danos maiores que o fogo em si. Descobriu-se que os sistemas de sprinkler causariam menos danos do que a fumaça e o fogo causados pelo incêndio se este prosseguisse sem combate por um tempo maior. (Considere: as cabeças de sprinkler de "resposta rápida" liberam de 50 a 90 litros de água por minuto, comparados aos 470 litros por minuto liberados por uma mangueira de incêndio.)

Os sistemas de sprinkler modernos são contínua e regularmente testados para evitar disparos acidentais e para que seja verificada a sua operacionalidade em caso de incêndio. Além disso, os sistemas de sprinkler são projetados de acordo com as especificações do edifício, e, devido aos avanços na tecnologia, as cabeças dos sprinklers instaladas nos tetos e nas paredes de maneira não obstrutiva são projetadas de modo a combinar ou se integrar ao estilo de decoração da sala, enquanto ainda são capazes de fornecer uma eficiente proteção contra incêndios.

Assim como os sistemas comuns de encanamento, o encanamento dos sprinklers é geralmente embutido. Isso se deve a dois fatores. O primeiro é que as pessoas não precisam estar expostas ao encanamento em determinado local. O outro fator é que os canos embutidos não são expostos às variações climáticas.

Algumas informações interessantes a respeito dos sistemas de sprinkler dizem respeito ao fato de que eles raramente vazam e são testados a 30 quilos de pressão por centímetro quadrado; o encanamento comum é testado a 10,5 quilos por centímetro quadrado. Apenas a cabeça do sprinkler afetada pelo fogo é ativada. As cabeças são ativadas pelo calor e não pela fumaça. Os sprinklers são utilizados desde o final do século XIX e vêm dando provas de que é uma tecnologia confiável e segura.

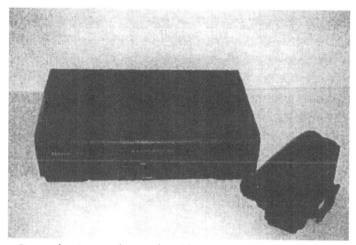

Gravador/reprodutor de vídeo com câmera.
Foto do autor

100

O GRAVADOR DE VÍDEO

"Nunca mais perca o seu programa de TV favorito" era o argumento utilizado pelos vendedores para promover os primeiros gravadores de vídeo. Em pouco tempo, quase todo mundo aproveitava para assistir aos filmes que passavam tarde da noite e que anteriormente eram perdidos ou exigiam que a audiência permanecesse acordada até às três da manhã.

A necessidade de se fazerem registros permanentes do que era exibido na televisão se tornou evidente no período de evolução da televisão no pós-guerra. Quando a exibição de programas em rede se tornou uma realidade no final da década de 1940, a diferença de fuso horário entre os Estados do Leste e do Oeste dos Estados Unidos fez com que houvesse três opções: os programas iriam ao ar em horários não populares ou então seriam reencenados ao vivo, e a última opção seria gravá-los. Todas as opções foram utilizadas, apesar de não com o videoteipe, obviamente.

A gravação de sinais de vídeo começou cedo, já na década de 1930, quando o pioneiro escocês John Logie Baird realizou experiências de registro de imagens fotomecânicas em discos de 78 rotações por minuto (rpm). As experiências, no entanto, não foram bem-sucedidas.

A tecnologia cinematográfica logo foi posta em uso para criar o primeiro método prático — apesar de não inteiramente satisfatório — de gravação de TV. O "cinescópio" foi uma câmera cinematográfica especialmente projetada que fotografava as imagens da TV diretamente do monitor da tela de recepção. Muitos dos cinescópios eram feitos com câmeras de 16 milímetros, mas algumas possuíam o formato de 35 milímetros para registros de melhor qualidade.

Muitos aprimoramentos no gravador de vídeo ocorreram, mas somente a Companhia Sony foi capaz de transpor os projetos de gravação de vídeo doméstico das pranchetas para nossas salas de estar. O seu modelo "Betamax" foi colocado à venda em 1975. O sistema "Beta", que, posteriormente, viria a ser uma grande frustração, acondicionava uma fita de 1¼ centímetro com pouco mais de 152 metros de comprimento em um "cassete" plástico de 15 ½ por 9 ⅕ centímetros. O cassete era puxado para o interior do aparelho através de um carro no seu topo, onde era automaticamente carregado e preparado para a leitura. Cabeças helicoidais de varredura giravam a 1.800 rpm e resultavam numa velocidade de "registro" de aproximadamente 695 centímetros por segundo (cps), enquanto a velocidade real da fita era de quatro centímetros por segundo. Isso permitia um tempo de gravação e reprodução de uma hora.

O Betamax permitia gravações de alta qualidade em cores, geralmente idênticas à recepção "ao vivo". Apesar de o preço de varejo dos primeiros equipamentos Beta ter sido de 2.300 dólares, os descontos eram freqüentes, e, como não havia opções no mercado, as vendas foram boas. Mas uma "batalha dos formatos", no entanto, viria pela frente.

Logo se tornou evidente que a capacidade de gravação de uma hora do sistema Beta não satisfazia o consumidor. A gravação de filmes virou o passatempo favorito dos proprietários de videocassetes, e a maioria deles durava de uma hora e meia a duas horas. A troca de fitas tornava-se um inconveniente, especialmente quando se utilizava o dispositivo automático de gravação para os programas das três horas da madrugada. Além disso, as primeiras fitas de vídeo custavam 20 dólares ou mais, o que significava que uma semana de gravação poderia acarretar uma grande soma de dinheiro.

A Japanese Victor Corporation (JVC), um dos maiores concorrentes da Sony, não perdeu tempo em tirar vantagem da única falha real do sistema Beta. Em 1976, a JVC lançou o seu Video Home System (VHS), que viria a se tornar o principal sistema de gravação de vídeo para os videocassetes.

A JVC utilizava a mesma fita de 1 ¼ centímetro do sistema Beta, mas era acondicionada num cassete de 18 por 10 centímetros. A velocidade da fita era a maior diferença. O sistema VHS oferecia três escolhas: a velocidade padrão (ou SP), operando a 3,33 centímetro por segundo, que permitia a gravação de duas horas; a de longa duração (LP), movendo a 1,67 centímetro por segundo e permitindo a gravação de quatro horas; e o modo estendido (EP), girando a 1,11 centímetro por segundo, que permitia que seis horas de gravação fossem comprimidas num único cassete! A batalha prosseguia. A Sony e seus acionistas insistiram que a diminuição da velocidade de gravação resultaria tanto em imagens quanto em som de qualidade inferior. Mas essas distorções levantadas eram desprezíveis nas gravações em SP e até mesmo toleráveis em LP e EP. Além disso, a conveniência e o preço mais acessível eram tentadores demais para o consumidor.

A Sony respondeu ao desafio do sistema VHS. E a resposta foi no único modo possível dentro dos parâmetros do projeto do sistema Beta — a velocidade da fita foi diminuída. O "Beta I", como passou a ser conhecido, operava a cerca de 3,81 centímetro por segundo. A Sony diminuiu ainda mais para criar o "Beta II", operando em dois centímetros por segundo, velocidade intermediária entre o SP e o LP do sistema VHS. Isso permitia uma gravação com duas horas de duração, mas a aclamada superioridade do sistema Beta estava comprometida, com imagem e som não superiores ao sistema VHS. A Sony chegou a colocar uma quantidade maior de fitas em seus cassetes e criou até mesmo uma velocidade mais lenta, o "Beta III", que permitia a gravação e reprodução de três horas de programação. Os cassetes Beta "estendidos" chegaram a permitir 3,3 e 5 horas de gravação nas duas velocidades disponíveis. Entretanto, o contra-ataque demonstrou ter sido muito pequeno e chegou tarde demais. A popularidade crescente do VHS em pouco tempo testemunhou o domínio do mercado não somente da JVC, mas também da Panasonic, da Radio Corporation of America (RCA), da Sharp e de outras marcas.

No final da década de 1970, algumas empresas obtiveram licenças para copiar e distribuir filmes clássicos e vídeos musicais tanto no sistema Beta como no VHS. O preço original de varejo variava de 29,95 a 79,95 dólares. Os donos tanto de pequenas lojas quanto de grandes redes começaram a comercializar e também a alugar as fitas. Mas com o tempo os preços baixaram.

Em seu formato mais popular, o aparelho de videocassete possuía 45 a 50 centímetros de largura, 30,5 a 38 centímetros de profundidade e 12,5 a 18 centímetros de altura. O aparelho Beta era um pouco maior. Ambos pesavam cerca de 11 quilos. Essas dimensões diminuíram drasticamente à medida que os circuitos se tornaram mais compactos e os mecanismos foram simplificados. Muitos afirmam que a qualidade também caiu.

A princípio, a fita era inserida no videocassete por meio de uma abertura no topo do equipamento, mas, a partir do começo da década de 1980, os equipamentos passaram a ser alimentados através de um dispositivo de carregamento semi-automático na parte da frente do aparelho. Teclas do tipo "piano" e, posteriormente, teclas de comando de pressão controlavam as funções padrão de reproduzir, parar, avanço rápido, recuo rápido e pausa — com o estilo copiado do padrão de aparelhos de som. Controles remotos, a princípio ligados por um fio e, posteriormente, sem fio, tornaram-se populares para controlar as operações básicas. As funções de avanço e recuo rápido posteriormente começaram a incluir um dispositivo de "escaneamento" que permitia visualizar as imagens enquanto a fita era avançada ou recuada, de grande auxílio quando se procurava por um segmento numa fita de seis horas.

A parte traseira do aparelho doméstico recebeu entradas para a antena de TV, os cabos que alimentam o receptor ou monitor e saídas de áudio separadas. Quando a gravação em estéreo revelou-se possível, a qualidade do som revelou-se excepcional — melhor do que a de gravadores de rolo ou de cassete e próxima ao do CD — e as saídas podiam ser conectadas a amplificadores ou sistemas de caixa de som.

Gravadores VHS ou Beta portáteis, posteriormente com câmeras embutidas, chegaram ao mercado em 1978. Eles viriam a substituir as câmeras cinematográficas super-8 em pouco tempo. Ao final da década de 1980, "camcorders" domésticas já permitiam a gravação em cores, além de apresentarem a possibilidade de mixagem de som.

As décadas de 1980 e 1990 assistiram à chegada, no mercado de equipamentos de vídeo, de diversos fabricantes, como da Coréia, da China, da Malásia e de outros países do Oriente. Marcas como Goldstar e Daewoo levaram os preços dos vídeos a um nível inimaginável na década de 1970. Os aparelhos de videocassete, que eram caros tanto para a aquisição quanto para a manutenção, podem ser adquiridos agora por menos de 100 dólares. Muitos aparelhos de "segunda linha" ou "fora de linha" podem ser adquiridos por até 50 dólares. A qualidade pode ser questionável, mas o fato de que o videocassete se tornou parte da vida de todo mundo é inquestionável. Apesar de os novos discos de vídeo digitais (DVD) estarem tornando os videocassetes obsoletos, muitos aparelhos — alguns comprados há mais de 20 anos — ainda funcionam. Quando os videocassetes finalmente se tornarem uma coisa do passado, todos nós poderemos sentir sua falta, mas manteremos registrados todos os shows e eventos aos quais não deixamos de assistir por causa dele.

AGRADECIMENTOS

Não se pode conceber que um livro deste tamanho e escopo possa ser escrito sozinho, e tive a sorte de ter um grupo fantástico de pessoas me auxiliando, não apenas na pesquisa dos verbetes, mas até mesmo ao escrevê-los.

Aqui estão as pessoas às quais gostaria imensamente de agradecer pela sua experiência. Antes de tudo, os escritores e pesquisadores:

Joe Beck. Joe dá aulas de inglês no Colégio John F. Kennedy, em Plainview, Nova York, assim como redação na Faculdade Kingsborough. Ele também teve uma série de peças encenadas no circuito *off-off* Broadway e já escreveu para um grande número de revistas. Atualmente prepara seu primeiro livro.

Joan Seaman. Joan é graduada pela Faculdade Hunter, na cidade de Nova York, e me auxiliou a escrever e organizar uma série de livros, bem como executou trabalhos de pesquisa em outros.

Jessie Corbeau. Jessie é escritora, pesquisadora e uma pessoa extremamente criativa, além de ser designer de jóias.

Ruth-Claire Weintraub. Com mestrado em ciências sociais, Ruth-Claire, ou Claire, como prefiro chamá-la, diz ter se apaixonado pela pesquisa quando estava na faculdade. Fico feliz por sua paixão. Não sei onde ela aprendeu a escrever, mas, certamente, aprendeu com primor.

Jules Rubenstein. Jules é repórter fotográfico, trabalhando principalmente no Bronx para jornais locais e já tendo trabalhado numa grande variedade de revistas. Ele é apaixonado por tecnologia, especialista em esportes e com um extremo conhecimento nessas áreas.

Também gostaria de agradecer a minha nora, Christina Philbin, que reuniu a maioria das ilustrações deste livro, realizando inúmeras incursões na Biblioteca Pública de Nova York, e também a meu filho, Tom Philbin III, marido de Chris e fotógrafo profissional, responsável por um grande número de fotos presentes neste livro.

Meu muito obrigado a todos!

Este livro foi impresso na Divisão Gráfica da
DISTRIBUIDORA RECORD DE SERVIÇOS DE IMPRENSA S.A.
Rua Argentina, 171 - Rio de Janeiro/RJ - Tel.: 2585-2000